【程序员软件开发名师讲坛 • 极简系列】

极简 C++

案例 · 视频

杨国兴 / 编著

中国水利水电出版社
www.waterpub.com.cn
• 北京 •

内容提要

《极简 C++（案例 • 视频）》是基于编者 30 余年教学实践和软件开发经验，从初学者容易上手、快速学会的角度，采用 C-Free 5.0 和 Visual Studio 2019 开发环境，用通俗易懂的语言、丰富的实用案例，深入浅出、循序渐进地讲解 C++ 的基本语法与编程技术。全书共 17 章，分别介绍 C++ 编程环境的安装与使用、数据类型、运算符与表达式、控制语句、数组、字符串、指针、函数、构造数据类型、名称空间、类的设计、类的继承、多态、模板、输入 / 输出、标准模板库（STL）、扫雷游戏的设计与实现等。

《极简 C++（案例 • 视频）》根据 C++ 的整个体系和脉络，采用"案例驱动 + 视频讲解 + 代码调试"相配套的方式，用 213 个案例、50 个课后编程题和 1 个综合项目实战，透彻地介绍 C++ 编程核心技术。扫描书中的二维码可以观看每个实例视频和相关知识点的讲解视频，实现手把手教你从零基础入门到快速学会 C++ 应用项目开发。

《极简 C++（案例 • 视频）》配有 228 集同步讲解视频，扫码可以直接观看，并提供丰富的教学资源，包括教学大纲、PPT 课件、程序源码、课后习题参考答案、在线交流服务 QQ 群和不定期网络直播等，既适合零基础渴望快速掌握 C++ 开发的大学生或 C++ 爱好者，也适合有一定 C++ 基础，希望深入学习 C++ 的程序开发人员，还适合作为普通高等学校、高等职业院校和民办高校或培训机构 C++ 程序设计课程的教材。

图书在版编目（CIP）数据

极简 C++ : 案例 · 视频 / 杨国兴编著 . — 北京 : 中国水利水电出版社，2021.5

（程序员软件开发名师讲坛 . 极简系列）

ISBN 978-7-5170-9441-8

Ⅰ . ①极… Ⅱ . ①杨… Ⅲ . ① C++ 语言—程序设计 Ⅳ . ① TP312.8

中国版本图书馆 CIP 数据核字 (2021) 第 033279 号

书　　名	极简C++（案例 · 视频）JIJIAN C++（ANLI · SHIPIN）
作　　者	杨国兴　编著
出版发行	中国水利水电出版社 （北京市海淀区玉渊潭南路1号D座 100038） 网址：www.waterpub.com.cn E-mail：zhiboshangshu@163.com 电话：（010）63202266（营销中心）
经　　售	北京科水图书销售中心（零售） 电话：（010）88383994、63202643、68545874 全国各地新华书店和相关出版物销售网点
排　　版	北京智博尚书文化传媒有限公司
印　　刷	河北华商印刷有限公司
规　　格	190mm×235mm　16开本　26印张　614千字
版　　次	2021年5月第1版　2021年5月第1次印刷
印　　数	0001—5000册
定　　价	79.80元

前　言

编写背景

目前市场上C++入门的技术图书不可谓不多，然而真正能站在初学者的角度，能够一步步手把手教读者学会C++的书少之又少。很多C++入门书读起来晦涩难懂，把大量求知者挡在了C++大门之外。笔者结合30余年C++课程教学与软件开发经验，编写了本书，目的就是让学习C++变成一件简单的事，让所有对C++感兴趣的学员都能轻松入门C++，为自己的职业生涯添砖加瓦。

在30多年的教学过程中，笔者不断总结经验，录制了C++视频课程，在网上广受好评。为了让更多的读者受益，笔者在这套视频的基础上编写了本书。本书特色鲜明，案例丰富，配套资源全面，通过阅读本书并结合视频课程一定能让读者爱上C++，引领初学者从认识C++，到熟练掌握C++，最后使用C++开发实际项目。

“极简”含义

本书的书名是《极简C++》，“极简”两个字不是说书的内容很少、很简单，相反，本书的内容非常丰富。下面从几个方面来阐述“极简”两字的含义，这也是本书的最大特色。

（1）**内容极简，突出重点**。本书内容及组织结构经过笔者的精心编排，符合人们的认识规律（循序渐进、由浅入深），而不是杂乱无章地随意堆砌，不是大而全，而是站在初学者的角度，重点介绍实际程序设计中需要的知识点，以及对于理解C++语言非常重要的内容，而不是面面俱到，纠缠语法细节；全书采用核心知识点详细讲解，遵循不重要的知识点简略讲解或者不讲的原则，让读者在最短的时间里牢固地掌握C++的整个体系和脉络，而不是把时间浪费在一些不重要的细节，反而忽略了重点。

（2）**术语极简，容易理解**。本书的专业术语比较少，都是通俗易懂的大白话。对比目前市面上有些书籍，到处充斥着专业术语，仿佛不罗列大量专业术语就显得不专业似的，笔者坚信，无论是视频还是书籍都应该回归其本质，那就是把读者教会。读者学不会，作者再专业再有学问也没用。

（3）**语言极简，轻松阅读**。本书的语言非常精炼，用简洁的语言剖析问题的本质，每一句话、每一个案例都经过反复推敲，最大限度地节约读者的学习时间，做到轻松阅读。

(4)**代码极简，降低难度**。本书案例的程序代码都经过反复打磨与调试，做到尽量采用最短的代码实现相同的功能，增加代码注释，降低阅读代码的难度，激发读者的学习兴趣，快速提高读懂程序的能力。

本书特色

（1）**案例驱动，灵活应用**。本书用 213 个案例讲解学习 C++ 的知识点。案例分为 3 种：一种是讲解知识点的案例，一种是应用知识点的案例，还有一种是项目实战案例。案例的复杂度也是层层递进，对于知识点的讲解都是通过案例进行，一个知识点对应一个或多个案例，让读者不仅明白是什么，更能明白为什么以及怎么用。讲解知识点的都是短小精悍的案例，通过最简单的案例讲透知识点的本质，然后结合稍微复杂的应用案例，讲透知识点的用法，最后通过比较复杂的实战案例讲透知识点的实际应用场合。经过这样层层递进的学习，读者不仅可以牢牢地掌握知识点，还能做到举一反三，灵活应用。

（2）**视频讲解，快速学会**。本书配有 228 集同步讲解视频，读者可以扫描书中的二维码观看每个案例的实现过程和相关知识点的讲解视频，实现从零基础入门到快速学会 C++ 项目开发。

（3）**项目实战，提高技能**。本书从 C++ 的基础知识开始，到面向过程的程序设计，再到面向对象的程序设计，最后通过“扫雷游戏的设计与实现”综合项目，手把手教你如何使用 Visual Studio 2019 完成一个真实项目的完整开发过程，达到快速入门 C++ 项目开发、提高综合应用技能的学习目标。

（4）**资源丰富，方便学习**。本书提供丰富的教学资源，包括教学大纲、PPT 课件、程序源码、课后习题参考答案、在线交流服务 QQ 群和不定期网络直播，方便自学与教学。

本书主要内容

全书从逻辑上分3篇共17章，主要内容如下：

第1篇　基础入门篇（第1~9章）：介绍C++的基础知识点，包括C++编程环境的安装与使用、数据类型与运算符、分支结构与循环结构、数组、指针、函数、结构、枚举、名称空间等。

第2篇　技术进阶篇（第10~16章）：介绍面向对象编程，包括类的设计、类的继承、多态、模板、输入/输出，以及标准模板库（STL）。

第3篇　项目实战篇（第17章）：以一个扫雷游戏的设计开发为例，介绍使用Visual Studio 2019开发实际应用程序的过程。跟随书中操作步骤，读者可以亲身体验项目开发的全过程。

本书资源浏览与获取方式

读者可以手机扫描下面的二维码(左边)查看全书微视频等资源；用手机扫描下面的二维码

（右边）进入“人人都是程序猿”微信公众号，关注后输入“JCP9441”发送到公众号后台，可获取本书案例源码等资源的下载链接。

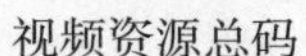

视频资源总码

人人都是程序猿

本书在线交流方式

（1）在学习过程中，为方便读者间的交流，本书特创建QQ群：779199467（若群满，会建新群，请注意加群时的提示，并根据提示加入对应的群），供广大C++学习者在线交流学习。

（2）在阅读中发现问题或对图书内容有什么意见或建议，也欢迎来信指教，来信请发邮件到yangguoxing@ustb.edu.cn，笔者看到后将尽快给您回复。

本书读者对象

- 零基础，希望快速掌握C++开发的大学生或C++爱好者。
- 有一定C++基础，希望深入学习C++的程序开发人员。
- 培训机构或高校老师，可以用本书作为C++教材。

本书阅读提示

关于学习方法，并没有适合每个人的通用学习方法，但是不同的学科有自己特殊的认知规律，因此每一门学科都可以找到合适的学习方法。相比于数学、物理等学科，程序设计学科的实践性更强，前后知识的依赖性没有数学、物理那么紧密。建议读者在学习过程中注意以下几个方面：

（1）**勤动手**。对于零基础的读者一定要循序渐进地打牢基础，不可贪多求快，书中每一个知识点和案例都配有详细的视频讲解，初学者一定要善加利用，通过视频观看老师的演示，跟随老师的步骤，结合本书的代码在电脑上实践。书中提供的例题、练习题都要亲手输入、编译、运行，对照运行结果和程序代码分析每行代码的作用。

（2）**坚持学**。在学习过程中偶尔遇到一时不能透彻理解的内容，不要停下来，请继续向后学习，因为缺少前面少量的知识，并不影响后面内容的学习。隔断时间回过头来再看当初的问题时，可能已经不再是问题了。

（3）**多调试**。在学习过程中一定要学会调试，逐渐培养分析问题和解决问题的能力。通过程序的调试运行，可以直观地观察变量在程序运行过程中值的变化，以便深入理解程序，同时调试技术也是程序开发人员必须熟练掌握的技能。

（4）**多做题**。学完章节内容后，一定要独立完成每章的课后习题，这样可以帮助读者巩固所学、查缺补漏，做到举一反三。

高校或培训机构的老师后续会发现本书是一本学习C++难得的好教材。书中配套的视频可以节约老师大量的时间和精力，将老师从枯燥的重复劳动中解脱出来，通过引导学生思考讨论，把精力集中于更有创造性的工作中来。

关于本书作者

本书由北京科技大学杨国兴教授编写，参加部分章节编写工作的还有严婷、吕东艳、王京京。在编写过程中得到了中国水利水电出版社智博尚书分社雷顺加编审的大力支持和帮助，责任编辑宋俊娥女士为本书精美的版式设计及编校质量的提高等付出了辛勤劳动，在此一并表示衷心的感谢。

由于作者水平有限，书中如有不妥之处，恳请专家与读者批评指正。

杨国兴

2021年1月于北京

目录

第 7 章 函数初识......138

视频讲解：14 集，62 分钟

精彩案例：15 个

第 17 章 扫雷游戏的设计与实现....370

视频讲解：10 集，62 分钟

第1章　C++概述

主要内容

◎ 计算机程序设计语言的发展
◎ C++是什么
◎ C++开发环境的搭建
◎ C++程序的创建、编译及运行
◎ C++实现输入和输出

1.1 程序设计语言的发展

就像我们与英国人交流需要使用英语、与日本人交流需要使用日语一样，与计算机交流就要使用计算机能识别的语言，称之为计算机程序设计语言。为了更好地利用计算机的各种功能，自计算机被发明以来，人们设计出很多种计算机程序设计语言，以满足各种不同的需要。我们今天用到的各种办公软件、游戏等都是用这些计算机程序设计语言设计出来的。

计算机程序设计语言经历了机器语言、汇编语言和高级语言的发展阶段。C++是在C语言的基础上发展起来的一种面向对象的高级语言。

1.1.1 机器语言

机器语言是用二进制代码表示的计算机能直接识别和执行的一种机器指令的集合。一条指令就是机器语言的一个语句，它是一组有意义的二进制代码。指令的基本格式是由操作码和地址码组成，其中操作码指明了指令的操作性质及功能，如“001”表示加法，“010”表示数据移动等；地址码则给出了操作数或操作数的地址。

程序员把需要计算机完成的任务分解为一系列机器语言指令集合(或指令系统)包括的“动作”，以指令序列的形式写出来，这就是机器语言程序设计。

初期的程序是通过穿孔纸带等介质输入到计算机内部的，穿孔纸带如图1–1所示。程序设计者先将程序记录在纸带上，也就是在纸带上打孔，打孔的地方代表“1”，不打孔的地方代表“0”，然后再通过计算机的读取设备读到计算机内部。

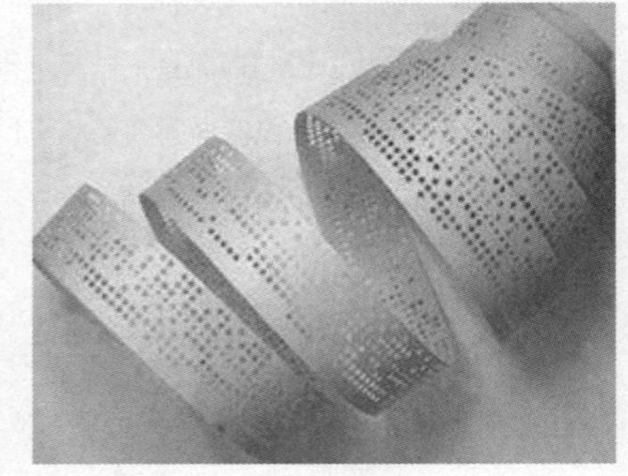

图1–1　穿孔纸带

这种语言虽然十分简单，机器可以直接识别，但对于程序员来说却很不方便，完成一个简单的计算公式也要编写几十条指令，程序的调试、修改、维护都很难；同时机器语言依赖于具体的机器，不同类型的计算机，它的机器语言也不完全相同，可移植性差；因此机器语言也限制了计算机的广泛应用。

1.1.2 汇编语言

虽然机器语言可以被计算机直接识别，但对程序员来说很不方便。于是，一种汇编系统程序问世了，这种程序的功能是把一种“汇编语言”编写的程序翻译为“机器语言”形式的程序。

汇编语言是用人们比较习惯的符号来代替指令编码。例如，用“ADD”代替“001”来表示加法操作；用“Move”代替“010”来表示数据移动。用符号代替二进制地址表示参加操作的数据，这样大大减少了编程工作的难度。后来又改进为“宏汇编语言”，一条宏汇编指令可以代替多条机器指令。人们用汇编语言或者宏汇编语言写程序，通过汇编系统（Assembler）把它们翻译成计算机唯一“看”得懂的机器语言程序，然后再令其执行。

由于计算机并不能直接识别汇编语言，因此要先将汇编语言编写的程序转换为机器语言程序，这个过程称为汇编，如图1–2所示，汇编后再执行机器语言程序。

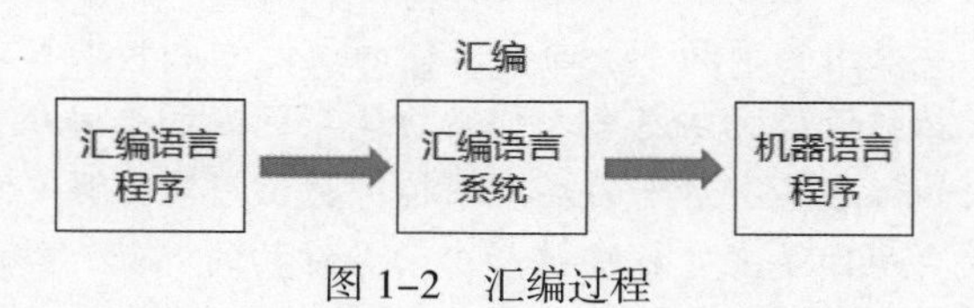

图1–2　汇编过程

使用汇编语言编程比使用机器语言编程要容易，另外由于汇编语言指令与机器语言指令基本上是一条对一条或一条对几条，所以汇编系统的程序开发也不太复杂。因此，汇编语言编程很快取代了机器语言编程。到了20世纪60年代，机器语言编程的应用已经比较少了，汇编语言逐渐取代机器语言，成为主要的编程语言。

汇编语言和机器语言都属于低级语言，这是因为其语言的结构都是以面向机器的指令序列形式为主，与人的习惯语言方式相差较远，并且依赖于机器，可移植性差；代码冗长，不易于编写大规模程序；可读性差、可维护性差。

1.1.3　高级语言

对于程序员来说，虽然汇编语言比机器语言方便很多，但仍然没有解决计算机编程难的基本问题，因此更接近人类语言的高级语言出现了，如Basic、Fortran、Pascal、C、C++、Java、Python等。

与汇编语言和机器语言相比，高级语言更接近人类的自然语言，当然计算机也不能直接识别高级语言编写的程序，要通过编译程序将高级语言编写的程序翻译成机器语言程序（这一过程称为编译），然后再运行，如图1–3所示。

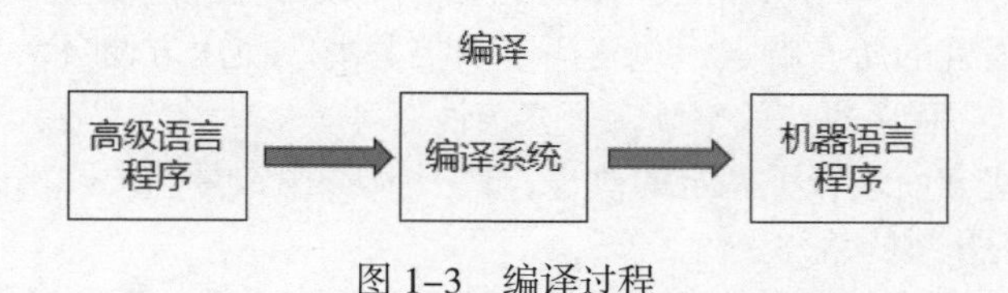

图1–3　编译过程

高级语言的发展经历了高级语言编程的初级阶段、结构化程序设计阶段和面向对象程序设计阶段。

在高级语言刚出现的一段时期里，计算机的主要应用领域是数值计算，程序的规模通常也不是很大，随着计算机和计算机高级语言应用的不断发展，需要编写一些规模大、复杂度高、使用周期长、投入人力及物力多的大型程序，程序设计的目标把可靠性、可维护性的要求放在了比高效率更重要的位置上。高级语言编程初级阶段的程序设计方法已经不能满足程序需要不断扩大的要求。

为了解决这一问题，出现了结构化程序设计方法，结构化程序的设计思想如下：

- 好程序的标准首先是它的可读性和可维护性，其次才是高效率。所谓可读性，是指改善程序书写的静态结构、好的语言风格、结构清晰、符合人的阅读习惯，以及注意编程格式，给程序及程序中的变量和函数一个有意义的命名，增加必不可少的注释。
- 结构化程序设计主要采用自顶向下、逐步求精的设计方法和单入口单出口的控制结构。
- 自顶向下、逐步求精的设计方法符合人们解决复杂问题的普遍规则，可提高软件开发的成功率。由此开发出的程序具有清晰的层次结构，易于阅读理解、修改、调试和扩充。
- 程序出问题的更主要原因是来自程序执行中动态结构的混乱。结构化程序设计最主要的目标是尽可能地使程序运行的动态结构与程序书写的静态结构相对地保持一致。

虽然结构化程序设计方法有很多优点，但仍然是一种面向过程的程序设计方法。它将数据和处理数据的过程分离为相互独立的部分，当数据结构发生变化时，相应的处理过程也要改变，随着程序规模的增大和复杂程度的提高，使程序维护的成本迅速增加。

面向对象的程序设计方法将数据和处理数据的过程封装在一起，形成一个有机的整体(即类)，更符合人们通常的思维习惯，使开发的软件产品易重用、易修改、易测试、易维护、易扩充。C++就是面向对象的程序设计语言。

1.1.4 初识 C++

1. C++ 是什么

C++是在C语言的基础上发展而来的高级语言。C语言是结构化程序设计语言，由于C语言具备低级语言的很多特点，可以直接操作内存地址和设备，程序的效率高，很多系统软件都是用C语言编写的。

C++是在C语言的基础上，引入面向对象的概念，使C++在继承C语言优点的同时，也完全支持面向对象的程序设计（Object Oriented Programming，OOP）。它主要具有以下特点：

（1）C++继承了C语言的所有特点，包括语言简洁紧凑、使用方便灵活、拥有丰富的运算符、生成的目标代码质量高、程序执行效率高、可移植性好等。

（2）对C语言的某些方面进行了一定的改进，如引入const常量和内联函数取代C语言中的宏定义、引入reference（引用）概念等。

（3）支持面向过程和面向对象的方法。在C++环境下既可以进行面向对象的程序设计，也可以进行面向过程的程序设计。

（4）C++支持泛型编程，设计通用的代码更加容易，能进一步提高代码的重用性。

C++完全支持面向对象的程序设计，包括数据封装、数据隐藏、继承和多态等特征。

2. C++ 的发展

C++是在C语言的基础上发展起来的，C++的正式出现是在20世纪80年代初期，已经经历了40年的发展。由最初的“具有类的C语言”，发展到功能强大、应用最广泛的语言之一。在语言的发展过程中，有一批新的功能需要加进来，或者原来的功能需要改进，就要发布一个新的版本。

由于C++编译器依赖于C++的语法，因此一旦有了新的C++版本，就需要有新版本的编译器，使其能够处理新增加的语法规则。所以语言的版本与编译器的版本是对应的，有时我们也不会刻意进行区别。

除了编译器之外，为了方便系统的开发，通常需要一些开发工具，最常用的就是集成开发环境，集成开发环境就是将程序的编辑、编译、运行、调试等功能汇于一身的系统。集成开发环境依赖于编译器(完成编译这部分功能)，而编辑、调试等功能是集成开发环境自己独有的。由于编译器版本的变化，以及编辑、调试等功能的改进，集成开发环境也是在不断地推出新的版本。

3. C++ 的编译器与集成开发环境

前面已经知道，高级语言编写的程序需要转换成机器语言，才能被计算机识别并运行。C++程序需要用C++编译器将其编译为机器语言的程序，Pascal程序就需要用Pascal编译器将其编译为机器语言的程序。因此在进行C++程序开发前，首先要安装C++编译器。

就像我们使用的电视机一样，有不同厂家制造的各种品牌(如康佳、创维、海尔、长虹等)，不同的计算机软件公司也设计了各种不同的C++编译器，如MSVC、GCC、ICC等。由于编译器性能指标的不同，在编译器的竞争过程中，有的编译器被淘汰，有的编译器则发展壮大到现在。

在集成开发环境出现之前，程序员首先使用文本编辑器(如记事本，事实上在Windows系统出现前，DOS系统下是没有记事本的，那时有类似于记事本的程序)将程序代码输入到文件中，然后使用C++编译器将程序文件编译成目标文件，再链接为可执行文件。

有了C++集成开发环境后，我们就可以在集成环境中进行编辑、编译、运行以及程序调试的各项工作，为软件开发提供了极大的便利。在安装集成开始环境时，会自动安装所使用的C++编译器，不需要我们单独安装(个别集成开发环境如Eclipse需要单独安装编译器)，因此我们并不需要过多地关心编译器的问题。

目前的C++集成开发环境很多，如Visual Studio、C++ Builder、Dev C++、Eclipse、C-Free等，1.2 节将介绍安装C++集成开发环境的具体步骤。

1.2　C++ 开发环境的安装

在学习C++程序设计或进行C++程序开发前，首先要安装C++程序开发环境，本节将介绍C-Free 5.0和Visual Studio 2019的安装。

对于初学者来说，比较好的选择是安装配置一个简单易用的开发环境，由于C-Free系统比较小巧，安装程序只有14MB左右，安装、使用都比较简单，读者可以先安装C-Free进行编程练习，等需要开发特殊要求的程序时再安装需要的开发环境。

1.2.1 安装 C-Free 5.0

C-Free是一款C/C++集成开发环境，目前有两个版本，即C-Free 5.0 专业版和C-Free 4.0 标准版。最新的版本C-Free 5.0 在2010年之后没有更新过，因此C-Free 5.0不能支持2010年之后新增加的C++语法，不过不用担心，对于绝大部分的C++练习C-Free足够用了。

C-Free 5.0 与C-Free 4.0的安装类似，下面以C-Free 5.0为例介绍C-Free的安装。

首先下载C-Free 5.0安装程序，如果是压缩文件，要先解压缩。双击安装程序，启动安装向导，C-Free 5.0的安装比较简单，按照安装向导要求，一步一步进行就可以安装好C-Free 5.0了。需要注意的是，在“选择目标位置”时，为了避免将来编译时出现错误，安装位置的路径不能包含空格，如图1-4所示，要删除路径中的所有空格(即将单词间的空格删除，改成C:\ProgramFiles(x86)\C-Free5这样的形式)。当然也可以将C-Free 5.0安装在其他位置，如D:\C-Free5，只要保证路径中没有空格就可以。

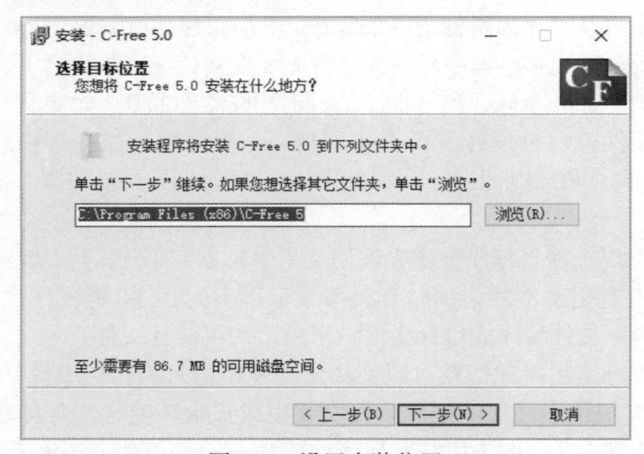

图 1-4　设置安装位置

设置好安装位置，然后在向导的每一步中都单击“下一步”按钮，最终完成安装。

1.2.2 安装 Visual Studio 2019

Visual Studio 是微软公司推出的开发环境，也是目前最流行的 Windows 平台应用程序开发环境。目前最新版本是Visual Studio 2019。早期的版本号使用序号，如Visual Studio 5.0、Visual Studio 6.0，从6.0之后不再使用序号，而是使用版本发布的年份，如Visual Studio 2002、Visual Studio 2003，最近的两个版本分别是Visual Studio 2017和Visual Studio 2019。下面以Visual Studio 2019为例介绍Visual Studio的安装。

1. 下载 Visual Studio 2019 安装程序

Visual Studio 2019的下载地址是https://visualstudio.microsoft.com/zh-hans/downloads，打开网页后，可以看到Visual Studio 2019提供了三个版本可供下载，即社区版（Community）、专业版

（Professional）和企业本（Enterprise），其中社区版是免费使用的，另外两个版本是收费的，对于学习C++，使用社区版就足够了。单击社区版的"免费下载"按钮下载安装程序。

2. 安装 Visual Studio 2019

下载完成后，运行安装程序，出现如图1–5所示的界面，单击"继续"按钮，进行安装前的一些配置工作。

图 1–5　Visual Studio 2019 安装初始界面

安装程序经过一段时间处理后，出现如图1–6所示的界面，从该界面可以看出Visual Studio 2019不仅可以进行C++程序开发，还可以完成其他程序的开发，这里我们只需要选中"使用C++的桌面开发"。在界面的下方还可以找到改变Visual Studio 2019安装位置的按钮(由于只截取了整个界面的一部分，图1–6并没有显示界面上的按钮)，如果不想安装在C盘的默认位置，可以单击该按钮选择或输入其他位置，设置好之后，单击界面右下角的"安装"按钮开始安装。

图 1–6　设置安装选项界面

由于安装的软件较大，安装时间比较长，计算机的性能不同、网速不同，都会影响安装所需要的时间。安装结束后会出现如图1–7所示的界面。

在安装成功界面中可以创建一个账户，这里不需要创建，我们选择“以后再说”。然后出现如图1–8所示的界面，在该界面中可以选择需要的“开发设置”及“颜色主题”，这里“开发设置”我们选择“常规”，“颜色主题”可以根据自己的喜好选择。

图 1–7　安装成功界面

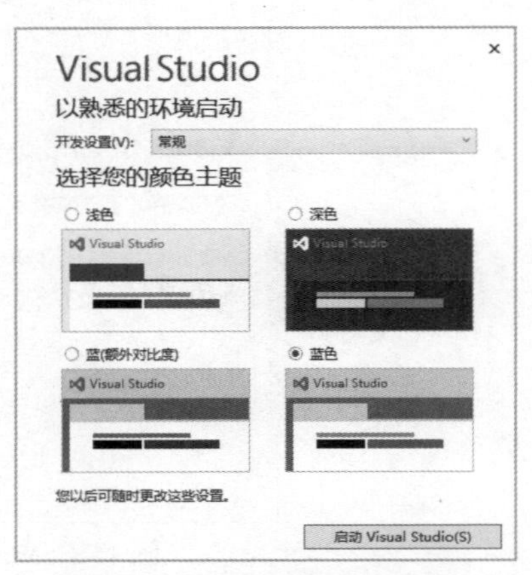

图 1–8　开发设置及颜色主题设置

单击“启动Visual Studio(S)”按钮，就可以打开Visual Studio 2019集成开发环境了。

注意：

如果是第一次安装Visual Studio 2019，在安装过程中，如果需要重新启动计算机，就根据安装向导的要求重新启动。由于是在线安装，Visual Studio 2019也在不断地升级，所以安装过程中所显示的界面可能会略有不同。

1.3　简单的 C++ 程序

C++源程序文件的扩展名是.cpp。C语言的输入/输出是通过函数实现的，C++的输入/输出是通过I/O流类实现的。为了在后面章节的程序中实现输入和输出，本节将使用两个实例程序介绍最简单的C++程序，以及如何使用流类对象cin和cout实现简单的输入和输出，有关这部分的详细内容可以参考后面的章节。

cin和cout分别是C++预先定义的输入流类对象和输出流类对象，在程序中可以直接使用。

1.3.1　cout 标准输出

使用cout进行输出的格式如下：

```
cout << 待输出的内容 1 << 待输出的内容 2 …;
```

我们也称符号“<<”为插入运算符，即将其后面的数据插入输出数据流中。由于cout 和插入

运算符“<<”都是在系统提供的头文件iostream中声明的，因此要包含该头文件。

【例1-1】使用cout进行简单的输出

程序代码如下：

```
 1  //文件:ex1_1.cpp
 2  #include <iostream>
 3  using namespace std;
 4  /* 本程序有一个主函数
 5     使用两个cout分别输出:您好!
 6     和:这是一个简单的C++程序    */
 7  int main()                          //主函数，每个C++程序必须有且
只有一个主函数
 8  {
 9      cout << "您好!" << endl;        //使用cout输出
10      cout << "这是一个简单的" << "C++程序" << endl;
11      return 0;                       // 函数返回值为0
12  }
```

微信扫码

扫一扫,看视频讲解

注意：

上面代码前的序号（1，2，3，…）并不是程序内容，是为了方便阅读和后续的说明特意增加的；后面的程序代码如果是在安装好的C++程序开发环境中输入，则大部分系统会在程序代码前自动出现这些序号（1，2，3，…），参见图1-9。

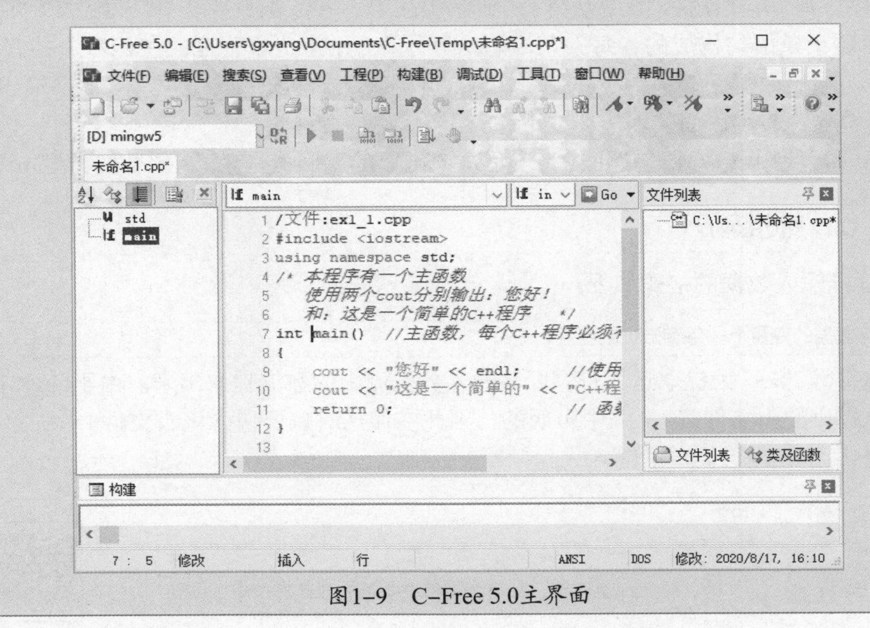

图1-9　C-Free 5.0主界面

程序运行结果如下：

```
您好!
这是一个简单的C++程序
```

程序第1行以两个斜线“//”开始，表示这一行是注释，注释的意思就是这一行的内容是给人看的，在编译时，编译器会将注释的内容忽略。为提高程序的可读性，需要为比较难以理解的程序代码添加适当的注释。

C++提供两种注释风格，一种是以两个斜线“//”开始的注释，表示当前行中两个斜线之后的内容是注释，所以也称为单行注释，如程序中的第1行、第7行、第9行、第11行都使用了这种注释风格；另外一种注释风格是以“/*”开始，以“*/”结束的中间内容，也称为块注释，如程序中的第4行到第6行，这种风格比较适用于多行注释的情况。当然，第4行到第6行的注释也可以写成如下的形式，效果与上面程序中的注释是一样的。

```
4  // 本程序有一个主函数
5  // 使用两个cout分别输出：您好！
6  // 和：这是一个简单的C++程序
```

第2行是编译预处理指令，将文件iostream中的代码嵌入该指令所在的位置。编译预处理指令以“#”开始，编译预处理不是C++的语句，所以结束不能加分号。

第3行表示使用std命名空间，因为我们使用的标准库就是使用std命名空间。有关命名空间的内容，后面章节有专门介绍。

C++程序是由一个主函数和若干其他函数组成的(有关函数的内容，在后面的章节中有专门的介绍)。C++程序都是从主函数开始运行的，主函数的名字一定是main，并且main函数的返回值是int类型(整数)。本程序只有一个主函数，就是从第8行到程序的最后一行，函数是以“{”开始，以“}”结束。

函数是由若干条语句构成的，每一条语句由分号“;”结束，本程序的主函数一共有3条语句，前两行使用cout输出两行字符串，cout是一个输出流类对象，通过插入运算符“<<”输出数据，其中endl是换行符号，表示后面的输出要在下一行上。

函数最后一行使用return语句返回0，表示这个函数的返回值是0，与函数的类型int相呼应。

1.3.2 cin 标准输入

使用cin标准输入数据的格式如下：

```
cin >> 保存数据的变量1 >>保存数据的变量2 …;
```

我们也称符号“>>”为提取运算符，即将输入数据流中的数据提取出来。由于cin和符号“>>”也都是在系统提供的头文件iostream中声明的，因此在使用时也要包含该头文件。

【例1–2】使用cin进行简单的输入

```
1  //文件:ex1_2.cpp
2  #include <iostream>
3  using namespace std;
4  int main()              //主函数，每个C++程序必须有且只有一个主函数
5  {
6      int a,b;            //定义两个变量
7      cout << "请输入两个整数，中间用空格分开:";
8      cin >> a >> b;      //使用cin输入两个整数，分别赋给变量a和b
9      cout << a  << ","  << b << endl; //使用cout输出两个变量的值
10     return 0;
11 }
```

微信扫码

扫一扫，看视频讲解

程序运行后，首先输出提示信息"请输入两个整数，中间用空格分开:"，然后输入10 20，按Enter键，程序运行结果如下：

```
请输入两个整数，中间用空格分开:10 20
10,20
```

主函数main()的第1行(代码第6行)定义两个整型(int表示整型)变量a和b。cin是一个输入流类对象，通过运算符">>"输入数据，如果要输入多个数据，中间用空格分开。最后一行利用cout输出变量a和b的值。

1.4 C++ 程序的编辑、编译和运行

下面分别使用C-Free 5.0和Visual Studio 2019完成例1-1和例1-2程序的编辑、编译和运行。

1.4.1 使用 C-Free 5.0

1. 创建 C++ 源文件

运行C-Free 5.0，出现C-Free 5.0的主界面，选择"文件"菜单的"新建"菜单项，新建一个C++源文件，输入例1-1中的程序代码，如图1-9所示。

C-Free 5.0的界面分为左侧、中间、右侧和下方四部分，左侧窗口用来显示程序中的函数等信息，目前我们可以不用管它；中间窗口是程序编辑区，用于输入、编辑程序；右侧窗口显示文件列表，现在我们只打开一个文件，并且还没有保存，看到的是"未命名1.cpp"；界面的下方是输出窗口，主要是用来输出各种信息。例如，在编译时会在输出窗口输出编译信息。

第一次保存文件时，会出现"保存"对话框，在该对话框中，可以输入文件名，以及文件的保存位置，如图1-10所示。

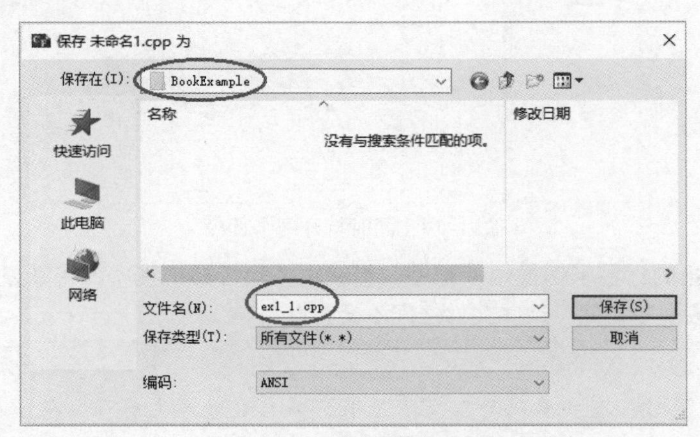

图1-10 "保存"对话框

在"保存"对话框中输入文件名，并选择一个文件夹来保存程序，之后单击"保存"按钮，回

到主界面后，发现文件名已经改成了我们输入的名字。为了方便对程序的管理，通常要创建一个文件夹，用来保存C++源程序文件。

2. 编译运行程序

选择“构建”菜单中的“构建-ex1_1.cpp”菜单项，如果程序中没有语法错误，则编译生成一个可执行文件，如图1-11所示；如果程序中有语法错误，则在输出窗口输出错误信息。

构建成功后选择“构建”菜单中的“运行”菜单项，或单击工具栏的“运行”按钮▶，或按F5键，都可以运行程序。运行结果如图1-12所示。

图1-11　输出编译信息

图1-12　程序运行结果

其中前两行是程序输出的内容，最后一行是系统输出的，提示按任意键关闭运行结果窗口，当然也可以单击关闭窗口按钮来关闭运行结果窗口。

文件保存后，也可以不构建，直接运行程序，开发环境会在运行前自动构建可执行文件。

例1-1练习完成后，如果要进行下一个程序的练习，和前面的步骤一样，创建另一个C++源文件即可。例如，创建ex1_2.cpp，输入例1-2中的程序。这时C-Free 5.0中有两个程序，如图1-13所示。

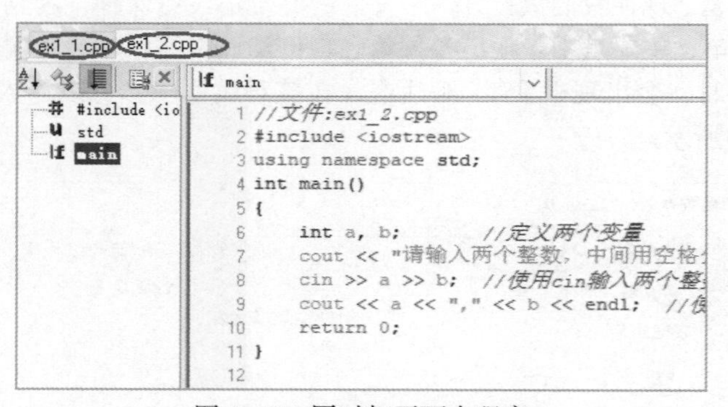

图1-13　同时打开两个程序

可以通过左上角的标签来切换两个程序，想编辑、运行哪个程序就将其显示出来。我们可以同时打开多个C++源程序文件，这些文件之间不会相互影响。

技巧：

C++在处理中文时，有些编码处理得不是很好，为避免产生乱码，在保存C++文件时请选择文件编码为ANSI，如图1-14所示。

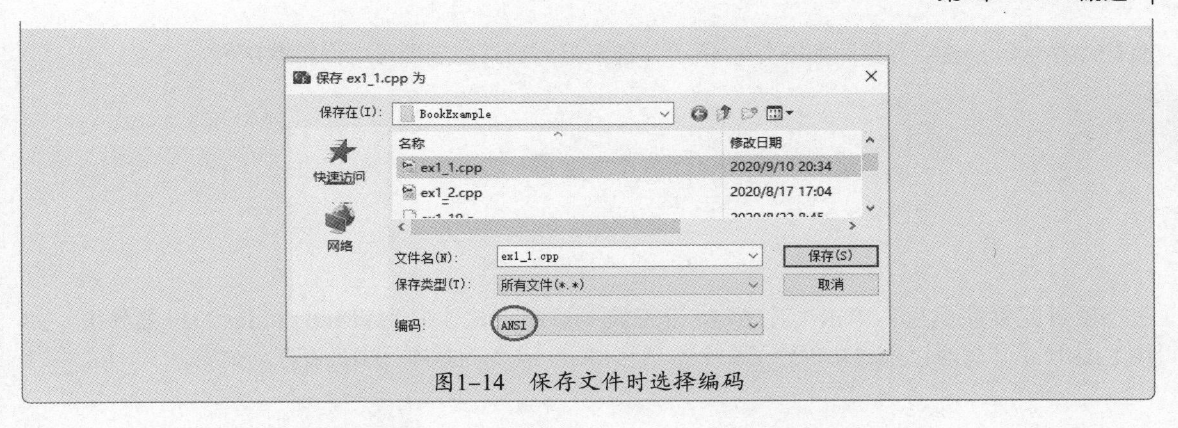

图1-14　保存文件时选择编码

1.4.2　使用 Visual Studio 2019

在软件开发中，都是以项目（project）为单位的，如开发一个人事管理系统、成绩管理系统等都分别是一个项目。一个C++项目可以包含C++源文件、数据库、各种资源文件（如图像、视频）等。

如果需要开发多个项目，而这些项目又比较类似，可以共享一些资源，就可以将这些项目放在同一个解决方案（solution）中，也就是说，一个解决方案可以包含多个项目，而一个项目包含多种类型的文件，可以将解决方案看成项目的容器。

下面以例1-1和例1-2为例，介绍Visual Studio 2019的开发环境以及程序的编辑、编译、运行等方法。

1. 创建项目

启动Visual Studio 2019后，出现包含如图1-15所示的界面（图中只截取了整个界面中的一部分）。

如果以前已经创建过项目，则可以在启动界面中单击“打开项目或解决方案”打开已有的项目。这里单击“创建新项目”按钮，然后会出现创建新项目界面，在该界面中选择如图1-16所示的“空项目”。

图 1-15　Visual Studio 2019 启动界面

空项目
使用 C++ for Windows 从头开始操作。不提供基础文件。
C++　Windows　控制台

图 1-16　选择控制台应用

单击“下一步”按钮，出现“配置新项目”界面，在这个界面中，主要是指定项目的名称和项目的保存位置，这部分界面如图1–17所示，这个界面的其他选项可以保持默认值。

项目名称(N)

Chapter1

位置(L)

D:\ygx\C++Code\

图 1–17　配置新项目

项目配置完成后，单击“创建”按钮完成项目的创建，回到Visual Studio 2019主界面，如图1–18所示。这时已经成功创建了一个空项目Chapter1，此时项目中没有任何内容。

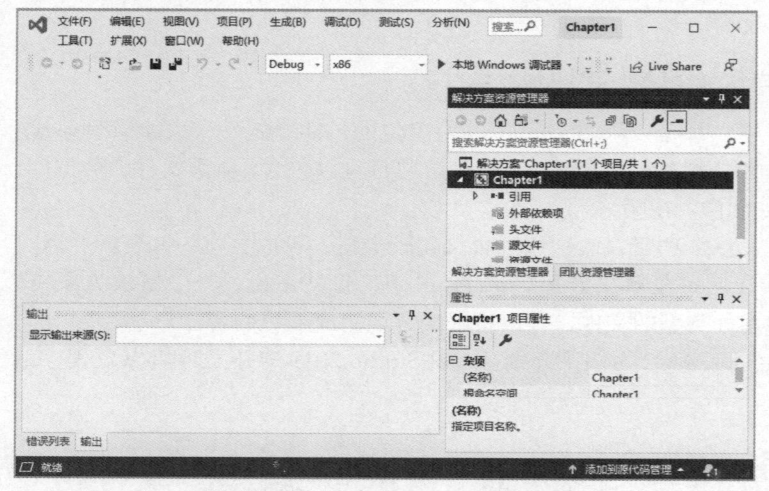

图 1–18　Visual Studio 2019 主界面

Visual Studio 2019主界面分为4个主要的区域，左上角是程序编辑区；左下角是“输出”窗口，用于输出各种信息，如编译时出现的错误信息就会显示在这里；右上角是“解决方案资源管理器”窗口，显示解决方案及项目结构，解决方案的名字是Chapter1，其中包含一个项目，项目的名字也是Chapter1，项目中可以包含各种资源；右下角是“属性”窗口，显示解决方案中各组成部分的属性，如在右上角选中了项目名Chapter1，则在右下角区域显示的就是项目Chapter1的属性。

2. 为项目添加 C++ 源文件

下面我们为项目Chapter1添加一个C++源文件，右击“解决方案资源管理器”中的项目名“Chapter1”，在弹出的快捷菜单中选择“添加”菜单中的“新建项”菜单项，出现“新建项”界面，在“新建项”界面中选择“C++文件(.cpp)”，在名称框中输入ex1_1.cpp，单击“添加”按钮，回到Visual Studio 2019主界面，这时可以在解决方案资源管理器中的项目Chapter1的源文件的下面找到ex1_1.cpp，如图1–19所示。

图 1–19　加入源文件 ex1_1.cpp

这时ex1_1.cpp没有任何内容，在编辑区输入例1–1的程序，完成后保存。

3. 生成可执行文件

选择“生成”菜单中的“生成Chapter1”菜单项，开始编译、连接，生成可执行文件，也可以单击工具栏中的“生成Chapter1”按钮，或按Ctrl+B组合键生成可执行文件。如果程序无语法错误，就会编译生成可执行文件ex1_1.exe，并在输出窗口输出编译信息，如图1–20所示；如果程序中有语法错误，也会在输出窗口输出相应的错误信息，提示如何修改程序。

图 1–20　输出的编译信息

可执行文件生成后，可以在D:\ygx\C++Code\Chapter1\Debug文件夹(根据你自己所建立项目的位置和项目的名字)中找到可执行文件Chapter1.exe。

4. 运行程序

选择“调试”菜单中的“开始运行”菜单项或按Ctrl+F5组合键运行程序。例1–1的运行结果如图1–21所示。

图 1–21　例 1–1 运行结果

其中前两行是程序的输出内容，后面的是系统的输出。按任意键或单击关闭窗口按钮 × 可关闭运行结果窗口。

5. 添加第 2 个 C++ 源程序

与添加ex1_1.cpp的步骤一样，添加第二个C++源文件ex1_2.cpp，并输入例1-2中的程序代码。

由于一个项目只能有一个主函数（main函数），而在目前练习的程序中，每个C++源文件都有一个主函数，所以这些程序必须放在不同的项目中。但如果为每个练习程序都创建一个不同的项目会非常的麻烦，因此我们采取下面的方法。

将多个带有主函数的C++源文件放在一个项目中，在生成可执行文件之前，将其他的C++源文件从生成中排除，只保留当前练习的C++源文件。这样在编译时其他文件将被忽略，只编译生成当前练习的文件。方法是在“解决方案资源管理器”中右击ex1_1.cpp，在快捷菜单中选择“属性”，出现如图1-22所示的“属性”窗口。

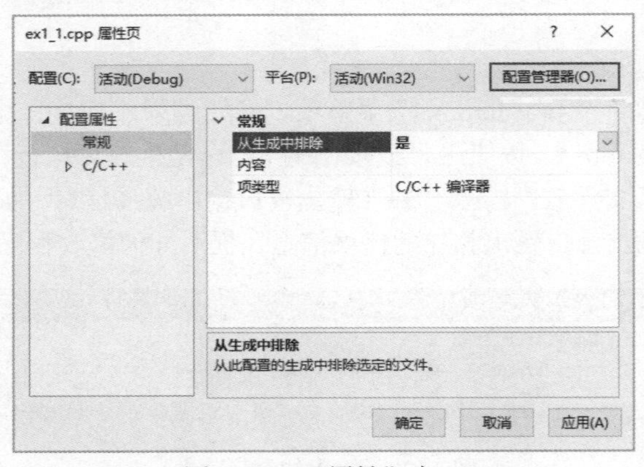

图 1-22 “属性”窗口

在属性窗口的左侧选中“常规”，在右侧“在生成中排除”的后面选择“是”，单击“确定”按钮，将ex1_1.cpp从生成中排除，这时再编译，ex1_1.cpp将被忽略。

回到Visual Studio 2019主界面，可以看到在“解决方案资源管理器”中的ex1_1.cpp已经被打上了一个被排除的标记，如图1-23所示。

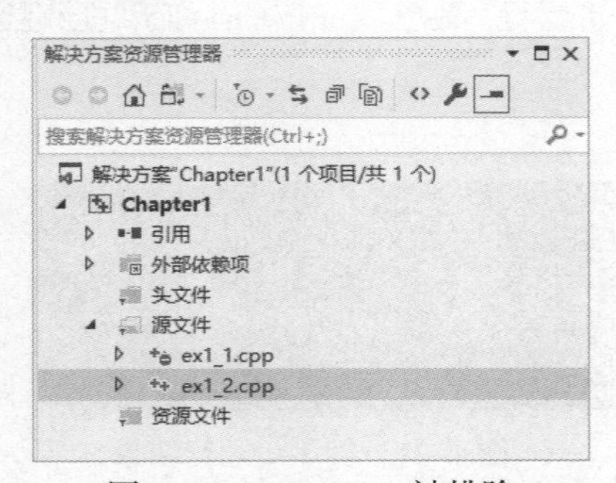

图 1-23 ex1-1.cpp 被排除

然后再生成、运行程序，这时执行的就是ex1_2.cpp。如果希望ex1_1.cpp不被排除，只要在“属性”窗口中，将“在生成中排除”一项选择“否”就可以了。

当再练习其他程序时，按以上相同的方法操作即可。

1.5 小结

计算机程序设计语言经历了机器语言、汇编语言和高级语言三个阶段。C++继承了C语言的优点，是应用最多的语言之一。C++既支持面向对象的程序设计，也支持面向过程的程序设计。

在开发C++程序之前，要安装C++集成开发环境，目前C++的集成开发环境有很多，本章主要介绍了C-Free 5.0和Visual Studio 2019的安装与使用。

由于Visual Studio 2019有解决方案、项目等概念，对于初学者来说有些烦琐，而C-Free 5可以忽略项目的概念，直接操作C++程序，比较简单，因此可以先使用C-Free 5进行C++程序的练习，当需要设计复杂的程序时再使用其他环境。

使用cout实现数据的输出，使用cin实现数据的输入。

1.6 习题一

1-1 计算机程序设计语言的发展经历了哪几个阶段？

1-2 C++有哪些特点？

1-3 写出下面程序的运行结果，并在C++集成开发环境中编辑、编译、运行，观察运行结果。

```
//文件:hw1_3.cpp
#include <iostream>
using namespace std;
int main()
{
    int a, b;
    cout << "请输入两个整数，中间用空格分隔:";
    cin >> a >> b;
    cout << "a+b=" << a+b << endl;
    cout << "a-b=" << a-b << endl;
    return 0;
}
```

第 2 章　处理数据

主要内容

◎ 基本数据类型
◎ 常量与变量
◎ 运算符与表达式
◎ 数据类型转换

2.1　基本数据类型

程序的作用就是对一些相关的数据进行各种处理，得到有意义的信息。如设计一个程序，对一个企业的工资数据进行运算处理，可以得到公司职员的整体工资水平、职员之间的收入差距等。程序处理的数据有不同的类型，如职工的年龄是整数类型，工资是实数类型，是否结婚可以用布尔类型（表示逻辑真或假），姓名是字符串类型，用单个字母或符号表示的数据称为字符型数据。

C++除了提供基本的数据类型，如整型、实型、字符型和布尔型数据外，还允许用户自定义构造类型，如结构、联合、枚举和指针等。

本章主要介绍C++的基本数据类型，在后面的章节中再逐步介绍构造类型。

2.1.1　整型数据

程序中使用的数据都会在计算机内存中占用一定的空间，要根据数据的大小选择不同类型的数据（不同类型的数据占用的内存大小不同）。就像我们日常生活中使用的容器一样，有大有小，如存放米的容器会大些，而存放盐的容器会小些。如果用大容器存放盐就会浪费容器的空间，相反用很小容器存放米通常是放不下的。

为了用恰当的内存空间存放各种整型数据，C++提供了四种整型数据：基本整型（类型关键字为int）、短整型（类型关键字为short [int]）、长整型（类型关键字为long [int]）和双长整型（long long [int]）。

> **注意：**
>
> 在本书中，short [int]表示int是可选的，既可以使用short int，也可以使用short表示短整型。

其中短整型占用的内存空间最少，双长整型占用的内存空间最多；占用的内存空间越多，能够表示数的范围越大。计算机的内存是以字节（1个字节是8位二进制）为基本存储单位的，C++并没有规定每种类型的数据占几个字节，只是给出每种数据类型占用存储空间的最小值。对于四类整型规定如下：

- short 至少 16 位。
- int 至少 16 位，且不能少于 short 占用的空间。
- long 至少 32 位，且不能少于 int 占用的空间。
- long long 至少 64 位，且不能少于 long 占用的空间。

同一种数据类型，在不同的系统中，所占用的位数可能会不一样，但都会遵守上面的规则。占用空间的大小决定了该类型数据可以表示数的范围，如占用16位的数据所表示数的个数是2^{16}，其中一半用来表示负数，一半用来表示正数，范围是$-2^{15} \sim 2^{15}-1$。

在Visual Studio 2019和C-Free中整型数据占用的位数如表2-1所示。

表 2–1　基本整型数据及取值范围

类　型	长　度	取值范围
short	16 位	–32 768 ~ 32 767（-2^{15} ~ $2^{15}-1$）
int	32 位	–2 147 483 648 ~ 2 147 483 647（-2^{31} ~ $2^{31}-1$）
long	32 位	–2 147 483 648 ~ 2 147 483 647（-2^{31} ~ $2^{31}-1$）
long long	64 位	–9 223 372 036 854 775 808 ~ 9 223 372 036 854 775 807（-2^{63} ~ $2^{63}-1$）

在处理实际问题时，有些数据是没有负数的，如年龄、职工人数等，对于这样的数据就可以将表示负数的部分省下来，增加正数的表示范围。因此C++提供了无符号的整型数据，无符号用关键字unsigned限定，上面的四种基本整型数据都有无符号的形式，即无符号整型（unsigned [int]）、无符号短整型（unsigned short [int]）、无符号长整型（unsigned long [int]）和无符号双长整型（unsigned long long [int]）。四种无符号整型数据所占用的字节数和表示的数据范围如表2–2所示。

表 2–2　无符号整型数据及取值范围

类　型	长　度	取值范围
unsigned short	16 位	0 ~ 65 535（0 ~ $2^{16}-1$）
unsigned	32 位	0 ~ 4 294 967 295（0 ~ $2^{32}-1$）
unsigned long	32 位	0 ~ 4 294 967 295（0 ~ $2^{32}-1$）
unsigned long long	64 位	0 ~ 18 446 744 073 709 551 615（0 ~ $2^{64}-1$）

虽然在不同的系统中，各种整型数据所占用的字节数不同，但不论在哪一个具体的系统中，短整型数据所占字节数都不会超过整型数据所占的字节数，而整型数据所占字节数也不会超过长整型数据所占的字节数，而长整型数据所占字节数也不会超过双长整型数据所占的字节数。

除了二进制，计算机中常用的数制还有八进制和十六进制。

拓展阅读：

关于二进制、八进制、十六进制的相关内容，请扫二维码查看。

2.1.2　实型数据

实型数据也称为浮点数，可以表示带小数的数字。C++的实型数据分为三种，即单精度实数（float）、双精度实数（double）和长双精度实数（long double）。C++对三种实型数据大小的要求如下：

- float 至少 32 位。
- double 至少 48 位，且不能少于 float。
- long double 不少于 double。

例如，在Visual Studio 2019中，单精度实数占4个字节、双精度实数和长双精度实数都占8个字节。在C-Free 5.0中，前两种实型数据占用的字节数与在Visual Studio 2019一样，但长双精度实数占12个字节，即96位。

2.1.3 字符型数据

字符型数据(char)占1个字节(也就是8位)，用于存放一个字符。字符型数据在内存中也是按整型数据存储的，只是从内存取出时将其解释为字符的ASCII码，字符型数据的取值范围是-128 ~ 127。如字符A的ASCII码是65，则字符A在内存中存储的就是整数65（二进制位01000001)。字符型数据也可以分为有符号字符型数据和无符号字符型数据，无符号字符型(unsigned char)数据的取值范围为0 ~ 255。

2.1.4 bool型数据

bool型数据(bool)占1个字节，取值只有true（真）和false（假）。早期的C++没有bool类型，将非零值解释为true，将零值解释为false。

由于C++没有规定每种数据类型的具体位数，我们可以使用C++提供的sizeof运算符来测试当前使用的系统每种数据类型所占的字节数。

【例2-1】检测基本数据类型所占的字节数

```
1  //文件:ex2_1.cpp
2  #include <iostream>
3  using namespace std;
4  int main()
5  {
6      cout << "short:  " << sizeof(short) << endl;
7      cout << "int:  " << sizeof(int) << endl;
8      cout << "long:  " << sizeof(long) << endl;
9      cout << "long long:  " << sizeof(long long) << endl;
10     cout << "float:  " << sizeof(float) << endl;
11     cout << "double:  " << sizeof(double) << endl;
12     cout << "long double:  " << sizeof(long double) << endl;
13     cout << "char:  " << sizeof(char) << endl;
14     cout << "bool:  " << sizeof(bool) << endl;
15     return 0;
16 }
```

微信扫码

扫一扫，看视频讲解

程序运行结果如下(在后面的程序中，如果没有特殊说明，都是在C-Free 5.0中运行)。

```
short:  2
int:  4
long:  4
long long:  8
float:  4
double:  8
long double:  12
char:  1
bool:  1
```

其中sizeof是C++的运算符，用于获得指定数据类型、指定变量或指定常量占用内存的字节数，使用方法为：

```
sizeof(数据类型或变量名或常量)
```

2.2 数据存储

2.1节中介绍了C++的基本数据类型，这些数据以常量或者变量的形式存储在计算机的内存中。在学习常量与变量之前，先介绍一下标识符。

2.2.1 标识符

标识符是用户编程时使用的名字，用于给变量、常量、函数、数组等命名，也就是说在程序中使用的变量、函数、数组等都要有一个特定的名字，这些名字就是标识符。在程序中使用的标识符应遵守以下规则：

（1）有效字符。标识符只能由字母、数字和下划线组成，且第一个符号必须是字母或下划线，不能是数字。例如，a、sum、s1、_tatol等都是合法的标识符，而1a、a?b、x+y等标识符是非法的。

（2）大小写区分。C++中字母的大小写是区分的，即大写字母和小写字母表示不同的标识符，如a和A是两个不同的标识符，AB和Ab也是两个不同的标识符。

（3）C++的关键字不能用作标识符。关键字属于保留字，是整个语言范围内预先保留的标识符，每个C++关键字都有特殊的含义。在程序中使用的标识符不能与关键字同名，表2-3是C++98（1998年制定的标准）的所有关键字。

表2-3 C++ 98的关键字

asm	do	if	return	typedef
auto	double	inline	short	typeid
bool	dynamic_cast	int	signed	typename
break	else	long	sizeof	union
case	enum	mutable	static	unsigned
catch	explicit	namespace	static_cast	using
char	export	new	struct	virtual
class	extern	operator	switch	void
const	false	private	template	volatile
const_cast	float	protected	this	wchar_t
continue	for	public	throw	while
default	friend	register	true	
delete	goto	reinterpret_cast	try	

C++11（2011年制定的标准）在C++98的基础上，又增加了10个关键字，分别是alignas、alignof、char16_t、char32_t、constexpr、decltype、noexcept、nullptr、static_assert和thread_local。

除了遵守以上标识符使用的原则外，为了增加程序的可读性，标识符还应该尽量有意义，如保存年份的变量命名year、保存年龄的变量命名age等。具体的一些命名规范，在后面相应的章节中再详细介绍。

2.2.2　常量

在程序的运行过程中，其值不能被改变的量称为常量。在C++中常量又分为直接常量和符号常量。

1. 直接常量

直接常量是指直接使用数值或文字表示的值，如1、–23.5、100等都是直接常量，下面分类介绍各种类型的直接常量。

（1）整型常量。整型常量包括正整数常量、负整数常量和零，如10、–20、0等。整型常量的表示形式有十进制、八进制和十六进制。

十进制的表示形式与在数学中使用的形式一样，八进制表示的整型常量以0（是数字零）开始，如034、076、–023等，分别表示十进制的28、62和–19。

十六进制表示的整型常量以0x（数字零和字母x，字母大小写都可以）开始，如0x3B、0x3F、–0x23等，分别表示十进制的59、63和–35。

【例2-2】整型常量的表示

```
1  //文件:ex2_2.cpp
2  #include <iostream>
3  using namespace std;
4  int main()
5  {
6      cout << 100 << endl;                      //十进制表示的整型常量
7      cout << -200 << endl;
8      cout <<  034 << endl;                     //八进制表示的整型常量
9      cout <<  076 << endl;
10     cout <<  -023 << endl;
11     cout <<  0x3B << endl;                    //十六进制表示的整型常量
12     cout <<  0x3F << endl;
13     cout <<  -0x23 << endl;
14 }
```

微信扫码

扫一扫，看视频讲解

程序运行结果如下：

```
100
-200
28
62
```

```
-19
59
63
-35
```

由于整数有八种分类，如何确定程序中出现的整数100是什么类型呢？通常情况下C++将其当作int型，如果想指定100为其他类型，可以通过后缀的方式，如L（或小写l）表示长整型，U（或小写u）表示无符号整型。如100L为长整型，100U为无符号整型，100LL为双长整型，100ULL为无符号双长整型。

【例2-3】带后缀的整型常量

```
 1  //文件:ex2_3.cpp
 2  #include <iostream>
 3  using namespace std;
 4  int main()
 5  {
 6      cout << 100 << endl;                          // int
 7      cout << 100U << endl;                         // unsigned
 8      cout << 100L << endl;                         // long
 9      cout << 100LL << endl;                        // long long
10      cout << sizeof(100) << endl;                  // 100占用的字节数
11      cout << sizeof(100U) << endl;                 // 100U占用的字节数
12      cout << sizeof(100L) << endl;                 // 100L占用的字节数
13      cout << sizeof(100UL) << endl;                // 100UL占用的字节数
14      cout << sizeof(100LL) << endl;                // 100LL占用的字节数
15      cout << sizeof(100ULL) << endl;               // 100ULL占用的字节数
16  }
```

扫一扫，看视频讲解

程序运行结果如下：

```
100
100
100
100
4
4
4
4
8
8
```

前4行的输出都一样，也就是说不管是什么类型整数，100就是100；而后6行输出的分别是100、100U、100L、100UL、100LL和100ULL所占用的字节数，前4个输出的4个字节，后2个输出的是8个字节，表明100LL、100ULL确实被当作双长整型。

（2）实型常量。实型常量的表示方式有两种：小数形式和指数形式，小数形式如2.18、-5.6，指数形式如2.15E+20、-2.34E-12，分别表示2.15×10^{20}和-2.34×10^{-12}。

【例2-4】实型常量的表示

```
1  //文件:ex2_4.cpp
2  #include <iostream>
3  using namespace std;
4  int main()
5  {
6      cout <<  2.18 << endl;                              //小数形式
7      cout <<  -5.6 << endl;                              //小数形式
8      cout <<  2.15E+4 << endl;                           //指数形式
9      cout <<  2.15E+20 << endl;                          //指数形式
10     cout <<  -23.4E-12 << endl;                         //指数形式
11 }
```

扫一扫,看视频讲解

程序运行结果为:

```
2.18
-5.6
21500
2.15e+20
-2.34e-11
```

默认情况下常量2.18被C++视为double，如果要指定实型常量为float，可以使用后缀F（或小写f），如果要指定实型常量为long double，可以使用后缀L（或小写l）。如2.18F是float类型，2.18L为long double类型。

【例2-5】带后缀的实型常量

```
1  //文件:ex2_5.cpp
2  #include <iostream>
3  using namespace std;
4  int main()
5  {
6      cout <<  2.18 << endl;                        // double
7      cout <<  2.18F << endl;                       // float
8      cout <<  2.18L << endl;                       // long double
9      cout <<  sizeof(2.18) << endl;                // 2.18 占用的字节数
10     cout <<  sizeof(2.18F) << endl;               // 2.18F占用的字节数
11     cout <<  sizeof(2.18L) << endl;               // 2.18L占用的字节数
12 }
```

扫一扫,看视频讲解

程序运行结果为:

```
2.18
2.18
2.18
8
4
12
```

运行结果中 前3行的输出都一样，也就是说不管是什么类型的实数，2.18就是2.18；而后3行输出的分别是2.18、2.18F和2.18L所占用的字节数，第一个double占用8个字节，第二个float占用4个字节，最后一个long double占用12个字节。

（3）字符型常量。字符型常量是用单引号括起来的一个字符，对于一些可以从键盘上输入的字符，在程序中直接写成'A'、'*'、'3'、'('等就可以了。

有些字符是不能直接从键盘输入的，如换行符、制表符等；还有一些字符在C++中被赋予了特殊的含义，如双引号被当成字符串的开始和结束，单引号被当成字符的开始和结束，也不能直接作为一个字符常量，对于这些特殊的字符C++使用以反斜线“\”开头的转义字符表示，如“\n”表示换行，“\t”表示横向制表等。

C++中定义的转义字符及其对应的ASCII码如表2-4所示。

表 2-4　C++ 中定义的转义字符及其对应的 ASCII 码

转义字符	意　义	ASCII 码（十进制）
\a	响铃（BEL）	007
\b	退格（BS），将当前位置移到前一列	008
\f	换页（FF），将当前位置移到下页开头	012
\n	换行（LF），将当前位置移到下一行开头	010
\r	回车（CR），将当前位置移到本行开头	013
\t	水平制表（HT）（跳到下一个 TAB 位置）	009
\v	垂直制表（VT）	011
\\	代表一个反斜线字符“\”	092
\'	代表一个单引号（撇号）字符	039
\"	代表一个双引号字符	034
\?	代表一个问号	063
\0	空字符（NUL）	000
\ddd	1 ~ 3 位八进制数所代表的任意字符	
\xhh	十六进制所代表的任意字符	

转义字符看起来像两个字符，实际只代表一个字符。另外任何一个字符都可以用它们的ASCII码表示。如A的ASCII是65，A也可以表示为“\101”（65转换为八进制是101），还可以将A表示为“\x41”（65转换为十六进制是41）。

【例2-6】用转义字符输出字符

```
1  //文件:ex2_6.cpp
2  #include <iostream>
3  using namespace std;
4  int main()
5  {
6      cout << '\101' << '\n';              // 101为八进制
7      cout << '\x41' << '\n';              // 41为十六进制
8      cout << '\t' << 't' << '\n';         //在下一个制表位输出 t
9      cout << '\"' << '\n';                //输出双引号 "
10     cout << '\'' << '\n';                //输出单引号 '
11     cout << '\\' << '\n';                //输出反斜线 \
```

扫一扫，看视频讲解

```
12      cout << '\a';                                    //响铃
13      cout << "abcd" << '\b' << '\b' << '*' << '\n'; //演示退格
14  }
```

程序运行结果如下：

```
A
A
        t
"
'
\
ab*d
```

分析：在本例中用'\n'替换了例2–5中的endl，作用相同，都是换行。前两行输出的都是字母A，因为A的ASCII码是65，转换成八进制是101，转换为十六进制是41；第三行先输出一个横向制表符，再输出字母t，因此在该行的第二个制表位置输出字母t；接下来的三行分别输出双引号、单引号和反斜线；再下一行输出响铃，打开音响可以听到铃声；最后一行先输出字符串abcd，此时光标位于d的后面，然后有两个退格，光标退到c的位置，再输出*号，将原来的字符c抹掉，该位置显示的是*。

(4)字符串常量。字符串常量是由一对双引号括起的若干字符，如“Hello，World!”“C++ Programming”都是字符串常量。

有些字符串常量必须借助转义字符才能实现，如要输出下面这两行字符串。

```
He said: "I am late."
c:\program file\Microsoft Office
```

其中，第1行的字符串本身含有双引号，而双引号在C++中用于标识字符串的开始和结束，如果直接写成“He said: “I am late.””，第一个双引号为字符串的开始标志，第二个双引号被解释为字符串结束标志，在第二个双引号后面再出现其他字符，则不满足C++的语法规则，出现语法错误。应该写成“He said: \ “I am late.\””，在第二个和第三个双引号的前面加上反斜线，将这两个双引号转义为普通的双引号字符(不再是字符串的开始和结束标志)。

第二个字符串表示的是一个文件夹的路径，包含反斜线，如果直接写为“c:\program file\Microsoft Office”，反斜线表示转义字符的开始，也就是要求紧跟在反斜线后面的字符一定是一个转义字符，而p和M都不是转义字符，会出现语法错误。应该写成“c:\\program file\\Microsoft Office”，字符串中出现的第一个反斜线将第二个反斜线转义为普通的反斜线字符，这样就可以输出正确的路径。

字符串常量中的每个字符占一个字节，另外字符串常量都有一个结束标志，即字符串常量的最后有一个特殊的字符'\0'，标志字符串常量的结束，因此字符串常量所占用的存储空间比字符的个数多一个字节。

【例2–7】输出字符串

```
1  //文件:ex2_7cpp
2  #include <iostream>
3  using namespace std;
4  int main()
5  {
```

```
 6      cout << "Hello World!\n";                                   //简单的字符串
 7  //  cout << "He said: "I am late."\n";                          //语法错误
 8  //  cout << "c:\program file\Microsoft Office\n";               //语法错误
 9      cout << "He said: \"I am late.\"\n";                        //转义双引号
10      cout << "c:\\program file\\Microsoft Office\n";             //转义反斜线
11      cout << sizeof("Hello") << endl;                            //字符串占用的字节数
12      cout << sizeof("Programming") << endl;                      //字符串占用的字节数
13  }
```

程序运行结果如下：

```
Hello World!
He said: "I am late."
c:\program file\Microsoft Office
6
12
```

第6行输出一个简单的字符串，第7行和第8行有语法错误，第9行和第10行使用转义字符完成字符串的输出，最后两行输出字符串占用的字节数，比字符串包含的字符多一个字节，用于存放字符串结束标志（ASCII码为0的字符，即'\0'）。

（5）bool型常量。bool型常量只有两个：true（真）和false（假），在内存中占一个字节的存储空间。

【例2-8】输出bool型常量

```
1  //文件:ex2_8.cpp
2  #include <iostream>
3  using namespace std;
4  int main()
5  {
6      cout << true << "  ";                     // 输出true
7      cout << false << endl;                    // 输出false
8      return 0;
9  }
```

微信扫码

扫一扫，看视频讲解

程序运行结果如下：

```
1  0
```

从运行结果可以发现，在C++中，true用1表示，false用0表示。

2. 符号常量

除了可以使用直接常量外，还可以使用符号常量。在C++中，有两种方法定义符号常量，一种是使用编译预处理命令的宏定义，另一种是使用const定义常量。

（1）宏定义。与文件包含一样，宏定义也是编译预处理命令，可以使用宏定义指令#define定义符号常量，如：

```
#define PI 3.14
```

宏定义的一般格式为：

```
#define 宏名 字符串
```

一旦有了定义的宏名，在编译之前的预编译阶段，就会将程序中的宏名替换为所定义的字符串。

由于宏定义不是C++语句，因此结尾不能有分号。

(2)使用const定义符号常量。除了使用宏定义定义符号常量外，还可以使用const定义符号常量，语法如下：

```
const 类型说明符 常量名=常量值;
```

例如：

```
const float pi=3.14;
```

有了这个常量定义后，在程序中就可以用pi代替3.14。

提示：

宏定义在预编译时，只进行简单的替换，不做语法检查，同时宏定义也没有数据类型，而const定义的符号常量是有数据类型的，因此尽量使用const定义符号常量。

常量在定义时就应该指定它的值，称之为初始化。常量的值是不能改变的，如果试图在程序中改变常量的值将产生语法错误。

【例2-9】使用符号常量

```
1  //文件:ex2_9.cpp
2  #include <iostream>
3  using namespace std;
4  #define PI 3.14                          //使用宏定义定义常量
5  int main()
6  {
7      const int HOURS=24;                  // const 定义常量，一天24小时
8      const int MINUTES=60;                // const 定义常量，一小时60分钟
9      cout << PI*10*10 << endl;            //半径为10的圆面积
10     cout << HOURS * MINUTES << endl;     //一天的分钟数
11     cout << HOURS * 60 << endl;          //一天的分钟数
12 //  HOURS = 13;                          //改变常量的值，产生语法错误
13     return 0;
14  }
```

扫一扫，看视频讲解

程序运行结果如下：

```
314
1440
1440
```

分析：使用宏定义在函数的前面定义圆周率常量PI，在主函数中使用const定义两个常量，分别表示一天有多少小时，以及一个小时有多少分钟。后面输出半径为10的圆面积，以及一天有多少分钟，使用符号常量MINUTES与使用直接常量60是一样的，第12行试图改变常量HOURS的值时，产生语法错误。

使用符号常量的一个好处是，当常量的值需要改变时比较方便。如在一个程序中要计算多个圆的面积和周长，如果使用直接常量3.14，当需要改变圆周率的精度时，就要在每个使用3.14的

地方进行修改。而使用符号常量只需要改变定义位置的符号常量即可。也就是将

```
const double PI 3.14;
```

改为：

```
const double PI 3.1415926;
```

这样对程序的修改和维护带来很大的方便。

2.2.3 变量

前面在程序中使用了常量，实际上在程序中用的最多的是变量。在程序运行过程中，其值可以被改变的量称为变量。

1. 变量的定义

C++规定，程序中的变量必须先定义才能使用，变量定义的一般格式为：

```
数据类型 变量名1,变量名2,…,变量名n;
```

例如：

```
1  int a,b,c;
2  double  d;
3  double  f;
4  float f1,f2;
5  unsigned long g;
```

第1行定义了三个整型变量a、b、c，一次可以定义多个变量。定义之后就可以使用这些变量，可以给变量赋值、进行各种运算以及输出等。

第2行和第3行分别定义了一个double型变量d和f，第4行定义两个float型变量f1和f2，第5行定义一个长整型变量g。

可以使用关键字char、unsigned char、short、unsigned short、int、unsigned int、long、unsigned long、long long、unsigned long long、float、double和long double定义各种类型的变量。

2. 变量的初始化与使用

在定义变量的同时为变量赋初值，称其为初始化。例如：

```
float a=1.2, b (2.3), c;
```

定义了三个实型变量a、b、c，并分别为a、b赋值1.2和2.3，c没有初始化。可以看出，变量初始化有两种方式，用等号和括号。

> **警告：**
>
> 变量可以初始化，也可以不初始化，如果不初始化，变量的值是不确定的，因此对于没有初始化的变量，要为其赋值后才能使用，否则它的值是无法预测的。有些系统允许使用没有确定值的变量（如C-Free 5.0），编译时不会产生错误；而有些系统不允许使用没有确定值的变量（如Visual Studio 2019），在编译时会产生语法错误。

【例2-10】变量的初始化与使用

```
1  //文件:ex2_10.cpp
2  #include <iostream>
3  using namespace std;
4  int main()
5  {
6      float a=1.2, b(2.3),c;             //变量a、b初始化，c未初始化
7      int d = 10;                        //变量d初始化为10
8      int e;                             //变量e未初始化
9      cout << a << " " << b << " " << d << endl; //输出变量的值
10     cout << c << " " << e << endl;             //输出未初始化的变量
11     a = a + b;                         //将变量a加b的结果赋给变量a，a变成3.5（1.2+2.3）
12     c = a + 20.5;                      //将变量a加20.5的结果赋给变量c，c的值是24（3.5+20.5）
13     e = d + 100;                       //将变量d加100的结果赋给变量e，e的值是110（10+100）
14     cout << a << "  " << b << "  " << c << endl; //输出a、b、c的值
15     cout << d << "  " << e << endl;            //输出d、e的值
16     return 0;
17  }
```

程序运行结果如下：

```
1.2  2.3 10
5.95131e-39 4246896
3.5 2.3  24
10  110
```

分析： 函数中的前3行（第6、7、8行）定义了一些变量，有的初始化了，有的没有初始化。第9行的输出是三个已经初始化的变量，第10行的输出是没有初始化的两个变量，这两个变量的值是随机的（这是在C-Free 5.0中的运行结果，如果在Visual Studio 2019中，则编译不能通过）。

接下来的3行（11、12、13行）代码，首先重新给变量a赋值，将其改为3.5，然后给变量c赋值为24，最后给变量e赋值为110。

最后再次输出各变量的值，这时显示的则是变量改变后的值。

3. 变量的深入讨论

程序中定义的每个变量都要在内存分配一个存储空间，不同类型的变量需要的内存空间不同，如char型变量需要1个字节、int型变量需要4个字节等。变量名与其分配的内存空间相关联，因此可以通过变量名得到该内存空间的值，也可以为该内存空间赋值。一旦某个变量占用了某个内存空间，其他变量就不能再占用这个内存空间，除非这个变量消失。

可以将计算机的内存想象为一个库房，库房由大量的房间构成（这些房间不一定是空的，没法预测房间里面存放了什么），每个房间是一个字节。当在程序中定义一个char型变量时，就为它分配1个房间，而定义一个int型变量时，就为它分配4个连续的房间，就相当于张三买了1间房，李四买了连续的4间房，当然李四买的房间不能与张三买的房间重合。变量的初始化相当于在购买房间的同时给房间放置了指定数量的货物；没有初始化的变量，其占用的空间所存放的内容无法确定。

库房的房间是有编号的，同样计算机的内存也是有编号的，这个编号也称为内存地址，在第6章中会详细介绍地址的概念。

> **提示：**
>
> 在学习C++时，完成简单的练习可以使用单个字符作为变量名，但在实际工作中，完成复杂的程序时，通常要给变量起一个有意义的名字。一个单词的变量可以使用小写字母，如age、name、number等；多个单词组成的变量名，第一个单词全部小写，其他单词的首字母大写，其他字母小写，如studentName、studentAge等。

2.3 数据处理

前面已经学习了C++中的数据类型，以及在程序中如何存储各种类型的数据。下面将学习C++如何处理这些数据，以便得到需要的信息。

为了处理数据，C++提供了丰富的运算符，如算术运算符、赋值运算符、关系运算符、逻辑运算符等，利用这些运算符可以对各类数据进行各种处理。

2.3.1 算术运算符

C++提供的基本算术运算符有加、减、乘、除和求余数5种，另外C++还提供了自增和自减运算符。

用算术运算符将常量、变量、函数等连接起来的符合C++语法的式子称为算术表达式。

1. 5种基本算术运算符

C++的基本算术运算符有+（加法）、-（减法或负号）、*（乘法）、/（除法）和%（求余数）。

这些运算符的含义与数学中相应的运算符是一致的，它们的优先级和结合性也与数学中的一致。

与数学不同的是，整数的除法运算与实数的除法运算是不一样的。两个整数相除，其结果仍然是整数，小数部分被舍去；而两个实数相除，结果是实数。例如，15/2=7，15.0/2.0=7.5。

对于求余数运算符，要求它的两个操作数必须为整型数据。例如，15%2=1，30%4=2。

【例2-11】基本算术运算符

```
1   //文件:ex2_11.cpp
2   #include <iostream>
3   using namespace std;
4   int main()
5   {
6       cout << 35 + 10 << "  ";                  //整数加法
7       cout << 35 - 10 << "  ";                  //整数减法
8       cout << 35 * 10 << "  ";                  //整数乘法
9       cout << 35 / 10 << endl;                  //整数除法
10      cout << 35.0 + 10.0 << "  ";              //实数加法
```

```
11        cout << 35.0 - 10.0 << " ";                  //实数减法
12        cout << 35.0 * 10.0 << " ";                  //实数乘法
13        cout << 35.0 / 10.0 << endl;                 //实数除法
14        cout << 35 % 10 << endl;                     //求余数运算
15        return 0;
16    }
```

程序运行结果如下：

```
45  25  350  3
45  25  350  3.5
5
```

分析： 输出结果前两行的前三个数是一样的，整数和实数的加、减、乘运算与数学中的规则一样，而最后一个数是不一样，两个整数相除结果为整数，舍去小数部分，35/10的结果为3，两个实数相除结果为实数，35.0/10.0的结果为3.5。第14行输出的是35除以10的余数。

> **提示：**
>
> 由于字符型（char）数据本质上也是整型，因此也可以进行算术运算（实际上是字符的ASCII码参与运算），但字符参加乘、除运算没有什么意义，因此字符数据参与的运算主要是加法和减法。

【例2-12】字符参与算术运算

```
1   //文件:ex2_12.cpp
2   #include <iostream>
3   using namespace std;
4   int main()
5   {
6       char c1 = 'A', c2='a', c3,  c4, c5;
7       c3 = c1 + 1;                        // 'A'的ASCII码加1，是'B'的ASCII码
8       c4 = c1 + 10;                       // 'A'的ASCII码加10，是'K'的ASCII码
9       c5 = c4 - 5;                        // 'K'的ASCII码减5，是'F'的ASCII码
10      cout << c1 << " " << c2 << " " << c3 << " ";
11      cout << c4 << " " << c5<< endl;
12      c3 = c2 + 1;                        // 'a'的ASCII码加1，是'b'的ASCII码
13      c4 = c2 + 10;                       // 'a'的ASCII码加10，是'k'的ASCII码
14      c5 = c4 - 5;                        // 'k'的ASCII码减5，是'f'的ASCII码
15      cout << c1 << " " << c2 << " " << c3 << " ";
16      cout << c4 << " " << c5<< endl;
17      cout << c2 - c1 << endl;            //两个字符的ASCII相减
18      char c6 = c1-25;                    // 'A'的ASCII码减25，是'('的ASCII码
19      cout << c6 << endl;
20      return 0;
21  }
```

扫一扫，看视频讲解

程序运行结果如下：

```
A a B K F
A a b k f
32
(
```

分析：大写字母A的ASCII码是65，B的ASCII码是66，每个字母的ASCII码都是前一个字母的ASCII码加1；小写字母a的ASCII码是97，b的ASCII码是98，后面的规律与大写字母相同。

A的ASCII码加1等于66，是B的ASCII码，所以输出的第1行第3个字符是B；A的ASCII码加10等于76，是K的ASCII码，所以输出的第1行第4个字符是K；K的ASCII码减5等于71，是F的ASCII码，所以输出的第1行第5个字符是F。第2行的输出与第1行类似，只是大写字母换成了小写字母。输出的第3行是小写字母a与大写字母A的ASCII码之差（97减65），结果是32。最后一行输出的是括号［65减25是40，正好是括号'（'的ASCII码］。每个字符的ASCII码的具体值可以查阅ASCII码表。

拓展阅读：

ASCII码表，请扫二维码查看。

微信扫码

扫一扫，看视频讲解

2. 自增、自减运算符

自增运算符（++）使单个变量的值增1，自减运算符（--）使单个变量的值减1。这两个运算符都有两种使用形式：前置和后置。如果运算符前置（++或--置于变量前面），则要先将变量的值增1（或减1），然后再使用该变量的值；如果运算符后置（++或--置于变量后面），则要先使用该变量的值，然后再将变量的值增1（或减1）。例如：

```
int i=10,j;
j=i++;
```

本段程序执行以后，j的值为10，i的值为11，即先将i的值（10）赋给j，再使i的值增加1。

```
int i=10,j;
j= ++i;
```

本段程序执行以后，j的值为11，i的值为11，即先使i的值增加1，再将i的值（11）赋给j。

将“j=i++;”和“j=++i;”分成两句话，可能更好理解一些，如图2-1所示，也就是一行代码相当于两行代码。

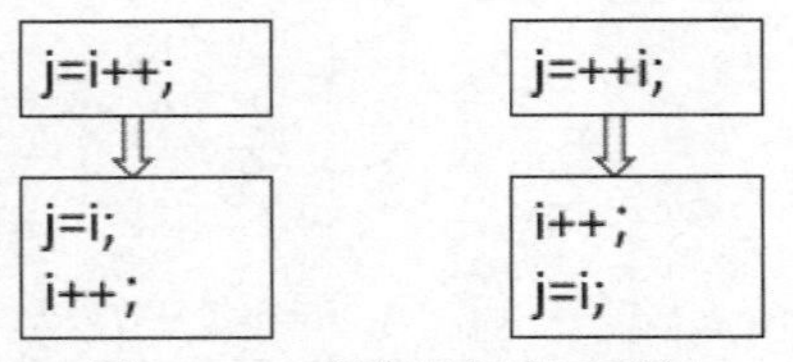

图 2-1　一行代码相当于两行

【例2-13】自增、自减运算符的使用

```
1  //文件:ex2_13.cpp
2  #include <iostream>
3  using namespace std;
4  int main()
5  {
6      int i=10,j=10,k,l,m,n;
```

```
 7      k=i++;                                  //本行执行后，k是10 ，i是11
 8      l=j--;                                  //本行执行后，l是10 ，j是9
 9      m=++i;                                  //本行执行后，i是12 ，m是12
10      n=--j;                                  //本行执行后，j是8 ，n是8
11      cout <<  i << "  ";
12      cout <<  j << "  ";
13      cout <<  k << "  ";
14      cout <<  l << "  ";
15      cout <<  m << "  ";
16      cout <<  n << endl;
17      return 0;
18  }
```

程序运行结果如下：

```
12  8  10  10  12  8
```

分析：首先定义程序中要用到的6个整型变量，并为变量i和j赋初值10；然后是k=i++，因为自增运算符后置，所以先将i的值(10)赋给k，然后i的值增加1变为11；同样l=j--也是自减运算符后置，所以先将j的值(10)赋给l，然后j的值减少1变为9；下一行m=++i，自增运算符前置，先将i的值增1变成12，然后再将它的值12赋给变量m；再下一行n=--j，自减运算符前置，先将j的值减1变成8，然后再将它的值8赋给变量n。

注意：

自增、自减运算符只能作用于整型变量或字符型变量；数字1与小写字母l相近，注意不要输错。

3. 运算符的优先级与结合性

优先级是指在一个表达式中，出现多个运算符时，哪个先运算，哪个后运算，例如：

```
a = 10 + 20 * 15;
```

C++中的算术运算符与数学中一样，先算乘除，后算加减。先计算20*15，然后再计算10+300，最终结果是310。也就是说乘除运算符的优先级高于加减运算符。

如果要先运算10+20，可以使用括号实现，这一点也与数学中一致，先算括号里的，再算括号外的，写成如下形式：

```
a = (10 + 20) * 15;
```

这行程序就是先计算10+20，然后再计算30*15，最终结果是450。

所谓结合性，是指当一个操作数两侧的运算符具有相同的优先级时，该操作数是先与左边的运算符结合，还是先与右边的运算符结合。

自左至右的结合方向，称为左结合性；反之，称为右结合性。除单目运算符、条件运算符和赋值运算符是右结合性外，其他运算符都是左结合性。例如：

```
a = 10 + 20 - 15;
```

因为加减运算符都是左结合，操作数20前面和后面的运算符优先级相同，先与左侧的结合，即先算10+20，然后再算30减15。

提示：

单目运算符是指只有一个运算对象的运算符，如自增、自减运算符；双目运算符是指有两个运算对象的运算符，如加、减、乘、除运算符等；本节后面介绍的条件运算符有三个运算对象，称为三目运算符。

技巧：

C++拥有大量的运算符，在进行C++程序设计时，并不需要记住所有运算符的优先级和结合性，可以适当使用括号来明确地指定运算的先后顺序。事实上，适当地使用括号可以增加程序的可读性。

4. 数据类型转换

（1）数据类型的自动转换。在进行运算时，有时运算符两侧的数据类型可能不相同，这时就会进行类型的自动转换，C++中数据类型的自动转换遵守的规则是：将低等级类型转换为高等级类型，因为高等级类型数据表示的数据范围大，精度高，转换后数据的精度不会损失，也不会超出范围。按照从高到低的顺序给各种数据类型划分等级，依次为long double、double、float、unsigned long long、long long、unsigned long、long、unsigned int和int。

例如，当一个整型数据（int）和一个实型数据（double）进行运算时，会将整型数据（int）转换为实型数据（double），然后再进行运算。

当表达式中有char或者short类型的数据时，会先转换为int再参加运算。

【例2-14】数据类型自动转换

```
1  //文件:ex2_14.cpp
2  #include <iostream>
3  using namespace std;
4  int main()
5  {
6      char c1 = 'A',c2;
7      int a1 = 10, a2;
8      c2 = c1 + 5;                        // char类型与int类型运算
9      a2 = a1 + 20.6;                     // int类型与double类型运算
10     cout << c2 << "  " << c1 + 5 << endl;
11     cout << a2 << "  " << a1 + 20.6 << endl;
12     return 0;
13 }
```

微信扫码

扫一扫，看视频讲解

程序运行结果如下：

```
F  70
30  30.6
```

分析：运行结果中第一行输出的第一个值是变量c2的值，代码第8行将c1+5赋给c2，因为c1是char型，5是int，所以这个表达式的值是整型数70（A的ASCII码65加5），但由于c2是char型，输出时按字符输出，是字符F；而运行结果中第一行输出的第二个值是表达式c1+5，是int型，所以输出整数70。

运行结果中第二行与第一行类似，a1+20.6的值是double型，直接输出就是double型数据30.6，如果赋给int型变量，就转换为int型数据30，再赋给变量a2。

提示：

代码“a2 = a1 + 20.6;”在编译时会产生一个警告信息“将一个double型数据赋给int型变量可能会丢失数据”。警告信息只是一个提示，并不影响编译的成功。

(2)强制类型转换。除了上面的自动数据类型转换之外，还可以进行强制数据类型转换，数据类型强制转换的语法为：

```
类型说明符 (表达式)
```

或

```
(类型说明符) (表达式)
```

强制转换的作用是将表达式的结果强制转换为类型说明符所指定的类型。

【例2-15】求三角形的面积

已知三角形的底是a，高是h，使用强制类型转换，求三角形的面积。

```
1  //文件：ex2_15.cpp
2  #include <iostream>
3  using namespace std;
4  int main()
5  {
6      float s1,s2,s3,a,h;
7      a = 4.0;
8      h = 5.0;
9      s1 = 1/2*a*h;
10     s2 = float (1)/2*a*h;                    //将1强制转换为float
11     s3 = 1/(float)(2)*a*h;                   //将2强制转换为float
12     cout << s1 << "  ";
13     cout << s2 << "  ";
14     cout << s3 << endl;
15     return 0;
16 }
```

扫一扫，看视频讲解

程序运行结果如下：

```
0  10  10
```

分析：在代码第9行求s1的值时，使用的1/2，因为两个整型数据相除，结果为整数，舍去小数部分，因此结果是0；而在第10行代码求 s2 时，首先将1强制转换为float，再与2相除，结果为实数0.5，最终得到s2的值是10；同样在求s3时，先将2强制转换为float，再进行除法运算，也能求出正确的面积值。

2.3.2 赋值运算符

1. 赋值运算

赋值符号“=”就是赋值运算符，它的作用是将一个表达式的值赋给一个变量。带有赋值运算符的表达式称为赋值表达式。

赋值表达式的一般形式为：

```
变量=表达式
```

例如：

```
a = 10                              //将10赋值给变量a
b = a+5*6                           //将右侧表达式的值40（a+5*6)赋值给变量b
a = a+50                            //将右侧表达式的值60（a+50)赋值给变量a
```

赋值表达式的类型为等号左侧变量的类型，如果表达式值的类型与被赋值变量的类型不一致，但都是数值型或字符型时，系统自动将表达式的值转换成被赋值变量的数据类型，然后再赋值给变量。

注意：

赋值运算符的左侧一定是一个变量。

2. 复合赋值运算

除了“=”之外，C++还提供了10个复合赋值运算符+=、-=、*=、/=、%=、<<=、>>=、&=、|=和^=。复合赋值运算符是由赋值运算符之前再加一个双目运算符构成的，其中前5个是算术运算符与赋值运算符复合而成，后5个是位运算符与赋值运算符复合而成。有关位运算的内容在后面章节介绍。下面举例说明复合赋值运算符的含义。

```
a+=10                               // 等价于a=a+10
a-=10*b+20                          // 等价于a=a-(10*b+20)
a%=10*b+20                          // 等价于a=a%(10*b+20)
```

其他复合赋值运算符的含义与上面的类似，不再一一赘述。

【例2-16】复合赋值运算符

```
 1  //文件:ex2_16.cpp
 2  #include <iostream>
 3  using namespace std;
 4  int main()
 5  {
 6      int a, b, c, d;
 7      a = 10;
 8      a += 20;                    // a = a+20; 30
 9      cout << a << endl;
10      a -= 5;                     // a = a-5;  25
11      cout << a << endl;
12      a *= 5+5;                   // a=a*(5+5);  250
```

```
13      cout << a << endl;
14      a /= 5-3;                          // a=a/(5-3);  125
15      cout << a << endl;
16      a %= 5+3;                          // a=a%(5+3);  5
17      cout << a << endl;
18      return 0;
19  }
```

程序运行结果如下：

```
30
25
250
125
5
```

警告：

复合赋值运算符比较简单，只要记住运算规则就可以了，需要注意的是，语句“a*=5+5;”相当于“a=a*(5+5);”，而不是“a=a*5+5;”。

2.3.3　关系运算符

关系运算符用于对两个值进行比较，判定两个数据是否符合给定的关系，如果符合，运算结果为真（用true或1表示）；否则为假（用false或0表示）。在C++中，用关系运算符将两个表达式连接起来的表达式称为关系表达式，关系表达式的值是一个bool型数据。

C++提供的关系运算符有6个：<（小于）、<=（小于或等于）、>（大于）、>=（大于或等于）、==（等于）和 !=（不等于）。

其中前4个关系运算符的优先级相同，后2个关系运算符的优先级也相同，且前4个关系运算符的优先级高于后2个关系运算符的优先级。

关系运算符的优先级低于算术运算符，但高于赋值运算符。

“<=”关系运算符的含义是小于或者等于都使表达式的值为true（真）。例如，10 <= 20结果是true，10 <= 10结果也是true。

【例2-17】求关系表达式的值

```
1  //文件:ex2_17.cpp
2  #include <iostream>
3  using namespace std;
4  int main()
5  {
6      int a,b;
7      a=4;
8      b=10;
9      cout << "a>b ? " << (a>b) << endl;              // false
10     cout << "a>=b? " << (a>=b) << endl;             // false
11     cout << "a<b ? " << (a<b) << endl;              // true
```

微信扫码

扫一扫，看视频讲解

```
12      cout << "a<=b? " << (a<=b) << endl;          // true
13      cout << "a==b? " << (a==b) << endl;          // false
14      cout << "a!=b? " << (a!=b) << endl;          // true
15      return 0;
16  }
```

程序运行结果如下：

```
a>b ? 0
a>=b? 0
a<b ? 1
a<=b? 1
a==b? 0
a!=b? 1
```

C++的bool型数据，本质上是整数(可看成1个字节的整数)，true就是1，false就是0。通过例2-17的运行结果可以直观地了解6个关系运算符的含义。

> **警告：**
>
> 区分赋值运算符和“等于”关系运算符，“等于”关系运算符是双等号“==”，赋值运算符是单等号“=”。在学习后面章节的分支结构、循环结构时可以看到，将“==”误写为“=”可能会导致严重后果。

2.3.4 逻辑运算符

关系运算符只能比较两个值之间的简单关系，但有时需要同时比较多个值的多种关系，C++提供的逻辑运算符可以解决这一问题。

C++提供三种逻辑运算符:&&（逻辑与）、||（逻辑或）和!（逻辑非）。

其中，&&和||是双目运算符，要求有两个运算量；而!是单目运算符，要求有一个运算量。用逻辑运算符将一个或多个表达式连接起来进行逻辑运算的式子称为逻辑表达式。

例如，下面的表达式都是逻辑表达式。

```
(a>=60) && (a<=100)                    // a的值为60 ~ 100
(a>90) || (b>85)                       // a大于90，或者b大于85
! (a==100)                             // a不等于100时，条件成立
```

逻辑运算符的运算规则如下。

- 逻辑与 &&：当且仅当两个运算量的值都为“真”时，运算结果为“真”；否则为“假”。
- 逻辑或 ||：当且仅当两个运算量的值都为“假”时，运算结果为“假”；否则为“真”。
- 逻辑非 !：当运算量的值为“真”时，运算结果为“假”；当运算量的值为“假”时，运算结果为“真”。

逻辑运算符的运算规则也可以用表2-5的真值表来直观地说明。

表 2–5 逻辑运算符的真值表

逻辑量 a	逻辑量 b	!a	a&&b	a‖b
true	true	false	true	true
true	false	false	false	true
false	true	true	false	true
false	false	true	false	false

在三个逻辑运算符中，逻辑非的优先级最高，逻辑与次之，逻辑或最低，逻辑非的优先级高于算术运算符，而逻辑与的优先级低于关系运算符，但高于赋值运算符。

逻辑表达式的值只有两种取值，即真(true)或假(false)。在判断一个逻辑量时，非0为真，0为假。例如，如果a=10，b=20，则表达式(a<b) && a的值是真，因为a<b是真，a等于10，非0也是真，所以整个表达式的值为真；表达式(a<b) && !a的值是假，因为a等于10，非0是真，所以!a就是假，整个表达式的值为假。

【例2–18】逻辑运算符应用实例

```
 1  //文件:ex2_18.cpp
 2  #include <iostream>
 3  using namespace std;
 4  int main()
 5  {
 6      int a=4,b=10,c=20;
 7      cout << "(a>b)&&(c>b)?   " << ( (a>b)&&(c>b) ) << endl;        // false
 8      cout << "(a>b)||(c>b)?   " << ( (a>b)||(c>b) ) << endl;        // true
 9      cout << "(a!=b)&&(b!=c)? " << ( (a!=b)&&(b!=c) ) << endl;      // true
10      cout << "!(c>b)?         " << !(c>b) << endl;                  // false
11      cout << "!(a>b)||(c>b)?  " << ( !(a>b)||(c>b) ) << endl;       // true
12      cout << "(a>0)&&(c>b)?   " << ( (a>0)&&(c>b) ) << endl;        // true
13      return 0;
14  }
```

微信扫码 扫一扫,看视频讲解

程序运行结果如下：

```
(a>b)&&(c>b)?         0
(a>b)||(c>b)?         1
(a!=b)&&(b!=c)?       1
!(c>b)?               0
!(a>b)||(c>b)?        1
(a>0)&&(c>b)?         1
```

2.3.5 条件运算符

条件运算符是由问号和冒号组合而成的，格式如下：

```
表达式1?表达式2:表达式3
```

运算规则：如果“表达式1”的值为真(非0)，则整个表达式的值等于表达式2的值；否则，整个表达式的值等于表达式3的值。

【例2-19】求两个数中较大的值和较小的值

```
1  //文件:ex2_19.cpp
2  #include <iostream>
3  using namespace std;
4  int main()
5  {
6      int a=10,b=20,max,min;
7      max = a>b ? a:b;                    // a>b是false，表达式是b的值
8      min = a<b ? a:b;                    // a<b是true，表达式是a的值
9      cout << "max=" << max << endl;
10     cout << "min=" << min << endl;
11     return 0;
12 }
```


程序运行结果如下：

```
max=20
min=10
```

分析：在第7行的条件表达式中，因为a>b不成立，所以条件表达式的值为b的值20，将20赋给变量max；在第8行的条件表达式中，因为a<b成立，所以条件表达式的值为a的值10，将10赋给变量min。

2.3.6 sizeof运算符

sizeof运算符用于计算指定数据类型、变量或表达式占用内存的字节数，使用方法为：

```
sizeof(数据类型)
```

或

```
sizeof(表达式)
```

运算结果为指定数据类型或表达式的数据类型所占内存的字节数。例如，sizeof(int)、sizeof(3.3+20)等。因为3.3+20的结果是实型数据，得到的结果是实型数据所占内存的字节数。

有关sizeof运算符的使用方法还可以参见例2-1。

2.3.7 位运算符

位运算符是对数据按二进制位进行操作的运算符，C++提供了6个位运算符：按位与（&）、按位或（|）、按位异或（^）、按位取反（~）、左移位（<<）和右移位（>>），这些运算符将在后面的章节详细介绍。

2.4 综合实例

【例2-20】输出一个三位数的个位数、十位数和百位数

输入一个三位数，求出个位数、十位数和百位数并输出。

```
1  //文件:ex2_20.cpp
2  #include <iostream>
3  using namespace std;
4  int main()
5  {
6      int number,units,tens,hundreds;    //三位数、个位数、十位数、百位数
7      cout << "请输入一个三位数:";
8      cin >> number;
9      hundreds = number/100;             //整数相除结果为整数，小数被舍掉
10     tens = (number - 100*hundreds)/10;
11     units = number - 100*hundreds - 10*tens;
12     cout << "这个数的百位数、十位数、个位数分别是:" ;
13     cout << hundreds << ", " << tens << ", ";
14     cout << units << endl;
15     return 0;
16 }
```

扫一扫，看视频讲解

程序运行后输出“请输入一个三位数:”，输入一个三位数后按Enter键，程序输出这个数的百位数、十位数和个位数，例如输入842，运行结果如下：

```
请输入一个三位数:842
这个数的百位数、十位数、个位数分别是:8, 4, 2
```

技巧：

利用两个整数相除结果是整数的特点，一个三位数除以100，就可以得到百位数；然后这个数减去百位数，再除以10就可以得到十位数。这种方法同样可以推广到其他问题，如求任意位数的每一位数；给出以秒为单位的时间，以时、分、秒的形式输出，这个问题只需要将除数改为60即可。

【例2-21】将华氏温度转换为摄氏温度

输入一个华氏温度值，将其转换为摄氏温度并输出，公式为C=5/9×（F−32），其中，F表示华氏温度，C为摄氏温度。

```
1  //文件:ex2_21.cpp
2  #include <iostream>
3  using namespace std;
4  int main()
5  {
6      float c, f;
7      cout << "请输入一华氏温度:";
8      cin >> f;
9      c = 5.0/9 *(f-32);                  //注意不能写成 c = 5/9 *(f-32);
10     cout << "摄氏温度是:" << c << endl;
11     return 0;
12 }
```

扫一扫，看视频讲解

程序运行后输出“请输入一华氏温度:”，输入一个温度值后按Enter键，程序输出这个华氏温度对应的摄氏温度。例如，输入60，运行结果如下。

```
请输入一华氏温度:60
摄氏温度是:15.5556
```

对于这类问题，只要知道求解公式，就很容易写出对应的程序。读者可以练习一下将摄氏温度转换为华氏温度。

【例2-22】求圆的周长、面积和圆球的体积

输入半径，求出圆的周长、面积和圆球的体积并输出，圆球体积公式为$v=4/3\times\pi\times r^3$，其中，π为圆周率，r为半径。

```
1  //文件:ex2_22.cpp
2  #include <iostream>
3  using namespace std;
4  int main()
5  {
6      const float PI = 3.14;
7      float l,s, v, r;
8      cout << "请输入半径:";
9      cin >> r;
10     l = 2 * PI * r;
11     s = PI * r * r;
12     v = 4.0/3 * PI * r * r * r;
13     cout << "圆的周长:" << l << endl;
14     cout << "圆的面积:" << s << endl;
15     cout << "圆球体积:" << v << endl;
16     return 0;
17 }
```

扫一扫,看视频讲解

程序运行后输出“请输入半径:”，输入半径后按Enter键，程序输出这个半径对应的圆的周长、圆的面积和圆球体积。例如，输入10，运行结果如下：

```
请输入半径:10
圆的周长:62.8
圆的面积:314
圆球体积:4186.67
```

与例2–21一样，语句“v = 4.0/3 * PI * r * r * r;”不能写成“v = 4/3 * PI * r * r * r;”。

2.5 小结

计算机程序的主要任务就是数据的存储与处理。C++中可以处理的数据类型有基本数据类型和构造数据类型，C++中的数据类型如图2–2所示。

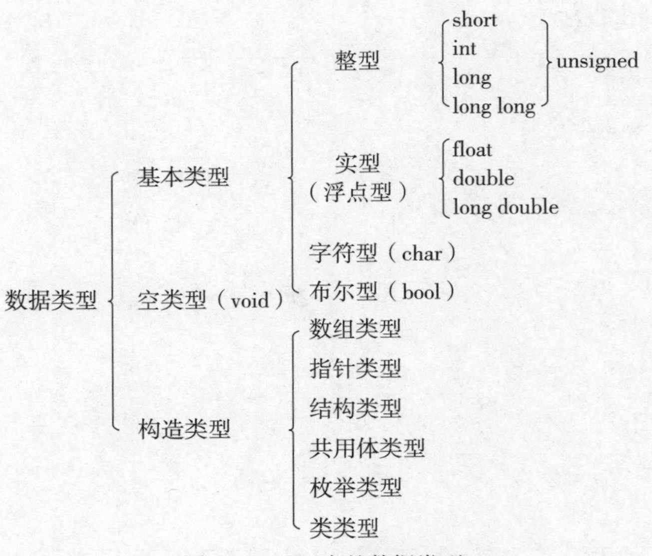

图 2-2　C++ 中的数据类型

本章主要学习了基本的数据类型，其他类型将在后面的章节中介绍。

要处理各种类型的数据，首先将要处理的数据保存到程序内存中。在程序中使用常量或变量将数据保存到内存中，变量的名称要符合标识符的命名规则。

C++提供了丰富的运算符，使用这些运算符对数据进行各种运算处理，得到对我们有用的信息。

在后面的章节中，会学习更加复杂的数据处理方法。

2.6　习题二

2-1　指出下列标识符中，哪些是合法的，哪些是非法的。

Int，int，3a，3_b，A12，a-e，max?，_4，xt2.1

2-2　计算下列表达式的值（a是一个无符号的整型变量）。

（1）213/2　　（2）213/2.0

（3）213%2　　（4）a%2+(a+1)%2

2-3　假设int a=4，b=6，c=8，计算下列表达式的值。

（1）(a<6)&&(b<c)　　（2）!a && (c>=b)

（3）(a!=b) || (b==c)　　（4）! (a+b > c)

（5）(a>=4) && (b<=6)　　（6）(a>=b) && (a<b)

（7）(a>=b) || (a<b)　　（8）(a==b) ? 1:0

2-4 写出下面程序的运行结果。

```
//文件:hw2_4.cpp
#include <iostream>
using namespace std;
int main()
{
    int a=10, b, c;
    b = a++;
    c = --b;
    cout << a << "," << b << "," << c << endl;
    a = ++c;
    b = a--;
    cout << a << "," << b << "," << c << endl;
    a += 10/2;
    b *= 10+5;
    c %= 3;
    cout << a << "," << b << "," << c << endl;
    return 0;
}
```

2-5 写出满足以下条件的表达式。

（1）a是奇数　　（2）a是偶数

（3）a大于b并且b不小于c　　（4）a和b都能被c整除

（5）a，b，c可以构成三角形

2-6 编写程序，输入圆半径r和高度h，计算圆柱体的体积和表面积并输出。圆柱体体积是底面积乘高，公式是v = PI × r × r × h。圆柱体表面包括两个底面和一个侧面，面积公式是s=2 × PI × r × r + 2 × PI × r × h。

第 3 章　分支结构

主要内容

◎ 结构化程序的基本结构
◎ C++语句
◎ if…else语句实现分支结构
◎ if语句的嵌套
◎ switch语句实现多分支结构
◎ 调试技术（一）

3.1 C++语句概述

3.1.1 程序的基本结构

在结构化程序设计中，任何复杂的程序都是由三种基本结构组成的，分别是**顺序结构、分支结构**(也称选择结构)和**循环结构**。

顺序结构是一种线性、有序的结构，它按语句的先后顺序依次执行。第2章中的例题程序都是顺序结构。

分支结构也称为选择结构，就是在程序运行过程中，根据具体条件执行不同的程序段。在C++中，实现选择结构的语句有if语句和switch语句。

循环结构表示程序反复执行某个或某些语句，直到某条件为假(或为真)时才可终止循环。

下面先举一个例子说明什么是顺序结构程序。

【例3-1】交换两个变量的值

```
 1  //文件:ex3_1.cpp
 2  #include <iostream>
 3  using namespace std;
 4  int main()
 5  {
 6      int a = 10, b = 20, c;
 7      cout << "a=" << a << endl;
 8      cout << "b=" << b << endl;
 9      c = a;                                         // c=10
10      a = b;                                         // a=20
11      b = c;                                         // b=10
12      cout << "a=" << a << endl;
13      cout << "b=" << b << endl;
14      return 0;
15  }
```

微信扫码

扫一扫，看视频讲解

程序运行结果如下：

```
a=10
b=20
a=20
b=10
```

分析：程序运行时，是按照语句的顺序一句一句执行的，可以通过本章最后一节介绍的程序调试技术，一步步地跟踪程序运行来验证，在跟踪程序运行过程中还可以观察变量值的变化。前两行的输出是变量a和b原来的值，代码第9、10、11行完成两个变量值的交换，因此后面再输出时，a和b两个变量的值已经交换了。

提示：

程序中交换两个变量的值就像我们生活中交换两个容器中的物质一样，需要借助第三个容器。想象一下，一个瓶子装有酱油，另一个瓶子装有醋，现在要将两个瓶子所装的东西交换一下，是不是要借助第三个瓶子？这个过程与程序中两个变量值的交换非常相似。

3.1.2 C++ 中的语句

不管是顺序结构、分支结构，还是循环结构，都是由一条一条的语句构成的。C++的语句可以分为控制语句、函数调用语句、表达式语句和空语句4类。

1. 控制语句

控制语句主要完成分支结构和循环结构的控制，C++有9个控制语句。

（1）if...else...语句：分支语句。
（2）switch语句：多分支语句。
（3）for语句：循环语句。
（4）while语句：循环语句。
（5）do...while语句：循环语句。
（6）continue语句：结束本次循环语句。
（7）break语句：结束循环或结束switch语句。
（8）goto语句：转向语句。
（9）return语句：从函数返回语句。

本章将介绍前8个语句，最后一个return语句将在后面学习函数时介绍。

2. 函数调用语句

C++有大量的系统函数，程序员也可以自己定义函数，对这些函数的调用可以作为一条语句。有关函数的知识在后面的章节再详细介绍。

3. 表达式语句

由一个表达式构成一个语句，即在表达式后添加一个分号，如赋值表达式语句等。程序中大多数语句都是这一类，例如：

```
a=23;
b=a+20*4;
```

自增、自减运算加上分号也形成表达式语句，例如：

```
i++;
j--;
```

4. 空语句

空语句只有一个分号，即：

```
;
```

因此空语句什么也不做。

除了上面的简单语句外，可以将一组简单语句用大括号{}括起来，称为复合语句。

3.2 if语句实现分支结构

3.2.1 问题的提出

【例3-2】输入两个整数，输出其中较大值

分析：将输入的两个整数存储在两个变量a和b中，比较两个数的大小，将较大的数赋给另一个变量max，最后输出变量max的值。到底是将a的值赋给max，还是将b的值赋给max，需要根据a和b的大小做不同的处理，这就是一个分支结构，如果a大于b，将a的值赋给max；否则将b的值赋给max。

这个问题可以通过if语句实现，下面首先给出程序代码。

```
 1  //文件:ex3_2.cpp
 2  #include <iostream>
 3  using namespace std;
 4  int main()
 5  {
 6      int a, b, max;
 7      cout << "请输入两个整数,用空格分隔:";
 8      cin >> a >> b;
 9      if(a>b){                            //如果a大于b
10          max = a;                        //将a的值赋给max
11      }
12      else{                               //否则
13          max = b;                        //将b的值赋给max
14      }
15      cout << "较大的数是:" << max << endl;
16      return 0;
17  }
```

微信扫码

扫一扫,看视频讲解

程序运行结果如下：

```
请输入两个整数,用空格分隔:30 60
较大的数是:60
```

分析：其中运行结果第一行显示的“30 60”是程序运行后在键盘输入的两个值。第9行代码if后面是一个关系表达式（a>b），如果表达式成立，就执行if下面的语句；否则执行else下面的语句。

3.2.2 if语句的基本结构

if语句可以实现分支结构，根据需要if语句有三种变形，既可以实现两个分支结构，也可以实现多分支结构。

1. if 语句格式 1

if语句用来判定给定条件是否成立，根据判定结果决定执行两个分支中的哪一个。

if语句的一般格式为：

```
if(表达式)
{
  语句组1;
}
else
{
  语句组2;
}
```

if语句的执行过程是：如果表达式的值为真，则执行语句组1；否则执行语句组2。可以用如图3-1所示的流程图直观地表示执行过程。当程序执行到if语句时，首先判断表达式的值，如果表达式为真，执行语句组1；否则执行语句组2。然后再执行后面的语句。

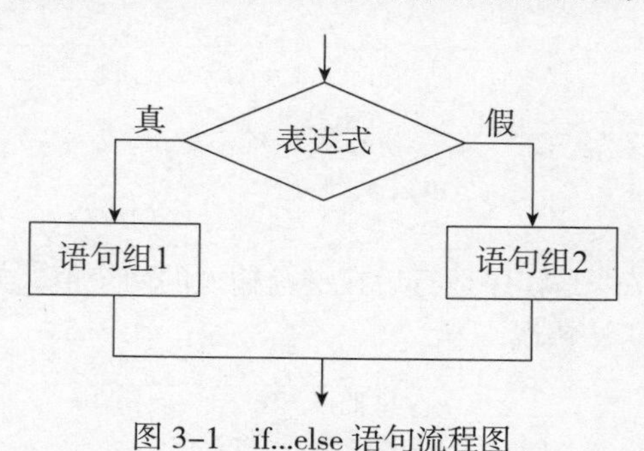

图 3-1　if...else 语句流程图

在图3-1中用矩形表示处理（也就是一组语句），菱形表示判断，带箭头的线表示程序的运行路径。

注意：

①if语句中的“表达式”必须用圆括号括起来。如果语句组只有一个简单的语句，则大括号可以省略；②为增加程序的可读性，if语句块和else语句块中的语句要进行缩排（可见本书程序样例）。

对于例3-2的分支语句，由于语句块只有一条语句，可以将大括号省略，分支部分的程序也可以写成如下的形式：

```
if(a>b)                         //如果a大于b
    c = a;                      //将a的值赋给c
else                            //否则
    c = b;                      //将b的值赋给c
```

但是如果语句块中有多条语句，则大括号不能省略。如果在例3-2中不仅要输出较大的值，还要输出较小的值，这时每个语句块中就需要两条语句，此时大括号不能省略。

【例3-3】输入两个整数，输出其中较大值和较小值

```
1  //文件:ex3_3.cpp
2  #include <iostream>
3  using namespace std;
4  int main()
5  {
6      int a, b, max, min;
7      cout << "请输入两个整数，用空格分隔:";
8      cin >> a >> b;
9      if(a>b){                      //如果a大于b
10         max = a;                  //将a的值赋给max
11         min = b;                  //将b的值赋给min
12     }
13     else{                         //否则
14         max = b;                  //将b的值赋给max
15         min = a;                  //将a的值赋给min
16     }
17     cout << "较大的数是:" << max << endl;
18     cout << "较小的数是:" << min << endl;
19     return 0;
20 }
```

扫一扫，看视频讲解

程序运行结果如下：

```
请输入两个整数，用空格分隔:34 76
较大的数是:76
较小的数是:34
```

其中第一行显示的“34 76”是程序运行后在键盘输入的两个值。如果将语句块的大括号省略，变成如下的形式，则会出现语法错误。

```
if(a>b)                          //如果a大于b
    max = a;                     //将a的值赋给max
    min = b;                     //将b的值赋给min
else                             //否则
    max = b;                     //将b的值赋给max
    min = a;                     //将a的值赋给min
```

因为if语句只控制一条语句(可以是简单的一条语句，也可以是大括号括起来的复合语句)。例3-3中的if语句只控制语句“max = a;”，而语句“min = b;”与if语句没有关系，相当于if语句已经结束，后面再出现else语句则被当成没有if的else，显然是不合逻辑的；也就是说else必须紧跟在if语句的后面，中间不可以有多余的语句。

可以画出例3-3的流程图，如图3-2所示。if语句结束后，再出现else语句是非法的。从图3-2中也可以看出，这段程序的逻辑也是错误的，因为不论a是否大于b，都会将b的值赋给min。

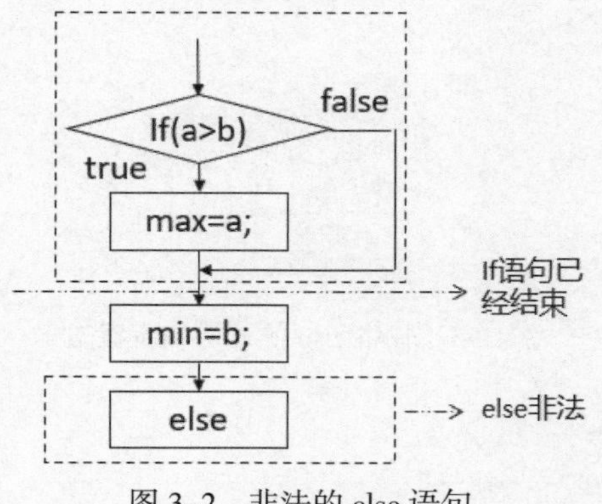

图 3-2 非法的 else 语句

注意：

为避免出现差错，不管if或else中是否只有一条语句，都加上大括号，这样也有利于在修改程序时把一条语句改成多条语句的情况。

3

2. if 语句格式 2

有时分支结构并不需要两个分支。例如，判断某同学的成绩是否需要补考，如果需要补考就输出补考信息；否则不需要进行处理，这时可以省略else部分。

【例3–4】打印补考信息

输入一个成绩，判断是否需要补考。

```
1  //文件:ex3_4.cpp
2  #include <iostream>
3  using namespace std;
4  int main()
5  {
6      int score;
7      cout << "请输入成绩:";
8      cin >> score;
9      if(score < 60)
10         cout << "不及格，需要补考！ "  << endl;
11     cout << "程序结束" << endl;
12     return 0;
13 }
```

扫一扫，看视频讲解

程序运行时，如果输入的成绩小于60，就会输出“不及格，需要补考！”；如果输入的成绩大于或等于60，则没有任何输出。不论输入的成绩是否及格，最后都会输出“程序结束”。

省略else的if语句一般格式为：

```
if(表达式)
{
  语句组;
}
```

对应的流程图如图3–3所示。

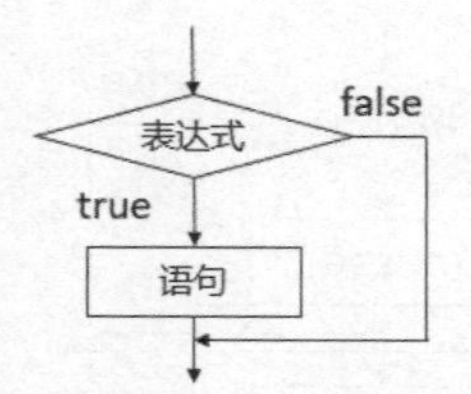

图3–3 省略else的if语句流程图

3.2.3 if语句的嵌套

所谓if语句的嵌套，是指在if语句的“语句组1”或“语句组2”中，又包含有if语句的情况。

技巧：

if语句嵌套时，else子句总是与在它前面、距它最近且尚未匹配的if配对。为明确匹配关系，避免匹配错误，建议将内嵌的if语句一律用大括号括起来。

【例3–5】输入任意三个整数a、b、c，输出其中最大的数

```
1  //文件:ex3_5.cpp
2  #include <iostream>
3  using namespace std;
4  int main()
5  {
6      int a, b, c, max;
7      cout << "请输入3个整数，以空格分隔:";
8      cin >> a >> b >> c;
9      if (a > b)                              //如果a大于b，则最大值在a和c中找
10     {
11         if(a > c)
12             max = a;
13         else
14             max = c;
15     }
16     else                                    //否则，最大值在b和c中找
17     {
18         if(b>c)
19             max = b;
20         else
21             max = c;
22     }
23     cout << "max = " << max << endl;
24     return 0;
25 }
```

微信扫码

扫一扫，看视频讲解

程序运行结果如下：

```
请输入3个整数，以空格分隔:45  64  32
max = 64
```

分析：首先通过第9行的第一个if语句分支判断，如a>b成立，则b一定不是最大值，通过内嵌的if语句从a和c中找最大值；否则a一定不是最大值，则通过内嵌的if语句从b和c中找最大值。

3.2.4 用 if 语句实现多分支

if语句还有另外一种形式，可以实现多分支程序结构，语法如下：

```
if(表达式1)
{
   语句组1;
}
else if(表达式2)
{
   语句组2;
}
…
else if(表达式n)
{
   语句组n;
}
else
{
   语句组n+1;
}
```

上面if语句的执行过程如图3-4所示（以3个表达式，即n=3，有4个分支的情况为例）。

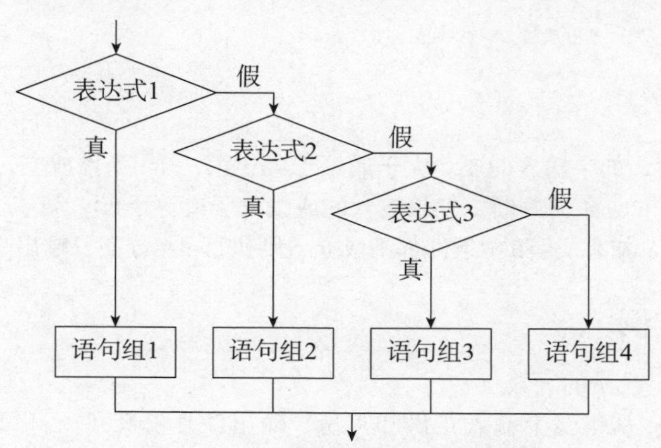

图3-4　if语句实现多分支的流程图

如果表达式1成立，执行语句组1；否则再判断表达式2是否成立，如果成立，执行语句组2；否则再判断表达式3，如果成立，执行语句组3；否则执行语句组4。

【例3-6】输出成绩等级

要求：从键盘上输入一个成绩，如果大于等于90，输出“优”；如果大于等于80小于90，输出“良”；如果大于等于70小于80，输出“中”；如果大于等于60小于70，输出“及格”；如果小于60，输出“不及格”。

程序代码如下；

```
1  //文件:ex3_6.cpp
2  #include <iostream>
3  using namespace std;
4  int main()
5  {
6      int s;
7      cout << "请输入成绩:";
8      cin >> s;
9      if (s >= 90)
10     {
11         cout << "优 " << endl;
12     }
13     else if(s >= 80)                    // else表示不是大于等于90的情况
14     {
15         cout << "良 " << endl;
16     }
17     else if(s >= 70)                    // else表示不是大于等于80的情况
18     {
19         cout << "中 " << endl;
20     }
21     else if(s >= 60)                    // else表示不是大于等于70的情况
22     {
23         cout << "及格 " << endl;
24     }
25     else
26     {
27         cout << "不及格 " << endl;
28     }
29     return 0;
30 }
```

分析：程序运行后，如果输入的成绩大于或等于90，第一个if条件成立，执行第一个分支，输出“优”；否则进行第二个条件判断，如果输入的成绩大于或等于80，第二个if条件成立，执行第二个分支，输出“良”；如果所有的if条件都不成立，则执行else分支，输出“不及格”。

3.2.5 综合实例

【例3–7】计算指定月份的天数

问题描述与分析：从键盘上输入年份和月份，输出该月份有几天。每年的1、3、5、7、8、10、12月有31天；4、6、9、11月有30天；如果不是闰年，2月有28天，闰年的2月有29天。判断闰年的条件是：年份能被4整除但不能被100整除，或者能被400整除。

程序代码如下：

```
1  //文件:ex3_7.cpp
2  #include <iostream>
3  using namespace std;
4  int main()
5  {
```

```
 6      int year,month;
 7      int days;
 8      cout << "请输入年份和月份,以空格分隔年份和月份:";
 9      cin >> year >> month;
10      //1、3、5、7、8、10、12月
11      if((month<=7 && month%2 !=0)||(month>=8 && month%2 == 0))
12          days = 31;
13      else if(month==2)                                       // 2月
14      {
15          if((year%4==0 && year%100!=0)||(year%400==0))      //是闰年
16              days = 29;
17          else                                                //不是闰年
18              days = 28;
19      }
20      else                                                    //4、6、9、11月
21          days = 30;
22      cout << year << "年 " << month << "月有 " << days << "天" << endl;
23      return 0;
24  }
```

程序运行结果如下：

```
请输入年份和月份,以空格分隔年份和月份:2020 2
2020年 2月有 29天
```

分析：运行结果中第1行的2020 2是从键盘输入的。当然输入不同的年月，会得到不同的天数。

第11行if语句中的判断条件的前部分是“(month<=7 && month%2 !=0)”，表示小于或等于7，并且不能被2整除的数，有1、3、5、7四个数；后部分是“(month>=8 && month%2 == 0)”，表示大于或等于8，且能被2整除的数，有8、10、12三个数，这两个条件中间是或的关系，这些数字正好是有31天的月份。

第13行if语句的条件月份是2时成立，由于2月的天数与闰年有关，所以先判断是不是闰年，第15行if语句的条件是“(year%4==0 && year%100!=0)||(year%400==0)”，前半部分表示年份能被4整除但不能被100整除，后半部分表示能被400整除，整个条件正好是闰年的条件，将天数设置为29；否则不是闰年，将天数设置为28。

最后第20行的else语句表示剩下的4、6、9、11四个月份，将天数设置为30。

技巧：

第13行的判断条件是“month==2”，如果误写成“month=2”，则没有语法错误，但其含义是将2赋给变量month，而表达式“month=2”的值是2，非0，被认为是真。不论month原来是什么值，经过这行语句后，month都会变成2，且要执行第14行到第19行的代码块。这样程序可以正常运行，但得不到正确的结果，这样的逻辑错误比语法错误更可怕。为了避免发生这样的逻辑错误，可以将表达式改写为“2==month”，由于赋值运算符的左侧必须是变量，如果误写为“2=month”，就会产生语法错误，以便及时修改。

【例3-8】求一元二次方程的根

一元二次方程$ax^2+bx+c=0$，根据三个系数的关系，有以下几种情况。

（1）a=0，不是二次方程。

（2）$b^2-4ac=0$，有两个相等的实根。

（3）$b^2-4ac>0$，有两个不相等的实根。

（4）$b^2-4ac<0$，有两个共轭复根。

程序代码如下：

```
1  //文件:ex3_8.cpp
2  #include <iostream>
3  #include <cmath>                              //数学函数所在的头文件
4  using namespace std;
5  int main()
6  {
7      double a,b,c,disc,x1,x2,p,q;
8      cout << "请输入三个系数a, b, c, 空格分隔:";
9      cin >> a >> b >> c;
10     if(fabs(a) < 1e-6)                        //表示a==0,由于实数有误差，不能写成 if(a==0)
11         cout << "不是一元二次方程" << endl;
12     else                                      //a不等于0
13     {
14         disc=b*b-4*a*c;
15         if (fabs(disc)<=1e-6)                 //有两个相等的实根
16             cout << "x1=x2=" << -b/(2*a) << endl;
17         else
18         {
19             if (disc>1e-6)                    //有两个不相等的实根
20             {
21                 x1=(-b+sqrt(disc))/(2*a);
22                 x2=(-b-sqrt(disc))/(2*a);
23                 cout << "x1= " << x1 << endl;
24                 cout << "x2= " << x2 << endl;
25             }
26             else                              //有两个共轭复根
27             {
28                 p=-b/(2*a);
29                 q=sqrt(fabs(disc))/(2*a);
30                 cout << "x1= " << p << "+" << q << "i" << endl;
31                 cout << "x2= " << p << "-" << q << "i" << endl;
32             }
33         }
34     }
35     return 0;
36 }
```

微信扫码

扫一扫，看视频讲解

程序运行结果如下（第一次运行输入1 2 3，第二次运行输入2 4 1）：

```
请输入三个系数a, b, c, 空格分隔:1 2 3
x1 = -1+1.41421i
x2 = -1-1.41421i
请输入三个系数a, b, c, 空格分隔:2  4  1
x1 = -0.292893
x2 = -1.70711
```

分析：fabs()和sqrt()是C++预先定义的函数，分别用来求绝对值和平方根，称为库函数。对于C++的库函数，可以直接使用，由于这两个函数是在头文件cmath中声明的，只需在使用之前添加下面的文件包含指令即可。

```
#include <cmath>
```

技巧：

由于disc（即b^2-4ac）是一个实数，而实数在计算机中存储时，经常会有一些微小误差，所以不能直接判断disc是否等于0，而是判断disc的绝对值是否小于一个很小的数（如10^{-6}），如果小于此数，就认为disc等于0。

3.3 switch语句实现多分支结构

3.3.1 问题的提出

在例3-6中，根据输入的成绩，使用if语句实现多分支结构输出对应的成绩等级，用if语句虽然可以实现多分支结构，但比较烦琐。C++提供的switch语句是专门用于实现多分支结构的，下面使用switch语句实现与例3-6相同的功能。

【例3-9】用switch语句输出成绩的等级

程序代码如下：

```
1  //文件:ex3_9.cpp
2  #include <iostream>
3  using namespace std;
4  int main()
5  {
6      int s,i;
7      cout << "请输入成绩:";
8      cin >> s;
9      i = s/10;          // 如果s>=90，i=9或10；如果s>=80且小于90，i=8;……
10     switch(i)
11     {
12         case 10:                                    // i=10，从这行开始执行
13         case 9: cout << "优 " << endl;              // i=9，从这行开始执行
14                 break;
15         case 8: cout << "良 " << endl;              // i=8，从这行开始执行
16                 break;
17         case 7: cout << "中 " << endl;              // i=7，从这行开始执行
18                 break;
19         case 6: cout << "及格 " << endl;            // i=6，从这行开始执行
20                 break;
21         default: cout << "不及格 " << endl;  // i=其他值，从这行开始执行
22                 break;
23     }
24     return 0;
25 }
```

扫一扫，看视频讲解

分析：程序开始输入一个成绩，然后将成绩除以10的结果赋给变量i，因为两个整数相除的结果仍然是整数，如果s的值为90 ~ 100，i的值是9或10；如果s的值为80 ~ 89，i的值是8；如果s的值为70 ~ 79，i的值是7；如果s的值为60 ~ 69，i的值是6。switch语句根据i的值执行不同的语句，如果i的值是9或10，就执行case 9后面的语句，遇到break后，跳出switch语句段；如果i的值是8，就执行case 8后面的语句，遇到break后，跳出switch语句段；如果i的值是7，就执行case 7后面的语句，遇到break后，跳出switch语句段；如果i的值是6，就执行case 6后面的语句，遇到break后，跳出switch语句段；如果i的值不在6、7、8、9、10这几个值中，就执行default后面的语句，遇到break后，跳出switch语句段。

3.3.2 switch 语句的一般结构

switch语句的一般格式如下：

```
switch(表达式)
{
   case  常量1:语句组1;break;
   case  常量2:语句组2;break;
   ......
   case  常量n:语句组n;break;
   default:语句组n+1;break;
}
```

switch语句的执行过程如图3–5所示。

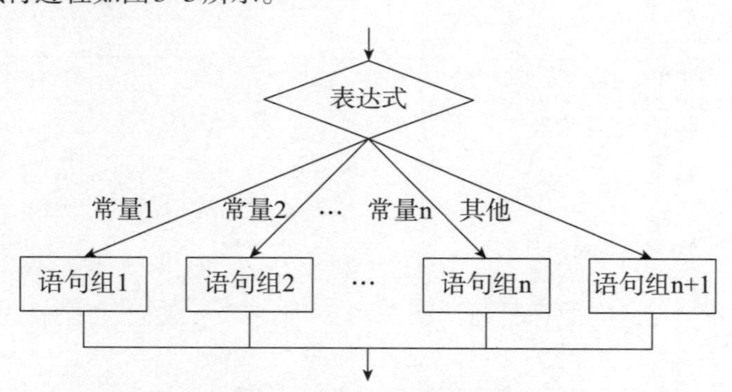

图 3–5　switch 语句流程图

当switch后面“表达式”的值与某个case后面的“常量”值相同时，就执行该case后面的语句组；当执行到break语句时，跳出switch语句，执行switch语句的下一条语句。如果没有任何一个case后面的“常量”与“表达式”的值相同，则执行default 后面的语句组；当执行到break语句时，跳出switch语句，执行switch语句的下一条语句。

注意：

switch后面的“表达式”只能是整型、字符型或枚举型。每个case后面的“常量”值必须各不相同。case后面的常量表达式仅起语句标号作用，并不进行条件判断，当程序执行某一个case后面的语句时，如果没有遇到break语句，就会一直执行下去。

提示：

每个case后面的break不是必需的，如果没有break，则继续向下执行，不会立即跳出switch语句。

如果删除例3-9程序中的break语句，将switch部分改成如下的程序：

```
switch(i)
{
case 10:                                          // i=10，从这行开始执行
case 9:   cout << "优 " << endl;                   // i=9，从这行开始执行
case 8:   cout << "良 " << endl;                   // i=8，从这行开始执行
case 7:   cout << "中 " << endl;                   // i=7，从这行开始执行
case 6:   cout << "及格 " << endl;                 // i=6，从这行开始执行
default:  cout << "不及格 " << endl;               // i=其他值，从这行开始执行
}
```

则当输入成绩为90时，会将“优”“良”“中”“及格”“不及格”全都输出，显然不是想要的结果，因此switch通常要与break配合使用。

3.3.3 综合实例

【例3-10】根据收入计算应纳税款

要求： 假设月收入小于等于5000元；不纳税，月收入大于5000元，对于超过5000元的部分纳税5%；月收入大于10 000元，对于超过10 000元的部分纳税10%；月收入大于20 000元，对于超过20 000元的部分纳税15%；月收入大于30 000元，对于超过30 000元的部分纳税20%。编写程序，从键盘输入月收入，计算应纳税款，并输出到屏幕。

分析： 根据月收入决定税率，税率都是在月收入为5000的整数倍时进行调整，因此可以用月收入整除5000的值作为switch语句的判断表达式，分类计算税额。

程序代码如下：

```
 1  //文件:ex3_10.cpp
 2  #include <iostream>
 3  #include <cmath>                              //数学函数所在的头文件
 4  using namespace std;
 5  int main()
 6  {
 7      int salary, i;
 8      double tax;
 9      cout << "输入月收入:";
10      cin >> salary;
11      if(salary < 0)
12      {
13          cout << "输入有误:\n";
14          return 0;
15      }
16      //salary: <5000,   [5000,10000), [10000,20000),[20000,30000)
17      //    i:     0,           1,           2,3          4,5
18      i=salary/5000;
```

```
19      switch(i)
20      {
21          case 0:                             //收入小于5000
22              tax = 0;
23              break;
24          case 1:                             //收入[5000,10000)
25              tax = (salary-5000)*0.05;
26              break;
27          case 2:                             //收入[10000,15000)
28          case 3:                             //收入[15000,20000)
29              tax = 5000 * 0.05 + (salary-10000)*0.1;
30              break;
31          case 4:                             //收入[20000,25000)
32          case 5:                             //收入[25000,30000)
33              tax = 5000 * 0.05 + 10000*0.1 + (salary-20000)*0.15;
34              break;
35          default:                            //收入大于或等于30000
36              tax = 5000 * 0.05 + 10000*0.1 + 10000*0.15 + (salary-30000)*0.2;
37              break;
38      }
39      cout << "月收入 " << salary << "应缴税额:" << tax << endl;
40      return 0;
41  }
```

程序运行结果如下：

```
输入月收入:8000
月收入 8000应缴税额:150
```

其中运行结果中第一行的8000是程序运行时从键盘输入的。程序中case 2和case 3执行的是同一段代码（第29行和第30行），是因为salary在大于等于10 000，小于20 000区间税率是一样的，这个区间i的值可能是2，也可能是3。

使用3.4节介绍的调试技术，分步跟踪程序运行，观察变量的变化，以及程序走哪个分支。

3.3.4 switch与if...else if

switch与if…else if都可以实现多分支结构，if…else if中的判断条件可以是一个取值范围，而switch不能处理取值范围，每个分支的case必须是一个单独的值，并且这个值必须是整数或字符，因此if…else if更通用一些。如果能够满足switch语句的条件，且有3个以上的分支，建议使用switch；否则使用if…else if。

3.4 调试技术（一）：以C-Free环境为例

程序输入到计算机后，如果编译通过，说明程序中已经没有语法错误，但并不能保证程序能够正常地完成设定的任务。例如，求两个数中较大值的例子，如果程序可以运行，但输出的最大值不对，说明程序中的计算逻辑有误，称为逻辑错误，程序调试的任务就是找出这些错误并改正。程序中的逻辑错误也称为bug，调试程序也叫作debug。

调试技术是程序开发人员必须熟练掌握的一项技能，即使语言学得再好，如果不掌握调试技术，也是不能胜任程序开发工作的。

本节以C-Free环境为例介绍程序调试的一些基本技术，为后面进一步学习调试技术打好基础。以例3-2为例介绍如何开始调试程序、如何设置断点、如何分步运行程序、如何观察变量的值。

在C-Free中打开例3-2中的程序，编译成功后，将光标放在第7行上，单击工具栏上的“设置/取消断点”按钮（或按F10功能键，或选择“调试”菜单中的“设置/取消断点”菜单项），在第7行的行首出现一个断点标记，如图3-6所示。

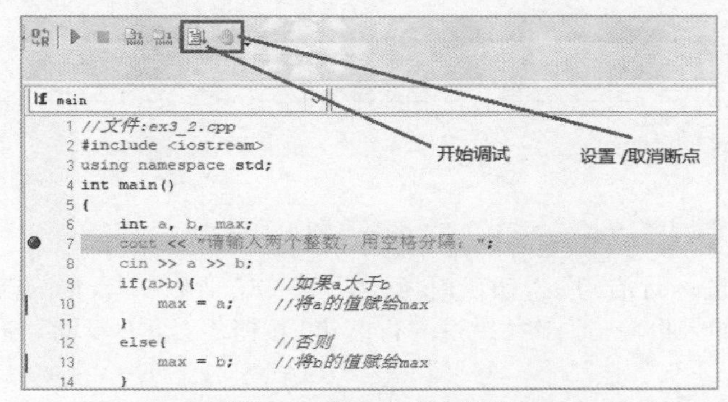

图3-6　第7行加入断点

程序调试时，运行到含有断点标记这一行将暂停，可以观察程序中变量的当前值。“设置/取消断点”按钮是一个开关按钮，再按一次将取消断点标记。

设置断点后，单击工具栏中的“开始/继续调试”按钮（或按F9功能键，或选择“调试”菜单中的“开始调试”菜单项），程序进入调试运行状态，运行到第7行时暂停，此时可以看到第7行的行首有一个小箭头，表明程序已经运行到这一行，在“环境”窗口可以看到主函数中的三个变量a、b和max，如图3-7所示。由于变量a、b和max既没有初始化，也没有赋值，因此它们的值是一个随意的数。这时工具栏多出一组用于调试的按钮，这里只介绍“结束调试”“执行当前行程序”和“运行到光标所在行”三个按钮。

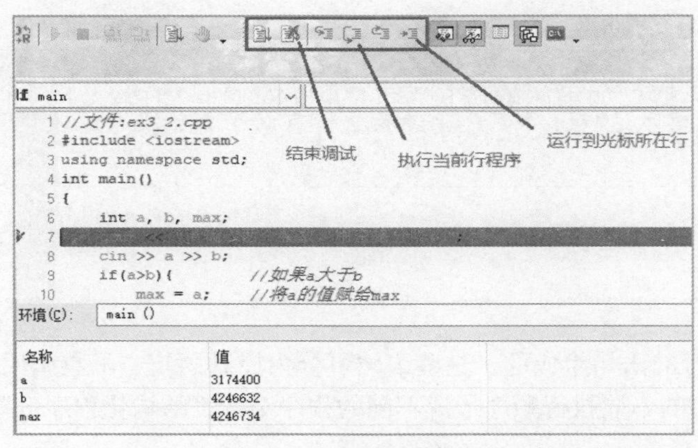

图3-7　进入调试状态

单击“跳过一行语句”（图3-7中标示的“执行当前行程序”，或按F8功能键）按钮，执行第7行代码，输出“请输入两个整数，用空格分隔:”，第8行成为当前要执行的行。再单击一次“跳过一行语句”按钮，要求输入两个整数，如输入70 90，按Enter键，这时可以看到“环境”窗口中变量a的值已经变成70，变量b的值已经变成90，且第9行成为当前行，如图3-8所示。

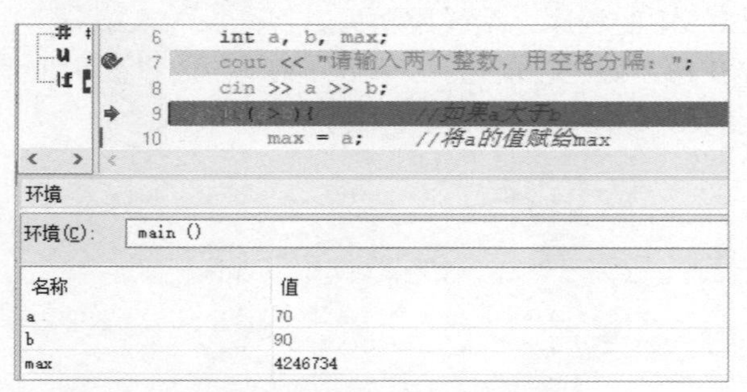

图3-8 变量a和b的值

再单击一次“跳过一行语句”按钮，因为a>b不成立，所以执行else分支。此时执行到第13行，如图3-9所示。如果再单击一次“跳过一行语句”按钮，会在“环境”窗口中看到max的值变成90。

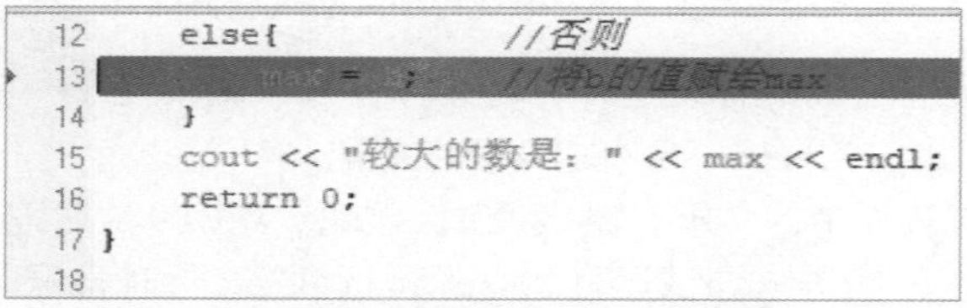

```
12     else{                  //否则
13         max = b;           //将b的值赋给max
14     }
15     cout << "较大的数是：" << max << endl;
16     return 0;
17 }
18
```

图3-9 执行到else分支

在调试过程中，观察程序的走向和变量的值，如果程序的走向或变量的值与预期的结果不一致，说明有逻辑错误，需要查找并修改。在调试过程中，如果已经找到了错误，可以随时单击工具栏中的“结束调试”按钮结束调试。如果想一步运行到第16行，需要将光标移到第16行上，单击“运行到光标所在行”按钮。

技巧：

通过跟踪程序的单步运行，并观察变量的值，有助于更加深入地理解程序中各语句含义，加快学习进程。

3.5 小结

程序是由一行一行的语句组成的，这些语句可分为控制语句、函数调用语句、表达式语句和空语句4类。一组语句的不同执行顺序形成不同的程序结构，结构化程序的基本结构有顺序结构、分支结构和循环结构。

分支结构使程序可以处理比顺序结构更加复杂的问题，在C++中，实现分支结构有if...else语句和switch语句。分支较少的程序可选择if...else语句；分支较多，如果满足switch语句使用条件的情况，则使用switch语句。

调试技术是程序开发人员必须掌握的技术，在后面的学习中要多加练习，逐步掌握调试的各种技术。

3.6　习题三

3–1　结构化程序的基本结构有哪些？

3–2　输入一个1~7的数，如果输入的数是1~5中的一个，则输出“今天休息！”；如果输入的数是6或7，输出“今天工作！”。下面程序有什么错误，如何改正？

```
//文件:hw3_2.cpp
#include <iostream>
using namespace std;
int main()
{
    int weekday;
    cout << "请输入1 ~ 7中的一个数:";
    cin >> weekday;
    if( (weekday=6) || (weekday=7) )
        cout << "今天休息! \n";
    else
    {
        cout << "今天工作! \n";
    }
    return 0;
}
```

3–3　有一函数如下：

$$y=\begin{cases}-1, x<0\\0,\ \ x=0\\0,\ \ x>0\end{cases}$$

编写程序，输入x的值，求出y的值并输出。

3–4　某运输公司对用户计算运费，路程越远，每千米运费越低。具体情况如下：小于250千米没有折扣；大于或等于250千米而小于500千米，折扣为2%；大于或等于500千米而小于1000千米，折扣为5%；大于或等于1000千米而小于2000千米，折扣为8%；大于或等于2000千米而小于3000千米，折扣为10%；大于或等于3000千米，折扣为15%。编写程序，输入路程距离，输出折扣数，要求用switch语句实现。

第 4 章　循环结构

主要内容

◎ for循环
◎ while循环
◎ do…while循环
◎ break与continue语句
◎ goto语句
◎ 循环嵌套

在处理实际问题时，经常会遇到同一种操作需要重复多次的情况。例如，将1 ~ 100的所有整数加起来，使用循环结构可以简单地实现这一任务。C++用于实现循环的语句有以下 3 种：

（1）for语句。

（2）while语句。

（3）do…while语句。

4.1 用 for 语句实现循环结构

4.1.1 问题的提出

【例4–1】求1 ~ 100的累计和

对于这种累加问题，可以用一条语句实现，如“sum = 1+2+3+4+ … +99+100;”，当然中间不可以使用省略号，必须写出每一个数，显然很麻烦。如果求1 ~ 1000的数的累加和，这种方式显然是不可行的。另外一种方式可以写成如下的代码：

```
int sum = 0;
sum = sum+1;
sum = sum+2;
……
sum = sum+100;
```

这样需要写100行代码，显然也是不可行的。上面的代码是有规律的，每一行都是将一个数加到sum中，并且每次所加的数也是有规律的(每次加的数都比上一次加的数增加1)。对于这种有规律的重复操作，可以使用for语句简化程序的设计。下面首先给出例4–1的for语句的实现代码。

```
1  //文件:ex4_1.cpp
2  #include <iostream>
3  using namespace std;
4  int main()
5  {
6      int i;
7      int sum=0;
8      for(i=1; i<=100; i++)              //i从1开始，每次加1，到超过100结束
9      {
10         sum += i;
11     }
12     cout << "sum= " << sum <<endl;
13     return 0;
14 }
```

程序运行结果如下：

```
Sum= 5050
```

分析：第8行的for循环，首先将变量i（也称为循环变量）赋值为1；再判断i<=100是否成立，如果成立，执行第10行语句，将i的值加到sum中；然后执行i++，使i的值加1。再进行第2次判断i<=100是否成立，如成立再次执行第10行语句。这样的过程一直进行下去，直到循环变量i值变成101，使条件i<=100不成立为止，这样经过100次循环，将1、2、…、100累加到变量sum中。

4.1.2 for 语句的一般格式

for语句的一般格式为：

```
for(表达式1;表达式2;表达式3)
{
   循环体语句组;
}
```

for语句的执行过程如图4–1所示，具体执行过程如下：

(1)求解表达式1。

(2)求解表达式2，如果其值为真(非0)，执行步骤3；否则转步骤4。

(3)执行循环体语句组，然后求解表达式3，再转向步骤2。

(4)结束循环，执行for语句的下一条语句。

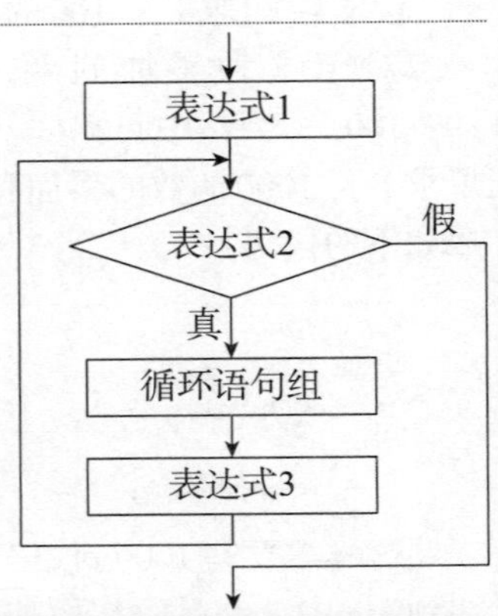

图 4–1 for 循环执行过程

表达式1通常用于为循环变量赋初值，如在例4–1中，将1赋给循环变量i；表达式2通常为循环条件，如果表达式2为真，则执行循环，否则退出循环；表达式3通常用于为循环变量增值或减值，以使循环趋于结束。

如果循环体只有一条语句，也可以不用大括号括起。

注意：

表达式3虽然写在循环语句组的前面，但它的执行顺序是在循环语句组之后。如在例4–1中，通过表达式1（i=1）将1赋给变量i，此时第二个表达式（i<=100）成立，立即进入第一次循环，在循环中将1加到sum中（sum += i;），然后再执行表达式3（i++），将i的值加1变为2。此时第二个表达式仍然成立，进入第二次循环，将2加到sum中，i再变为3。这样一直到i变为100时，此时第二个表达式还成立，进入第100次循环，将100加到sum中。i再加1变为101，此时第二个表达式不成立，结束循环。

for语句中的三个表达式都可以省略，但分号不能省略，如省略第二个表达式：

```
for(i=0;;i++)
{
    ……
}
```

第二个表达式省略，则循环条件总为真，循环将一直进行下去，需要用其他方式结束循环；否则就是死循环。

第一个表达式也省略的情况如下：

```
i = 1;
for(;;i++)
{
    ……
}
```

如果第一个表达式也省略，则应在循环之前为循环变量赋初值。

第三个表达式省略的情况如下：

```
for(;i<10;)
{
    ......
}
```

如果第三个表达式省略，则无法改变循环的值，所以应该在循环体中改变循环变量的值，以使循环趋于结束。

【例4-2】打印水仙花数

"水仙花数"也称为"阿姆斯特朗数"，是一个三位数，其各数位的数字的立方和等于该数本身。例如，153是一个"水仙花数"，因为$153=1^3+5^3+3^3$。

分析：利用for语句从100循环到999，对每一个数分解出个位、十位、百位，然后计算各位数字的立方和，判断立方和是否与该数相等，如相等则是"水仙花数"，输出该数。

程序代码如下：

```
 1  //文件:ex4_2.cpp
 2  #include <iostream>
 3  using namespace std;
 4  int main()
 5  {
 6      int a,b,c,n;
 7      cout << "水仙花数有:\n";
 8      for (n=100; n<1000; n++)                    //也可以写成:n<=999
 9      {
10          a = n/100;                              //百位上的数
11          b = (n-a*100)/10;                       //十位上的数
12          c = n-a*100-b*10;                       //个位上的数
13          if (a*a*a + b*b*b + c*c*c == n)
14          {
15              cout << n << "  ";
16          }
17      }
18      cout << endl;
19      return 0;
20  }
```

程序运行结果如下：

```
水仙花数有:153  370  371  407
```

对一个三位数分解出个位、十位、百位的分析可参考第2章的例2-20。

4.1.3　改变步长

在前面的例4-1和例4-2中，循环变量每循环一次，值增加1，实际上for语句本身并没有限制i值每次的变化量。for语句的第三个表达式可以将循环变量的值增加任意整数，或减少任意整数。

【例4-3】求100以内的偶数之和

求100以内偶数之和，可以从2开始循环，直到100，循环变量每次增加2。

程序代码如下：

```
1  //文件:ex4_3.cpp
2  #include <iostream>
3  using namespace std;
4  int main()
5  {
6      int i;
7      int sum=0;
8      for(i=2; i<=100; i+=2)          //i从2开始，每次加2，到超过100结束
9      {
10         sum += i;
11     }
12     cout << "sum= " << sum <<endl;
13     return 0;
14 }
```

程序运行结果如下：

```
sum= 2550
```

第8行的for语句是从2循环到100，也可以从100循环到2，将第8行代码换成下面的形式，结果是一样的。

```
for(i=100; i>=2; i-=2)
```

4.2 使用while语句与do…while语句实现循环结构

循环结构程序除了使用for语句实现外，还可以使用while语句或do…while语句实现。

4.2.1 while语句

while语句的一般格式如下：

```
while(循环条件)
{
    循环体语句组;
}
```

while语句的执行过程如图4–2所示。

具体执行过程如下：

(1)求解“循环条件”表达式。如果其值为真(非0)，转步骤(2)；如果其值为假(0)转步骤(3)。

(2)执行循环体语句组，然后转步骤(1)。

(3)结束循环，执行while循环语句的下一条语句。

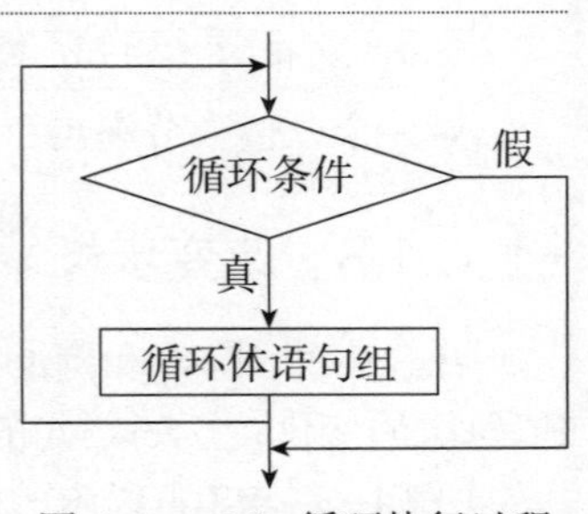

图4–2 while循环执行过程

【例4–4】使用while语句求1~100的累加和

程序代码如下：

```
 1  //文件:ex4_4.cpp
 2  #include <iostream>
 3  using namespace std;
 4  int main()
 5  {
 6      int i=1;
 7      int sum=0;
 8      while(i<=100)                    //要在循环前为i赋值
 9      {
10          sum += i;
11          i++;
12      }
13      cout << "sum= " << sum <<endl;
14      return 0;
15  }
```

扫一扫，看视频讲解

程序运行结果如下：

```
sum=5050
```

运行结果与例4-1用for语句实现的结果一样。

分析：程序开始定义两个整型变量并赋初值，然后进行while循环，判断表达式i<=100是否成立，因为此时i=1，表达式成立，进入循环，将i的值1加到变量sum中，再使i的值增加1变为2；继续判断表达式i<=100是否成立，此时i=2，表达式成立，进入循环，将i的值2加到变量sum中，再使i的值增加1变为3；一直进行到i=100，判断表达式i<=100是否成立，因为此时i=100，表达式成立，进入循环，将i的值100加到变量sum中，再使i的值增加1变为101；继续判断表达式i<=100是否成立，此时i=101，表达式不成立，循环结束，最后输出变量sum的值。

【例4-5】求一个整数的阶乘

输入一个整数，求出它的阶乘并输出，整数n的阶乘的计算公式是：$1\times2\times3\times\cdots\times n$，可以通过循环完成。

程序代码如下：

```
 1  //文件:ex4_5.cpp
 2  #include <iostream>
 3  using namespace std;
 4  int main()
 5  {
 6      int i=1, n;
 7      int sum=1;                       //累乘，要将sum初始化为1
 8      cout << "请输入一个整数:";
 9      cin >> n;
10      while(i<=n)
11      {
12          sum *= i;
13          i++;
14      }
15      cout << "sum= " << sum <<endl;
16      return 0;
17  }
```

扫一扫，看视频讲解

程序运行结果如下：

```
请输入一个整数:10
sum=3628800
```

其中运行结果第1行的10是程序运行时在键盘输入的。前面求累加的例子要将保存累加和的变量初值设置为0，而用于保存累乘结果的变量应初始化为1。

> **注意：**
>
> 由于随着n的增大，其阶乘会迅速增加，因此如果求一个比较大的整数的阶乘，可将保存阶乘的变量定义为长整型。

4.2.2 do…while 语句

do…while语句的一般格式如下：

```
do
{
  循环体语句组;
} while(循环条件);
```

do…while语句的执行过程如图4-3所示。

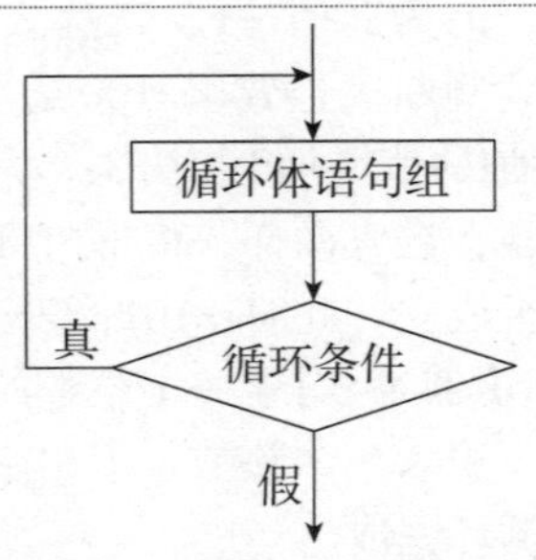

图 4-3 do…while 循环执行过程

具体执行过程如下：

(1)执行循环体语句组，然后转步骤(2)。

(2)求解“循环条件”表达式。如果其值为真(非0)，转步骤(1)；如果其值为假(0)转步骤(3)。

(3)结束循环，执行do…while循环语句的下一条语句。

【例4-6】用do…while语句求1 ~ 100的累计和

程序代码如下：

```
1  //文件:ex4_6.cpp
2  #include <iostream>
3  using namespace std;
4  int main()
5  {
6       int i=1;
7       int sum=0;
8       do                                  //先执行循环语句，然后判断条件
9       {
10          sum += i;
11          i++;
12      }while(i<=100);
13      cout << "sum= " << sum <<endl;
14      return 0;
15 }
```

程序运行结果如下：

```
sum=5050
```

与while语句不同，do…while语句是先执行循环体中的语句，然后判断表达式的值，本程序的运行结果与用while循环语句实现的结果相同。

注意：

do…while语句的最后是有分号的，不能漏掉。

4.2.3 for 语句、while 语句与 do…while 语句的比较

for语句中有三个表达式，作用分别是为循环变量赋初值、循环条件和循环变量的变化，因此比较适合循环次数固定的问题，如累加、累乘等。

while语句与do…while语句比较适合循环次数不固定，而是当某个条件满足或不满足时结束循环。do…while语句与while语句的区别是，while先判断循环条件，再执行循环体语句，如果一开始条件就不满足，则循环一次也不会执行；而do…while语句是先执行循环体语句，后判断循环条件，至少会执行一次。

【例4-7】循环次数事先不确定的循环

从键盘上输入若干的整数，如果是偶数，则输出“是偶数”，如果是奇数，则输出“是奇数”，如果输入0，则结束。

程序代码如下：

```
1  //文件:ex4_7.cpp
2  #include <iostream>
3  using namespace std;
4  int main()
5  {
6      int n;
7      do                                          //先执行循环语句，然后判断条件
8      {
9          cout << "请输入一个整数:";
10         cin >> n;
11         if(n%2==0){                              //能被2整除
12             cout << "是偶数" << endl;
13         }
14         else{                                    //不能被2整除
15             cout << "是奇数" << endl;
16         }
17     }while(n!=0);                                // n等于0时结束循环
18     return 0;
19 }
```

扫一扫，看视频讲解

程序运行结果如下：

```
请输入一个整数:88
是偶数
请输入一个整数:67
是奇数
请输入一个整数:24
是偶数
```

```
请输入一个整数:0
是偶数
循环结束
```

当然这种循环使用while语句或for语句也都可以实现，只是要看哪种用法更恰当一些。

【例4-8】使用for语句完成例4-7的功能

程序代码如下：

```
 1  //文件:ex4_8.cpp
 2  #include <iostream>
 3  using namespace std;
 4  int main()
 5  {
 6      int n;
 7      cout << "请输入一个整数:";
 8      cin >> n;
 9      for(; n!=0 ;)
10      {
11          if(n%2==0){                                //能被2整除
12              cout << "是偶数" << endl;
13          }
14          else{                                      //不能被2整除
15              cout << "是奇数" << endl;
16          }
17          cout << "请输入一个整数:";
18          cin >> n;
19      }
20      cout << "循环结束\n";
21      return 0;
22  }
```

扫一扫，看视频讲解

程序运行结果如下：

```
请输入一个整数:88
是偶数
请输入一个整数:89
是奇数
请输入一个整数:0
循环结束
```

与例4-7不同的是，这个程序没有输出0是偶数，因为先判断，如果n等于0就不再进入循环了。

其实语句“for(; n!=0 ;)”相当于“while(n!=0)”，将上面程序中的for语句换成while语句，程序的运行结果是一样的。

4.3 continue语句、break语句与goto语句

在循环语句中，有时需要提前结束循环，或者在某次循环时不执行循环体中余下的部分语句，在C++中可以使用break语句和continue语句分别实现这些功能。

4.3.1 continue 语句

当程序运行到continue语句时，循环体余下的语句不再执行，立即进入下次循环。

【例4-9】求1 ~ 100中不能被3整除的整数之和

程序代码如下：

```
1  //文件:ex4_9.cpp
2  #include <iostream>
3  using namespace std;
4  int main()
5  {
6      int i;
7      int sum=0;
8      for(i=1; i<=100; i++)
9      {
10         if(i%3==0)           //能被3整除
11             continue;        //后面的语句不执行，立即执行for语句的第三个表达式i++
12         sum += i;
13     }
14     cout << "sum= " << sum <<endl;
15 }
```

程序运行结果如下：

```
sum = 3367
```

分析：在循环体中首先判断i能否被3整除，如果能被3整除，则执行continue语句，立即结束本次循环，i不加到变量sum中；如果i不能被3整除，则不执行continue语句，将i加到变量sum中。

对于for循环，遇到continue语句时，跳过循环体其余语句，转向循环语句中表达式3的计算；对于while和do…while循环，跳过循环体其余语句，转向循环条件表达式的判断。

4.3.2 break 语句

当程序运行到break语句时，立即结束整个循环，转向循环语句下面的语句继续执行。

【例4-10】从键盘输入一个整数，判断是否是素数

分析：判断一个整数n为素数的条件是该整数n只能被1和其本身整除，不能被其他任何数整除。因为一个整数不能被大于它的数整除，所以只需要判断n是否能被2 ~ n-1之间的任何一个数整除，如果不能，则n是素数，否则n不是素数。

程序代码如下：

```
1  //文件:ex4_10.cpp
2  #include <iostream>
3  using namespace std;
4  int main()
5  {
6      int i,n;
```

```
 7      cout << "请输入一个整数:";
 8      cin >> n;
 9      for(i=2; i<=n-1; i++)               //从2循环到n-1
10      {
11          if(n%i==0)                      // n被i整除
12              break;                      //结束循环，此时i的值一定小于n
13      }
14      if(i==n)                            //如果因为i<=n-1不成立结束循环，则i的值是n
15          cout << n << " 是素数!" << endl;
16      else                                //否则，i的值小于n
17          cout << n << " 不是素数!" << endl;
18      return 0;
19  }
```

程序运行结果（两次运行程序，第一次运行输入37，第二次运行输入22）如下：

```
请输入一个整数:37
37 是素数!
请输入一个整数:22
22 不是素数!
```

分析：循环结束后，用i是否等于n作为判断n是否为素数的条件，因为在循环过程中，如果n能被某个i整除（n不是素数），则会执行break语句立即结束循环，此时的i小于n；如果n一直没有被i整除（n是素数），则循环是由于条件i<=n-1不成立而结束，此时i等于n。

其实上面的循环可以从2到小于等于“n的平方根”，这样当n比较大时，可以显著减少循环次数，提高程序的效率。因为n如果能被“n的平方根”到n-1之间的某个数整除，就一定可以被2到“n的平方根”之间的某个数整除，因此没有必要再判断“n的平方根”到n-1之间的数。

4.3.3 goto语句

goto语句是无条件转向语句，它的一般形式为：

```
goto 语句标号;
```

语句标号也是标识符，因此要符合标识符的命名规则。在语句标号处，要在语句标号后面加冒号“:”。当程序执行到goto语句时，就会转到语句标号之后的程序运行。例如，可以用下面的程序求1 ~ 100的累加和。

【例4-11】使用goto语句求1 ~ 100的累加和

程序代码如下：

```
1  //文件:ex4_11.cpp
2  #include <iostream>
3  using namespace std;
4  int main()
5  {
6      int i=1;
7      int sum=0;
8  loop:
```

```
 9      if(i<=100)
10      {
11          sum += i;
12          i++;
13          goto loop;                      //转到第8行loop的后面开始执行
14      }
15      cout << "sum= " << sum <<endl;
16      return 0;
17  }
```

程序运行结果如下：

```
sum=5050
```

分析：第8行是语句标号，在if语句中，如果i的值不大于100，就执行下面的三条语句，将i的值加到变量sum中，i的值增加1，遇到goto loop后，又转到第9行；再继续判断条件，直到i大于100，最后输出变量sum的值。

注意：

使用goto语句会使程序的流程变得混乱，降低程序的可读性，因此在程序设计中一般不建议使用goto语句。

4.4　循环语句的嵌套

循环语句的嵌套是指在循环体中又出现了循环语句，for语句、while语句和do…while语句既可以自己嵌套自己，也可以相互嵌套。

【例4-12】输出乘法口诀表

程序代码如下：

```
 1  //文件:ex4_12.cpp
 2  #include <iostream>
 3  using namespace std;
 4  int main()
 5  {
 6      int i,j;
 7      for(i=1; i<=9; i++)                      //外层循环
 8      {
 9          for(j=1; j<=i; j++)                  //内层循环
10          {
11              cout  << j << "*" << i << "=" <<i*j << "\t";
12          }
13          cout << endl;
14      }
15      return 0;
16  }
```

微信扫码

扫一扫，看视频讲解

程序运行结果如下：

```
1*1=1
1*2=2   2*2=4
1*3=3   2*3=6    3*3=9
1*4=4   2*4=8    3*4=12  4*4=16
1*5=5   2*5=10  3*5=15  4*5=20  5*5=25
1*6=6   2*6=12  3*6=18  4*6=24  5*6=30  6*6=36
1*7=7   2*7=14  3*7=21  4*7=28  5*7=35  6*7=42  7*7=49
1*8=8   2*8=16  3*8=24  4*8=32  5*8=40  6*8=48  7*8=56  8*8=64
1*9=9   2*9=18  3*9=27  4*9=36  5*9=45  6*9=54  7*9=63  8*9=72  9*9=81
```

分析：乘法口诀表一共九行，外层循环控制行数，要循环九次。因为每一行输出的列数不一样，如第一行输出一列，第二行输出两列，即第i行输出i列，因此第i次内层循环需要循环i次，语句“for(j=1; j<=i; j++)”恰好从1循环到i。

不仅可以实现两层循环嵌套的程序，也可以实现多层循环嵌套的程序。

【例4-13】求水仙花数的另一种方法

因为水仙花数是一个3位数，因此可以用三个变量a、b、c分别表示百位数、十位数和个位数，因为百位数不能是0，所以a从1循环到9；而十位数和个位数可以是0，b和c都是从0循环到9。程序代码如下：

```
 1  //文件:ex4_13.cpp
 2  #include <iostream>
 3  using namespace std;
 4  int main()
 5  {
 6      int a,b,c;
 7      cout << "水仙花数有:\n";
 8      for (a=1; a<=9; a++)                          //百位数
 9      {
10          for (b=0; b<=9; b++)                      //十位数
11          {
12              for (c=0; c<=9; c++)                  //个位数
13              {
14                  if(a*a*a + b*b*b + c*c*c == a*100 + b*10 +c)
15                      cout << a*100 + b*10 +c << "\t";
16              }
17          }
18      }
19      cout << endl;
20      return 0;
21  }
```

程序运行结果如下：

```
水仙花数有:
153     370     371     407
```

技巧：

利用计算机运行速度快的特点，用三层循环将三位数的各种组合一一列出进行判断，得到所有的水仙花数，这种方法也称为穷举法。本章习题中的“鸡兔同笼问题”也可以使用穷举法实现。

4.5　综合实例

【例4-14】找出50 ~ 100中的所有素数并输出

分析：例4-10判断某一个数是否为素数，本例要判断的是多个连续的整数是否为素数，只需要在例4-10的基础上再加一个外层循环，每循环一次就判断一个数是否为素数，如果是则输出该数；如果不是则不需要处理。

程序代码如下：

```
1  //文件:ex4_14.cpp
2  #include <iostream>
3  #include <cmath>
4  using namespace std;
5  int main()
6  {
7      int i,n,s;
8      int count = 0;                  //记录素数的个数
9      for(n=50; n<=100; n++)          // n从50到100，判断 n是否是素数
10     {
11         s = (int) sqrt(n);          //求n的平方根
12         for(i=2; i<=s; i++)         //从2循环到s
13         {
14             if(n%i==0)
15                 break;
16         }
17         if(i>s){                    //表示不满足 i<=s 条件而结束循环
18             cout << n << "   ";
19             count++;
20             if(count%5==0)          //每行输出5个数
21                 cout << endl;
22         }
23     }
24     return 0;
25 }
```

程序运行结果如下：

```
53   59   61   67   71
73   79   83   89   97
```

分析：第9行代码开始的外层循环，循环变量n从50循环到100，逐一判断每个数是否为素数。第13行开始的内层循环判断n是否是素数，在本程序中，在判断一个数n是否为素数时，循环范围从2到“n的平方根”，代替例4-10的循环范围2 ~ n-1，缩小了范围，提高了效率。

4

程序中使用变量count记录已发现的素数个数，每输出5个素数，输出一个换行，使每行输出5个素数。

【例4-15】输出部分字符与ASCII码对照表

分析：输出ASCII码为32 ~ 127中的所有字符以及与其对应的ASCII码。由于可以将整数值赋给字符型变量，因此可以定义一个字符型变量，使其从32循环到127，逐个输出即可。

程序代码如下：

```
 1  //文件:ex4_15.cpp
 2  #include <iostream>
 3  using namespace std;
 4  int main()
 5  {
 6      unsigned char c;
 7      int i = 0;
 8      for(c=32; c<128; c++)                    //如果c定义为char型，则128超出范围
 9      {
10          cout << c << " "  << (int)c << "\t";
11          i++;
12          if(i%10==0)
13              cout << endl;
14      }
15      return 0;
16  }
```

程序运行结果如下：

```
  32    ! 33    " 34    # 35    $ 36    % 37    & 38    ' 39    ( 40    ) 41
* 42    + 43    , 44    - 45    . 46    / 47    0 48    1 49    2 50    3 51
4 52    5 53    6 54    7 55    8 56    9 57    : 58    ; 59    < 60    = 61
> 62    ? 63    @ 64    A 65    B 66    C 67    D 68    E 69    F 70    G 71
H 72    I 73    J 74    K 75    L 76    M 77    N 78    O 79    P 80    Q 81
R 82    S 83    T 84    U 85    V 86    W 87    X 88    Y 89    Z 90    [ 91
\ 92    ] 93    ^ 94    _ 95    ` 96    a 97    b 98    c 99    d 100   e 101
f 102   g 103   h 104   i 105   j 106   k 107   l 108   m 109   n 110   o 111
p 112   q 113   r 114   s 115   t 116   u 117   v 118   w 119   x 120   y 121
z 122   { 123   | 124   } 125   ~ 126     127
```

其中ASCII码为32的字符是空格，ASCII码为127的字符是删除符，在不同的系统中显示的符号可能不完全一样。变量i记录已输出字符的个数，每输出10个字符换一次行。

技巧：

由于字符型数据的范围是-128～127，无法与128进行比较，因此定义无符号字符型变量，其范围是0～255，可以完成比较。

【例4-16】猴子吃桃问题

猴子第一天摘下若干个桃子，当即吃了一半，还不过瘾，又多吃了1个，第二天早上又将剩下的桃子吃掉一半，又多吃了1个……以后每天早上都吃掉前一天剩下的一半多1个，到第十天早上想再吃时，见只剩下1个桃子了，求

第一天共摘了多少个桃子。

分析：每天吃掉前一天剩下的一半又多1个，今天的桃子数加1就是昨天的桃子数的一半，因此昨天的桃子数就是(今天桃子数+1) ×2。第十天剩下1个桃子，第九天应该有2×(1+1)＝4个桃子，第八天应该有2×(4+1)＝10个桃子，一直这样计算到第一天，就可以得到第一天摘的桃子数。

程序代码如下：

```
1  //文件:ex4_16.cpp
2  #include <iostream>
3  using namespace std;
4  int main()
5  {
6      int i, n=1;                               // n桃子数，第十天有1个桃子
7      for(i=9; i>=1; i--){                      // 需要计算第九天、第八天……第一天
8          n = (n+1)*2;
9       }
10      cout << "第一天摘的桃子数是:" << n << endl;
11      return 0;
12 }
```

程序运行结果如下：

```
第一天摘的桃子数是:1534
```

技巧：

在变化规律固定的情况下，已知最后一天剩的桃子数、经历的天数，求第一天的桃子数。可将此问题推广到一般的问题，即这三个条件中，已知两个，求剩下的一个，只要满足这一规律都可以采用这种方法求解。例如，本章习题中的“小球下落问题”“买西瓜问题”都可以用这种方法。

【例4–17】求π的近似值

根据下面的公式计算π的近似值，要求精确到最后一项的绝对值小于10^{-6}，公式为：$\pi/4 = 1-1/3+1/5-1/7+\cdots$。

分析：由于计算过程是累加，因此应该用循环结构程序实现，与前面的实例不同，本例事先并不能确定循环次数，而是当最后一项的绝对值小于10^{-6}时结束循环。在累加过程中，各项的正负号是交替的，因此定义一个表示正负号的变量，每一项的分子都是1，分母是其前一项的分母加2。

程序代码如下：

```
1  //文件:ex4_17.cpp
2  #include <iostream>
3  #include <cmath>
4  using namespace std;
5  int main()
6  {
7      double t,pi;
8      long int n,s;
9      t=1.0;                         // t保存各项的值，第一项是1
```

```
10        n=1;                                    // n保存分母的值
11        s=1;                                    // s保存正负号
12        pi=0.0;
13        while (fabs(t)>=1e-6)                   //循环求π/4
14        {
15            pi=pi+t;
16            n=n+2;                              //每一项的分母是前一项的分母加2
17            s=-s;                               //每一项改变一次正负号
18            t=(double)(s)/n;
19        }
20        pi=pi*4;
21        cout << "pi=" << pi << endl;
22        return 0;
23    }
```

程序运行结果如下：

```
pi=3.14159
```

分析：fabs(t)是求t的绝对值的函数，需要包含头文件cmath。从第13行开始循环的循环条件是t的绝对值大于1e-6，开始t的值是1，进入循环，将t的值加到变量pi中；然后将分母加2，s改变正负号，再计算下一项t的值。如果t的绝对值不小于1e-6，则进入下一次循环，直到循环条件不满足为止。

技巧：

求π的近似值，实际就是求一个数列的各项之和。只要知道数列每一项的变化规律，就可以使用类似本例的方法解决，如本章习题中的“求e的近似值”也可以使用这种方法。

4.6 小结

在许多问题中都需要用到循环结构，循环结构就是同一段程序要重复执行多次。C++实现循环的语句有for语句、while语句和do…while语句。

continue语句只能出现在循环体中，作用是结束本次循环，进入下次循环，当程序运行到continue语句时，循环体余下的语句不再执行，而直接进入下次循环。

break语句可以出现在循环语句和switch语句中，当在循环语句中遇到break语句时，会立即结束循环，转向循环语句下面的语句继续执行；当在switch语句中遇到break语句时，会立即结束switch语句部分，转向switch语句下面的语句继续执行。

goto语句是无条件转向语句，使用goto语句会使程序的流程变得混乱，降低程序的可读性，因此在结构化程序设计中一般不建议使用goto语句。

提示：

使用第3章讲的程序调试技术，跟踪程序运行，对于深入理解循环语句的执行过程有很好的帮助作用，建议在本章的学习中多跟踪程序的运行。

4.7　习题四

4-1　编写一个程序，计算1−3+5−7+…−99+101。

4-2　编写一个程序，计算1!+2!+3!+ … +10!。

4-3　一个球从100米的高度自由落下，每次落地后反跳回原来高度的一半，再落下。求第10次落地时，共经过多少米以及第10次反弹的高度。

4-4　有1020个西瓜，第一天卖一半多两个，以后每天卖剩下的一半多两个，编写程序计算这些西瓜几天卖完。

4-5　“鸡兔同笼”问题，有若干只鸡和若干只兔在同一个笼子里，从上面数有35个头，从下面数有94只脚。求笼中有几只鸡和几只兔？

4-6　根据下面的公式计算自然对数的底e的近似值，要求精度到最后一项的绝对值小于10^{-6}，公式为e=1+1/1!+1/2!+1/3!+…。

4-7　计算并输出斐波那契（Fibonacci）数列的前20项，每行输出5项，斐波那契数列的第1项和第2项都是1，从第3项起，每一项都是前两项之和。

第5章 数 组

主要内容

◎ 一维数组
◎ 二维数组
◎ 字符数组
◎ 字符串处理
◎ 调试技术（二）

一个简单的变量只能保存一个数据，当需要处理大量的数据时，使用简单变量就很不方便。如处理学生成绩，学生可能会有几十名、几百名或更多，用简单变量就要定义几十、几百个变量，显然比较麻烦，也不容易处理。

为了方便处理大量的数据问题，C++提供了数组。数组是具有相同数据类型的若干变量按序进行存储的变量集合。用一个统一的数组名和下标来唯一地确定数组中的元素。数组中的元素可以是基本类型（整型、实型、字符型），也可以是构造类型（如后面章节介绍的指针、类等）。数组可分为一维数组和多维数组。

5.1 一维数组

5.1.1 问题的提出

【例5-1】处理班级学生成绩

假设某班级有100名学生，编写程序，输入每名学生的入学成绩，然后计算平均成绩并输出。

由于需要保存100个成绩值，如定义100个变量，则非常不方便。下面给出用数组保存成绩的程序。

```
 1  //文件:ex5_1.cpp
 2  #include <iostream>
 3  using namespace std;
 4  #define NUM 100                   //练习时可改为#define NUM 5
 5  int main()
 6  {
 7      double s[NUM];                //定义数组s，有NUM个元素
 8      double sum=0, a;              // sum保存总成绩，a保存平均成绩
 9      int i;
10      for(i=0; i<NUM; i++)
11      {
12          cout << "请输入第" << i+1 << "个学生的成绩:";
13          cin >> s[i];
14      }
15      for(i=0; i<NUM; i++)
16          sum += s[i];              // s[i]:第i个元素的值
17      a = sum/ NUM;
18      cout << "平均成绩:" << a << endl;
19      return 0;
20  }
```

提示：

在运行时输入100个成绩，是一件非常枯燥的工作，因此在运行前将常量NUM的值定义为一个比较小的数，如#define NUM 5。

程序运行结果如下（这里NUM的值定义为5）：

```
请输入第1个学生的成绩:80
请输入第2个学生的成绩:90
请输入第3个学生的成绩:75
请输入第4个学生的成绩:85
请输入第5个学生的成绩:100
平均成绩:86
```

分析：第4行代码使用define定义常量NUM为100，第7行代码定义了具有100个元素的数组s，数组中每个元素可以保存一个实数。变量sum和a用于保存总成绩和平均成绩，并将sum初始化为0。然后通过循环为100个元素输入数据，s[0]表示第1个元素、s[1]表示第2个元素等。再通过一

个循环求出总成绩，最后求出平均成绩并输出。

5.1.2 一维数组的定义和引用

1. 一维数组的定义

一维数组只有一个下标，其定义格式为：

```
数据类型 数组名[常量表达式];
```

数组的定义指出了数组名、数组的类型及包含元素的个数，例如：

```
int  a[10];
float b[20];
double s[NUM];                    // NUM必须是之前定义的常量
```

分别定义了数组a、数组b和数组s。其中数组a有10个元素，每个元素都可以当作一个整型变量使用；数组b有20个元素，每个元素都可以当作一个float变量使用；数组s有NUM个元素，每个元素都可以当作一个double变量使用。

说明：

(1)数组名与变量名一样，都是C++的标识符，必须遵循标识符的命名规则。

(2)“数据类型”是指数组元素的数据类型，可以是任一基本类型或构造类型，同一个数组的每个元素都具有相同的数据类型。

(3)“常量表达式”必须用方括号括起来，指的是数组的元素个数(又称数组长度)，它是一个整型值，其中可以包含直接常数和符号常量，但不能包含变量。

(4)数组元素的下标从0开始，即数组中第一个元素的下标为0。如上面定义的数组a、数组b和数组s的第一个元素分别是a[0]、b[0]和s[0]。

(5)一个数组中的所有元素在内存中是连续存放的。

2. 一维数组的引用

在使用数组时，只能逐个引用数组元素，而不能一次引用整个数组。数组的引用格式为：

```
数组名[下标]
```

其中，下标可以是整型常量或整型表达式，如例5-1中的s[i]就是对数组s的第i+1个元素的引用。

【例5-2】一维数组的引用

```
1  //文件:ex5_2.cpp
2  #include <iostream>
3  using namespace std;
4  int main()
5  {
6      int i,a[10];
7      for(i=0; i<10; i++)                    //从0循环到9
8      {
```

```
 9         a[i] = i*10;
10     }
11     for(i=0; i<10; i++)                          //从0循环到9
12     {
13         cout << a[i] << "  ";
14     }
15     cout << endl;
16     return 0;
17 }
```

程序运行结果如下：

```
0  10  20  30  40  50  60  70  80  90
```

定义数组之后，首先通过循环为每一个元素赋值，然后通过循环将每一个数组元素的值输出到屏幕。

警告：

在引用数组元素时，一定要注意不要使下标越界。如例5-2中的数组a，其下标范围是0～9，如果引用的下标超出这一范围，在编译时往往不能发现，但运行时将产生意想不到的后果。

5

5.1.3　一维数组的初始化

在定义数组的同时为数组元素提供初始值，称为数组的初始化。一维数组初始化的一般格式为：

```
数据类型 数组名[常量表达式]={值1, 值2, …, 值n};
```

例如：

```
int a[5]={1,2,3,4,5};
```

表明定义了一个有5个元素的整型数组，并使a[0]=1、a[1]=2、a[2]=3、a[3]=4、a[4]=5。

如果对数组的全部元素赋初值，定义时可以不指定数组长度，系统根据初值个数自动确定数组的长度。例如：

```
int a[]={1,2,3,4,5};
```

与前面的定义相同，都是定义有5个元素的整型数组，并为数组的每一个元素赋初值。

如果初值的个数少于元素的个数，则从数组前面的元素开始赋值，后面的元素置为0。这与不初始化的数组不同，如果没有对数组进行初始化，则数组元素的值是不确定的。

例如：

```
int a[5]={1,2,3};
```

定义了5个元素的整型数组a，且将a[0]初始化为1，a[1]初始化为2，a[2]初始化为3，将a[3]和a[4]初始化为0。

如果要将数组的所有元素都初始化为0，可以写成：

```
int a[5]={0};
```

【例5-3】一维数组的初始化

```
 1  //文件:ex5_3.cpp
 2  #include <iostream>
 3  using namespace std;
 4  int main()
 5  {
 6      int a[5]={1,2,3,4,5};
 7      int b[] ={1,2,3,4,5};
 8      int c[5] ={1,2,3};
 9      int d[5];
10      int e[5] ={0};
11      for(i=0; i<5; i++)
12          cout << a[i] << " ";
13      cout << endl;
14      for(i=0; i<5; i++)
15          cout << b[i] << " ";
16      cout << endl;
17      for(i=0; i<5; i++)
18          cout << c[i] << " ";
19      cout << endl;
20      for(i=0; i<5; i++)
21          cout << d[i] << " ";
22      cout << endl;
23      for(i=0; i<5; i++)
24          cout << e[i] << " ";
25      cout << endl;
26      return 0;
27  }
```


程序运行结果如下：

```
1 2 3 4 5
1 2 3 4 5
1 2 3 0 0
6749820 12651624 6749876 4199040 4247112
0 0 0 0 0
```

分析：第6~10行代码分别定义数组，并以不同的方式初始化，然后将5个数组的所有元素输出；在第7行加入断点，调试程序，分步运行，在环境窗口观察各数组元素的值，理解数组各种初始化方式的效果。

5.1.4 一维数组应用实例

【例5-4】用一维数组处理Fibonacci数列

输出Fibonacci数列的前40项。Fibonacci数列为：第1项和第2项都是1，从第3项开始，每一项是其前两项之和。

```
1  //文件:ex5_4.cpp
2  #include <iostream>
3  #include <iomanip>                        //使用setw要包含的头文件
```

```
4  using namespace std;
5  int main()
6  {
7      int i;
8      int f[40]={1,1};
9      for(i=2; i<40; i++)
10     {
11         f[i] = f[i-1] + f[i-2];       //每一项都是前两项之和
12     }
13     for(i=0; i<40; i++)
14     {
15         cout << setw(12) << f[i];     // setw(12)将下一次的输出宽度设置为12
16         if( (i+1)%5 == 0)             //每行输出5个值
17             cout << endl;
18     }
19     cout << endl;
20     return 0;
21 }
```

程序的运行结果如图5–1所示。

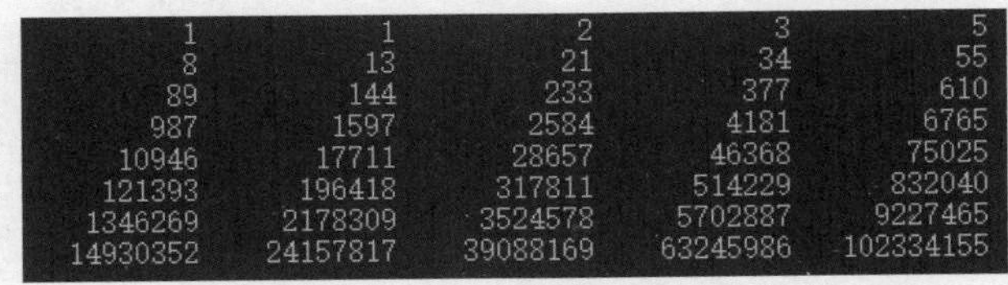

1	1	2	3	5
8	13	21	34	55
89	144	233	377	610
987	1597	2584	4181	6765
10946	17711	28657	46368	75025
121393	196418	317811	514229	832040
1346269	2178309	3524578	5702887	9227465
14930352	24157817	39088169	63245986	102334155

图5–1　程序运行结果

分析：第8行代码定义整型数组f，并将前两个元素（f[0]、f[1]）初始化为1，然后从第3个元素（下标为2）开始循环，将其赋值为前两个元素值之和，最后输出数组40个元素的值，每行输出5个值。setw(12)将下一次的输出宽度设置为12。有关输出格式的控制问题，将在后面章节详细介绍。

【例5–5】冒泡排序法

使用冒泡排序法对10个整数按从小到大的顺序排序。

分析：冒泡法的基本思想是通过相邻两个数之间的比较和交换，使较小的数逐渐从底部移向顶部，较大的数逐渐从顶部移向底部。以5个整数排序为例，过程如图5–2所示。

a[0]	**8**	5	5	5	5	2	2	**2**	2	**2**	2
a[1]	**5**	**8**	2	2	2	**5**	4	**4**	**4**	**3**	3
a[2]	2	**2**	**8**	4	4	**4**	**5**	3	**3**	4	4
a[3]	4	4	**4**	**8**	3	3	**3**	5	5	5	5
a[4]	3	3	3	**3**	8	8	8	8	8	8	8

图5–2　冒泡法排序过程示意图

整个排序过程由两层循环完成，每次循环将待排序的最大值移动到合适的位置，内层循环是移动过程的具体实现。第一次外层循环通过相邻两个数的比较交换，将待排序数据中的最大数8

移到最后，此时最后一个数8已经排好序（图5-2的左侧第一块）；第二次外层循环再把剩下的4个数两两比较交换，将其中最大的数5移到a[3]的位置，此时最后两个数5、8已经排好序（图5-2的左侧第二块）……一直到最后将所有数据都排好序（图5-2的最后一列）。由于已经排好序的数不需要再参与循环，下一次内层循环比上一次内层循环的循环次数少1。对于5个数的排序，第一次内层循环的次数是4，第二次内层循环的次数是3……

程序代码如下：

```
1  //文件:ex5_5cpp
2  #include <iostream>
3  #include <iomanip>                                    //使用setw要包含的头文件
4  using namespace std;
5  int main()
6  {
7      int i,j,t,a[10];
8      cout << "请输入10个整数，用空格分隔:";
9      for(i=0; i<10; i++)
10         cin >> a[i];
11     for(i=0; i<10-1; i++)                              // 10个数需要循环9次
12     {
13         for(j=0; j < 10-1-i; j++)
14         {
15             if(a[j] > a[j+1])                          //对相邻的两个数进行比较和交换
16             {
17                 t = a[j];
18                 a[j] = a[j+1];
19                 a[j+1]=t;
20             }
21         }
22     }
23     cout << "排序后的数据:";
24     for(i=0; i<10; i++)
25         cout << setw(5) << a[i];                       // setw(5)将输出宽度设置为5
26     cout << endl;
27     return 0;
28 }
```

程序运行结果如下：

```
请输入10个整数，用空格分隔:45 32 87 36 12 87 54 46 98 31
排序后的数据:   12   31   32   36   45   46   54   87   87   98
```

分析：数组有10个元素，因此外层循环（从第11行代码开始）的循环次数是9次。内层循环（从第13行代码开始）的循环次数是10–1–i，第一次循环i是0，循环9次；第二次循环i是1，循环8次……

5.2 二维数组

二维数组有两个下标，使用二维数组可以方便地处理矩阵等问题，在C++中还可以定义三维数组、四维数组等。二维及二维以上的数组称为多维数组。

5.2.1 问题的提出

【例5-6】处理班级多门成绩

假设某班级有100名学生，编写程序，输入每名学生的语文成绩和数学成绩，然后输出每个学生的总成绩。

分析：每个学生有两门成绩需要保存，需要定义二维数组。将二维数组想象为一个二维表，一行代表一个学生，第一列是语文成绩，第二列是数学成绩。程序代码如下：

```
 1  //文件:ex5_6.cpp
 2  #include <iostream>
 3  using namespace std;
 4  int main()
 5  {
 6      const int NUM = 100;
 7      double s[NUM][2];                          //定义NUM行2列的二维数组
 8      int i;
 9      for(i=0; i<NUM; i++)                       //循环次数为学生数
10      {
11          cout << "请输入第" << i+1 << "个学生的语文成绩:";
12          cin >> s[i][0];                        //用两个下标访问二维数组的元素
13          cout << "请输入第" << i+1 << "个学生的数学成绩:";
14          cin >> s[i][1];
15      }
16      for(i=0; i<NUM; i++){
17          cout << "第 " << i+1 << "个学生的总成绩是:";
18          cout << s[i][0]+s[i][1] << endl;
19      }
20      return 0;
21  }
```

提示：

练习时将NUM定义为小一点的数，避免输入大量的数据。

程序运行结果如下（NUM定义为3）：

```
请输入第1个学生的语文成绩:80
请输入第1个学生的数学成绩:90
请输入第2个学生的语文成绩:95
请输入第2个学生的数学成绩:90
请输入第3个学生的语文成绩:76
请输入第3个学生的数学成绩:83
第 1个学生的总成绩是:170
第 2个学生的总成绩是:185
第 3个学生的总成绩是:159
```

分析：第7行代码定义用于保存100名学生语文成绩和数学成绩的二维数组s，一共有200个元素。将其想象为100行2列的二维表，引用数组元素时，需要两个下标，前面的是行下标，后面的是列下标。通过循环输入100名学生的语文成绩和数学成绩，再通过另一个循环分别输出100名学生的总成绩。

5.2.2　二维数组的定义与引用

1. 二维数组的定义

与一维数组的定义类似，二维数组的定义方式如下：

```
数据类型 数组名[常量表达式1][常量表达式2];
```

例如：

```
int  a[2][3];
```

定义a为2×3（2行3列）的二维数组，如图5-3所示，每一个数组元素都可以保存为一个整型数据。二维数组的第一个下标称为行下标，第一行的行下标为0，第二行的行下标为1；第二个下标称为列下标，分别为0、1、2。

a[0][0]	a[0][1]	a[0][2]
a[1][0]	a[1][1]	a[1][2]

图5-3　二维数组的元素

二维数组在内存中的排列顺序为按行存放，即在内存中先顺序存放第一行的元素，再存放第二行和其他各行的元素，上面所定义的数组元素在内存中的排列顺序为：a[0][0]、a[0][1]、a[0][2]、a[1][0]、a[1][1]、a[1][2]。

2. 二维数组的引用

同一维数组一样，在使用二维数组时，也只能逐个引用数组元素，而不能一次引用整个数组。引用格式为：

```
数组名[下标1][下标2]
```

其中下标可以是整型常量或整型表达式。

【例5-7】二维数组的引用

```
1  //文件:ex5_7.cpp
2  #include <iostream>
3  using namespace std;
4  int main()
5  {
6      int i,j,a[3][4];                    // a是3行4列的二维数组
7      for(i=0; i<3; i++)                  //对行循环
8      {
9          for(j=0; j<4; j++)              //对列循环
10         {
11             a[i][j] = (i+1)*10+j;       // a[i][j]:i行j列的元素
12         }
```

```
13        }
14        for(i=0; i<3; i++)
15        {
16            for(j=0; j<4; j++)
17            {
18                cout << a[i][j] << "  ";
19            }
20            cout << endl;
21        }
22        return 0;
23    }
```

程序运行结果如下：

```
10    11    12    13
20    21    22    23
30    31    32    33
```

分析：从第7行开始的外层循环是对行循环，从第9行开始的内层循环是对列循环，从第11行代码中的a[i][j]是第i+1行第j+1列的元素，通过这两层循环为数组的所有元素赋值。从第14行开始的循环是将所有数组元素输出。

跟踪程序运行，观察数组元素的地址。在第22行添加断点，然后开始调试程序，运行至第22行暂停，利用本章5.6节讲的调试技术，在监视窗口观察数组元素的地址，特别是要查看a[0][3]和a[1][0]的地址，以及a[1][3]和a[2][0]的地址，验证二维数组的元素在内存中是连续存放的，并且是先存放数组的第1行元素，然后存放第2行元素，最后存放第3行元素。

5.2.3 二维数组的初始化

对于二维数组，可以分行初始化，也可以按数组元素的排列顺序初始化。

1. 分行初始化

分行初始化是将每一行的初值用大括号括起来，例如：

```
int  a[3][4] = {{1,2,3,4},{5,6,7,8},{9,10,11,12}};
```

把第一个大括号中的数据赋给第1行的元素，把第二个大括号中的数据赋给第2行的元素，把第三个大括号中的数据赋给第3行的元素。

2. 按二维数组在内存中的排列顺序给各元素赋初值

初始化时，初值表中的初值不用大括号括起来分组，例如：

```
int  a[3][4] = {1,2,3,4,5,6,7,8,9,10,11,12};
```

按二维数组元素在内存中的排列顺序，将大括号中的数据依次赋给各元素，结果与上面初始化的结果一样。

3. 对部分数组元素初始化

对部分数组元素初始化，既可以分行赋初值，也可以按数组元素的排列顺序赋初值，例如：

```
int a[3][4]={{1,2,3},{4,5},{6,7,8}};
```

把第一个大括号中的数据赋给第1行的元素，即将1赋给a[0][0]、将2赋给a[0][1]、将3赋给a[0][2]，由于第一个大括号中已经没有数据了，所以a[0][3]的值为0；将第二个大括号中的数据赋给第2行的元素，即将4赋给a[1][0]、将5赋给a[1][1]，而a[1][2]和a[1][3]的值为0；把第三个大括号中的数据赋给第三行的元素，即将6赋给a[2][0]、将7赋给a[2][1]、将8赋给a[2][2]，a[2][3]的值为0。

按数组元素在内存中的排列顺序初始化的例子如下：

```
int a[3][4]={1,2,3,4,5,6,7};
```

按元素在内存中的顺序依次赋初值，即将1赋给a[0][0]、将2赋给a[0][1]、将3赋给a[0][2]、将4赋给a[0][3]、将5赋给a[1][0]、将6赋给a[1][1]、将7赋给a[1][2]，由于初值已经用完，a[1][3]、a[2][0]、a[2][1]、a[2][2]和a[2][3]的初值都为0。

【例5-8】二维数组的初始化

```
1  //文件:ex5_8.cpp
2  #include <iostream>
3  using namespace std;
4  int main()
5  {
6      int a[3][4] = {{1,2,3,4},{5,6,7,8},{9,10,11,12}}; //分行初始化
7      int b[3][4] = {1,2,3,4,5,6,7,8,9,10,11,12};       //不分行初始化
8      int c[3][4]={{1,2,3},{4,5},{6,7,8}};             //分行部分元素初始化
9      int d[3][4]={1,2,3,4,5,6,7};                     //不分行部分元素初始化
10     int e[3][4]={0};                                 //所有元素初始化为0
11     int f[3][4];                                     //不初始化
12     return 0;
13 }
```

扫一扫，看视频讲解

程序没有输出，请在第12行加入断点，开始调试程序，观察各数组元素的值，加深理解二维数组的初始化规则。

5.2.4 二维数组应用实例

【例5-9】矩阵相加

矩阵相加就是两个矩阵对应的元素相加，得到一个新的矩阵。可以用二维数组表示矩阵，将两个2×3的二维数组中的对应元素的值相加后存入第3个数组中，并输出到屏幕。

```
1  //文件:ex5_9.cpp
2  #include <iostream>
3  #include <iomanip>                    //使用setw要包含的头文件
4  using namespace std;
5  int main()
```

```
 6  {
 7      int  i,j,c[2][3];
 8      int  a[2][3]={1,2,3,4,5,6};
 9      int  b[2][3]={7,8,9,10,11,12};
10      for(i=0; i<2; i++)
11          for(j=0; j<3; j++)
12              c[i][j]=a[i][j]+b[i][j];          // a、b对应元素相加，赋给c
13      for(i=0; i<2; i++)
14      {
15          for(j=0; j<3; j++)
16              cout << setw(4) << c[i][j];       //将输出宽度设置为4
17          cout << endl;
18      }
19      return 0;
20  }
```

程序运行结果如下：

```
   8  10  12
  14  16  18
```

【例5-10】求矩阵中主对角线的最大值

找出4×4矩阵中主对角线（从左上到右下）上元素的最大值。主对角线上元素的特点是行下标与列下标相同，共有4个元素，下标分别是0、1、2、3。

```
 1  //文件:ex5_10.cpp
 2  #include <iostream>
 3  #include <iomanip>
 4  using namespace std;
 5  int main()
 6  {
 7      int  a[4][4] = { {11,24,53,14},
 8                       {51,36,27,18},
 9                       {29,15,41,62},
10                       {23,84,75,26}  };
11      int  i,j,max;
12      for(i=0; i<4; i++)                    //输出二维数组所有元素的值
13      {
14          for(j=0; j<4; j++)
15              cout << setw(4) << a[i][j];
16          cout << endl;
17      }
18      max = a[0][0];                        //先将a[0][0]的值赋给max
19      for(i=1; i<4; i++)
20      {
21          if(a[i][i] > max)                 //如果找到大于max的元素，将该元素的值赋给max
22              max = a[i][i];
23      }
24      cout << "对角线的最大值是:" << max << endl;
25      return 0;
26  }
```

程序运行结果如下：

```
  11  24  53  14
  51  36  27  18
  29  15  41  62
  23  84  75  26
对角线的最大值是:41
```

分析：从第18行开始找主对角线的最大值，首先将第一个元素a[0][0]的值赋给变量max，然后进入循环，在循环中，如果max小于下一条对角线元素的值，则将下一条对角线元素的值赋给max，使max一直保持当前最大的值，循环结束后max就是最大的值。

5.3 字符数组

前面5.2节和5.3节中介绍的数组，其元素的值都是数值型的，称为数值数组。字符数组各元素的数据类型为字符型，每个元素存放一个字符。

5.3.1 字符数组的定义

字符数组的定义与前面的数组定义类似，其数据类型是字符型的。定义一维字符数组的一般格式为：

```
char 数组名[常量表达式];
```

当然也可以定义二维字符数组，格式如下：

```
char 数组名[常量表达式1][常量表达式2];
```

例如：

```
char  a[10], b[3][4];
```

定义了一维字符数组a和二维字符数组b，数组a有10个元素；数组b有3行4列，共12个元素。

5.3.2 字符数组的初始化

与数值数组类似，字符数组的初始化，可以通过为每个数组元素指定初始字符来实现，其一般格式为：

```
char 数组名[常量表达式] = {'字符1', '字符2', …, '字符n'};
```

例如：

```
char s[10]={'c','','p','r','o','g','r','a','m'};
```

将9个字符分别赋给s[0]到s[8]9个元素，第10个元素s[9]因为没有初始值，自动赋值为ASCII码为0的字符（即'\0'）。初始化后，s数组中各元素的值如图5-4所示。

s[0]	s[1]	s[2]	s[3]	s[4]	s[5]	s[6]	s[7]	s[8]	s[9]
c		p	r	o	g	r	a	m	\0

图 5-4 字符数组的初始化

说明：

(1)如果初值个数大于数组长度，则编译时发生语法错误。

(2)如果初值个数小于数组长度，则将这些字符赋给数组中前面的那些元素，剩余元素的值为空字符'\0'。

(3)如果初值个数与数组长度相同，则数组长度可以省略。

除了为每个数组元素单独给出初始值外，还可以用字符串常量(字符串常量就是用双引号括起的一组字符)初始化字符数组。

例如：

```
char s[10]={"c program"};
```

使用字符串常量初始化数组也可以省略大括号，直接写成：

```
char s[10]="c program";
```

这两种初始化方法与上面初始化的结果相同。需要注意的是，用这种方式对字符数组进行初始化时，要保证数组的长度至少是所给出的初始化字符个数加1，用来保存字符串的结束标志，即ASCII为0的空字符(字符串结束标志稍后再详细介绍)。

5.3.3 字符数组的引用

与数值型数组不同，使用字符数组时，既可以引用数组的一个元素，也可以整体引用。

1. 单个数组元素的引用

字符数组单个元素的引用方法与数值数组元素的引用方法一样，一个元素保存一个字符。

【例5-11】字符数组的引用

定义一个字符数组并初始化，然后通过循环逐个输出。

```
 1  //文件:ex5_11.cpp
 2  #include <iostream>
 3  using namespace std;
 4  int main()
 5  {
 6      char  a[10] = "C Program";                    //定义字符数组并初始化
 7      int i;
 8      for(i=0; i<10; i++)
 9          cout << a[i];                             //单个元素引用
10      cout << endl;
11      return 0;
12  }
```

扫一扫，看视频讲解

程序运行结果如下：

```
C Program
```

程序首先定义字符数组a并初始化，然后通过循环，每次输出一个元素的值，将所有元素的值输出到屏幕上。

【例5-12】输出一个菱形图形

输出本例运行结果所示的形状，输出的字符存放在一个二维数组中。

```
1  //文件:ex5_12.cpp
2  #include <iostream>
3  using namespace std;
4  int main()
5  {
6     char a[5][6] ={ {"  *"},                //定义二维字符数组，并分行初始化
7                     {" * *"},
8                     {"*   *"},
9                     {" * *"},
10                    {"  *"}  };
11     int i,j;
12     for(i=0; i<5; i++)
13     {
14         for(j=0; j<5; j++)
15             cout << a[i][j];                //用两个下标引用元素
16         cout << endl;
17     }
18     return 0;
19 }
```

扫一扫，看视频讲解

程序运行结果如下：

```
  *
 * *
*   *
 * *
  *
```

分析：二维数组a有5行，在初始化数据中，第3行的字符串常量包含的字符最多，是5个，由于字符串常量还有一个结束标志，因此数组的列数至少是6。

2. 字符数组的整体引用

字符数组除了单个元素引用外，还可以整体引用，如下面案例程序。

【例5-13】字符数组整体引用

```
1  //文件:ex5_13.cpp
2  #include <iostream>
3  using namespace std;
4  int main()
5  {
6     char  a[12] = "C++ Program";
7     cout << a << endl;                 //整体引用，遇到结束标志，终止输出
```

扫一扫，看视频讲解

```
 8        a[6] = 0;                       //将字符o替换为字符串结束标识(ASCII为0的字符)
 9        cout << a << endl;              //整体引用，遇到结束标志，终止输出
10        for(int i=0; i<12; i++){
11            cout << a[i];               //单个元素引用
12        }
13        cout << endl;
14        return 0;
15    }
```

程序运行结果如下：

```
C++ Program
C++ Pr
C++ Pr gram
```

分析：第7行代码整体引用字符数组输出完整的字符串“C++ Program”；第8行代码将a[6]赋值为字符串结束标志（ASCII为0的字符'/0'），第09行再次整体引用输出时，只输出“C++ Pr”，结束标志后面的字符不再输出，也就是说如果字符串中间包含字符串结束标志，在整体引用字符数组时，遇到结束标志即结束，后面的字符不被处理；第10行到第12行代码以引用单个数组元素的方式输出所有字符，结果是“C++ Pr gram”，可以看到后面的字符确实存在，原来的字符o被字符串结束标志替换，输出的是空格。

5

5.3.4　字符串与字符串结束标志

在实际应用中，人们关心的往往是存入数组中字符串的实际长度，而不是字符数组的长度。例如char a[15]= "C Program"，定义了一个字符数组的长度是15，而实际只有9个字符，为了测试字符串的实际长度，C++规定了字符串结束标志（ASCII码为0的字符'\0'）。

在程序中依靠检测字符串结束标志（'\0'）的位置来判断字符串是否结束，而不是根据数组的长度判断字符串的长度。

【例5-14】求一个字符串的实际长度

```
 1  //文件:ex5_14.cpp
 2  #include <iostream>
 3  using namespace std;
 4  int main()
 5  {
 6      char s[20] = "C Program";
 7      int i, len=0;
 8      for(i=0; s[i]!='\0'; i++)
 9          len++;
10      cout << len << endl;
11      return 0;
12  }
```

微信扫码

扫一扫，看视频讲解

程序运行结果如下：

```
9
```

分析：程序定义字符数组s并初始化，初始化数据共有9个字符和1个字符串结束标志，分别

赋给前面的10个元素，后面的10个元素都自动初始化为'\0'。第8行的循环条件是s[i]!='\0'，即如果该元素的值不是结束标志就继续循环，因此会循环9次，len的值最终是9。

5.4 常用的字符串处理函数

由于在程序中经常要对字符串进行各种操作，因此C++提供了字符串操作的一些标准函数，这些函数的原型在头文件string中，在使用时要将该头文件包含到程序中。下面介绍几个常用的字符串处理函数。

> 提示：
> 有些系统在iostream中包含string，因此如果程序已经包含iostream，也可以不用再包含string。

5.4.1 strcmp() 函数

strcmp()函数的功能是比较两个字符串的大小，使用格式为：

```
strcmp（字符串1,字符串2）
```

其中“字符串1”和“字符串2”可以是字符串常量，也可以是一维字符数组。

函数的返回值是一个整数，有3种情况。

（1）字符串1与字符串2相等，函数返回值等于0。

（2）字符串1大于字符串2，函数返回值等于1。

（3）字符串1小于字符串2，函数返回值等于-1。

比较规则：从两个字符串的第一个字符开始，每对相应的字符按ASCII码值大小进行比较，直到对应字符不相同或达到串尾为止。如果全部字符都相同，就认为两个字符串相等；若出现了不同的字符，则以第一个不相同字符的比较结果为准。

> 注意：
> 比较两个字符串的大小不能使用关系运算符，必须用字符串比较函数strcmp()。

【例5-15】strcmp()函数的应用

```
 1  //文件:ex5_15.cpp
 2  #include <iostream>
 3  #include <string>
 4  using namespace std;
 5  int main()
 6  {
 7      char a[10] = "Program";
 8      char b[10] = "Programer";
 9      char c[10] = "Problem";
10      int i,j,k,l;
11      i = strcmp(a,b);                 // a小于b
```

```
12      j = strcmp(a,c);                     // a大于c
13      k = strcmp(a,"Program");             // a等于"Program"
14      l = strcmp(c,a);                     // c小于a
15      cout << i <<"  " << j << "  " << k << "  " << l  << endl;
16      return 0;
17  }
```

程序运行结果如下：

```
-1   1   0   -1
```

分析：在比较字符串a和字符串b时，因前7个字符都相同，在比较第8个字符时，字符串a已经是结束标志，ASCII码为0，而字符串b的第8个字符是'e'（ASCII码是101），字符串a小于字符串b，所以i的值为-1；在比较字符串a和c时，前三个字符相同，a的第4个字符是'g'，c的第4个字符是'b'，'g'的ASCII码大于'b'的ASCII码，字符串a大于字符串c，所以j的值是1；第3次比较字符串a与"Program"时，由于二者相同，k的值为0；最后比较字符串c和字符串a，因为字符串c小于字符串a，l的值为-1。

5.4.2 strcpy()函数

函数strcpy()的功能是字符串复制，使用格式为：

```
strcpy（字符数组,字符串）
```

其中“字符串”可以是字符串常量，也可以是字符数组。函数执行后将字符串复制到字符数组中，复制时，连同结束标志'\0'一起复制。

注意：

不能用赋值运算符“=”将一个字符串直接赋值给一个字符数组，必须用函数strcpy()复制。

警告：

字符数组必须定义的足够大，以便容纳复制过来的字符串，如果字符数组的长度小于字符串的长度，会产生意想不到的后果。

【例5-16】strcpy()函数的应用

```
1  //文件:ex5_16.cpp
2  #include <iostream>
3  #include <string>
4  using namespace std;
5  int main()
6  {
7      char a[20];
8      char b[20] = "C++ Program";
9      strcpy(a, b);               // a: "C++ Program"
10     strcpy(b, "Java");          //将"Java"复制到b的最开始，下标4的位置是字符串结束标志
11     cout << a << endl;          //整体引用a
12     cout << b << endl;          //整体引用b
13     for(int i=0; i<11; i++)
```

```
14      {
15          cout << b[i];      //单个元素引用
16      }
17      cout << endl;
18      return 0;
19  }
```

程序运行结果如下：

```
C++ Program
Java
Java rogram
```

分析：第9行代码使用函数strcpy()将字符串b复制到字符数组a中，第10行代码将字符串“Java”复制到字符数组b中，数组b中内容的变化如图5-5所示。

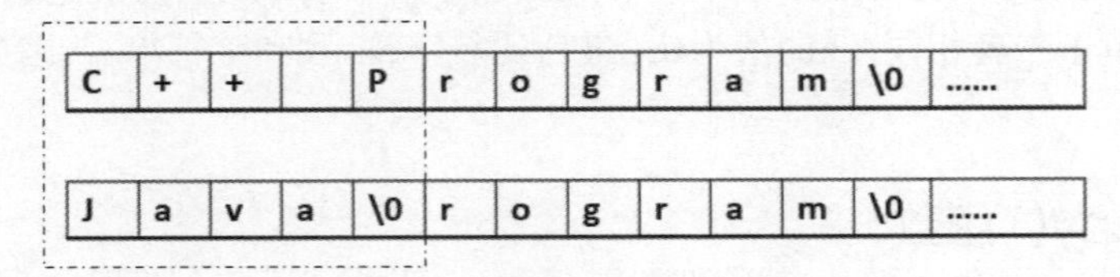

图5-5 数组b中内容的变化

将“Java”复制到b数组后，只是改变了前5个元素，其他数据并没有变化。由于整体输出字符数组时，遇到字符串结束标志就停止输出，第12行输出的是“Java”，而第13行到第15行单个元素引用时，可以将后面的元素输出，输出的就是“Java rogram”。

5.4.3 strcat()函数

函数strcat()的功能是将两个字符串连接起来，使用格式为：

```
strcat（字符数组,字符串）
```

其中，“字符串”可以是字符串常量，也可以是字符数组。函数执行后将字符串连接到字符数组的后面。

> **警告：**
>
> 要保证“字符数组”定义的足够大，以便容纳连接后的字符串。连接后第二个参数字符串的内容保持不变。

【例5-17】 strcat()函数的应用

```
1  //文件:ex5_17.cpp
2  #include <iostream>
3  #include <string>
4  using namespace std;
5  int main()
6  {
7      char a[20] = "C++ ";
8      char b[20] = "Program";
```

```
 9      strcat(a, b);
10      strcat(a, " design");
11      cout << a << endl;
12      cout << b << endl;
13      return 0;
14  }
```

程序运行结果如下：

```
C++ Program design
Program
```

分析：第9行代码将字符串b连接在字符串a的后面，a就变成了"C++ Program"，而数组b不会发生变化。第10行代码又将字符串"design"连接在字符串a的后面，这时a变成了"C++ Program design"。

5.4.4 strlen()函数

函数strlen()的功能是求字符串的实际长度(不包含结束标志)，使用格式为：

```
strlen(字符串)
```

其中的参数“字符串”可以是字符串常量，也可以是字符数组。

【例5–18】strlen()函数的应用

```
 1  //文件:ex5_18.cpp
 2  #include <iostream>
 3  #include <string>
 4  using namespace std;
 5  int main()
 6  {
 7      char a[20] = "C++";
 8      int i = strlen(a);                               //字符串有3个字符
 9      int j = strlen("C++ Program");                   //字符串有11个字符
10      cout << i << "   " << j <<endl;
11      return 0;
12  }
```

扫一扫，看视频讲解

程序运行结果如下：

```
3   11
```

5.4.5 strlwr()函数

函数strlwr()的功能是将字符串中的大写字母转换成小写字母，其他字符不变。使用格式为：

```
strlwr(字符串)
```

其中的参数“字符串”是字符数组。

5

5.4.6 strupr() 函数

函数strupr()的功能是将字符串中的小写字母转换成大写字母，其他字符不变。使用格式为：

```
strupr(字符串)
```

其中的参数“字符串”是字符数组。

【例5-19】strlwr()函数与strupr()函数的应用

```
1  //文件:ex5_19.cpp
2  #include <iostream>
3  #include <string>
4  using namespace std;
5  int main()
6  {
7      char a[20] = "C++ Program";
8      char b[20] = "C++ Program";
9      strlwr(a);                                //将a中的大写字母转换为小写字母
10     strupr(b);                                //将b中的小写字母转换为大写字母
11     cout << a << endl;
12     cout << b << endl;
13     return 0;
14 }
```

程序运行结果如下：

```
c++ program
C++ PROGRAM
```

5.4.7 字符数组应用实例

【例5-20】字符串翻转

编写一个程序，将一个字符串翻转，如字符串为“123abc”，翻转后为“cba321”。

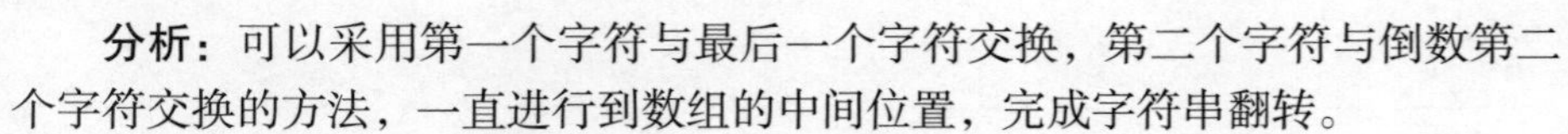

分析：可以采用第一个字符与最后一个字符交换，第二个字符与倒数第二个字符交换的方法，一直进行到数组的中间位置，完成字符串翻转。

```
1  //文件:ex5_20.cpp
2  #include <iostream>
3  #include <string>
4  using namespace std;
5  int main()
6  {
7      char s[80];
8      cout<<"请输入字符串:";
9      cin>>s;
10     int n=strlen(s);
11     for(int i=0;i<(n/2); i++)                // i从0循环到数组的中间
12     {
13         char c=s[i];                         //以下三行为s[i]与s[n-1-i]交换
```

```
14          s[i]=s[n-1-i];
15          s[n-1-i]=c;
16      }
17      cout<<"逆序后的字符串:"<<s<<endl;
18      return 0;
19  }
```

程序运行结果如下：

```
请输入字符串:abcABC1234
逆序后的字符串:4321CBAcba
```

分析：程序的运行过程可以用图5-6描述，字符串长度n是10，第一次循环i的值是0，n−1−i的值是9，交换a[0]和a[9]，将第一个字符'a'与最后一个字符'4'交换；第二次循环i的值是1，n−1−i的值是8，交换a[1]和a[8]，将第二个字符'b'与倒数第二个字符'3'交换……一直到最后交换字符'B'和'C'。

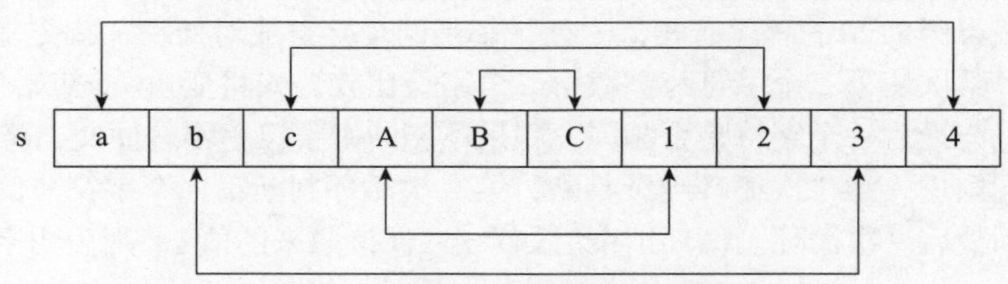

图 5-6 数组元素值的交换情况

【例5-21】判断字符串是否为回文

编写程序来判断某个字符串是否为回文，若是则输出YES；否则输出NO。回文是指顺读和倒读都一样的字符串。例如，字符串"LEVEL"是回文，而字符串"123312"就不是回文。

```
1   //文件:ex5_21.cpp
2   #include <iostream>
3   #include <string>
4   using namespace std;
5   int main()
6   {
7       char s[80];
8       cout<<"请输入一个字符串:" << endl;
9       cin >> s;
10      int i,n,flag=1;                    // flag是1表示是回文，是0表示不是回文
11      n = strlen(s);
12      for(i=0; i<n/2; i++)
13      {
14          if(s[i]!=s[n-1-i])             //如果 s[i]与s[n-1-i]不相同，不是回文
15          {
16              flag=0;
17              break;
18          }
19      }
20      if(flag==1)
```

```
21          cout<<"YES" << endl;
22      else
23          cout<<"NO" << endl;
24      return 0;
25  }
```

程序运行结果如下：

```
请输入一个字符串：
abc123321cba
YES
```

再运行一次：

```
请输入一个字符串：
abc123
NO
```

分析：本程序与例5-20的程序有相似之处，都是两个字符成对处理，首先是第一个字符与最后一个字符比较，其次使第二个字符与倒数第二个字符比较。先将变量flag初始化为1，第一次循环判断第一个字符与最后一个字符是否相同，如果不相同则字符串不是回文，将flag设置为0，结束循环；如果相同则进入第二次循环继续判断，第二次循环判断第二个字符与倒数第二个字符是否相同……一直到最后一次循环。循环结束后如果flag保持原来的值1，则表明字符串是回文，否则不是回文。

5.5 综合实例

【例5-22】折半查找法

折半查找法也称二分查找法。在有序的一组数据中查找指定的元素，折半查找法的搜索过程是从数组的中间元素开始，如果中间元素正好是要查找的元素，则搜索过程结束；如果待查找的元素大于或者小于中间元素，则在数组大于或小于中间元素的那一半中查找，继续与剩下一半的中间元素比较。如果在某一步骤已经没有剩下的元素了，则代表找不到指定的元素。

程序代码如下：

```
1   //文件:ex5_22.cpp
2   #include <iostream>
3   using namespace std;
4   int main()
5   {
6       int a[10] = {2, 3, 7, 12, 16, 35, 67, 68,90, 98};
7       int mid, low, high, num, index;
8       cout << "请输入要查找的数:" ;
9       cin >> num;
10      low=0;                              //搜索范围的最小下标
11      high=10-1;                          //搜索范围的最大下标
12      index = -1;
```

```
13      while (low <= high)                  // low<=high表示整个数组尚未查找完
14      {
15          mid = (low+high)/2;              //求中间元素的下标
16          if (num == a[mid]){
17              index = mid;                 //若找到，记录下标，结束循环
18              break;
29          }
20          else if (num < a[mid])
21              high = mid-1;                //若num<a[mid]将查找范围缩小到数组的前一半
22          else
23              low = mid+1;                 //否则将查找范围缩小到数组的后一半
24      }
25      if(index == -1)                      //没有找到
26          cout << "未找到\n";
27      else
28          cout << "找到，下标是:" << index << endl;
29      return 0;
30  }
```

程序运行结果如下：

```
请输入要查找的数:90
找到，下标是:8
```

再运行一次：

```
请输入要查找的数:20
未找到
```

分析：在程序开始时将搜索范围的下标设置为0~9，即整个数组范围。循环中，第15行代码求出中间元素的下标，第16行代码比较待要查找数与中间元素的值，如果相等则找到，记录索引值，结束循环；否则将搜索范围缩小一半，继续搜索，直到找到要查找的数值，或者搜索范围已经空。最后根据index的值判断找到还是未找到。

【例5-23】将字符数组中的字符分类

已有字符数组a，要求将字符数组a中的数字字符保存到数组b中，字母字符保存到数组c中，其他字符保存到数组d中。

解题思路：从数组a中取出一个元素，判断该元素是否为数字字符，如果是将其保存到数字b中；否则再判断是否是字母字符，如果是将其保存到数组c中；否则保存到数组d中。程序代码如下：

```
1  //文件:ex5_23.cpp
2  #include <iostream>
3  using namespace std;
4  int main()
5  {
6      char a[20] = "1a3,HA5d7?9mtBr13";
7      char b[20];                          //保存数字
8      char c[20];                          //保存字母
```

```
 9      char d[20];                          //保存其他字符
10      int i,j=0,k=0,m=0;
11      for(i=0; a[i]!='\0'; i++)            //对数组a循环
12      {
13          if(isdigit(a[i]))                //函数isdigit()判断参数是否为数字字符，是则返回true
14          {
15              b[j] = a[i];
16              j++;
17          }
18          else if(isalpha(a[i]))           //函数isalpha()判断参数是否为字母字符，是则返回true
19          {
20              c[k] = a[i];
21              k++;
22          }
23          else                             //其他字符
24          {
25              d[m] = a[i];
26              m++;
27          }
28      }
29      b[j] = '\0';
30      c[k] = '\0';
31      d[m] = '\0';
32      cout << a << endl;
33      cout << b << endl;
34      cout << c << endl;
35      cout << d << endl;
36      return 0;
37  }
```

程序运行结果如下：

```
1a3,HA5d7?9mtBr13
1357913
aHAdmtBr
,?
```

分析：程序中调用的isdigit()函数，其功能是判断参数字符是否是数字字符，如果是数字字符则返回true，否则返回false；函数isalpha()判断参数字符是否是字母，如果是字母则返回true，否则返回false。

第11行代码开始的循环，是对数组a从前向后遍历所有元素，循环变量是i；第13行代码判断a[i]是否是数字字符，如果是，则将字符赋值给数组元素b[j]，并将j加1，如图5-7所示；如果不是数字字符，第18行代码再判断a[i]是否为字母，如果是，则将字符赋值给数组元素c[k]，并将k加1；最后剩下的其他字符赋给d[m]，然后将m加1。

循环结束后，为数组b、c、d中的字符串加上结束标志。

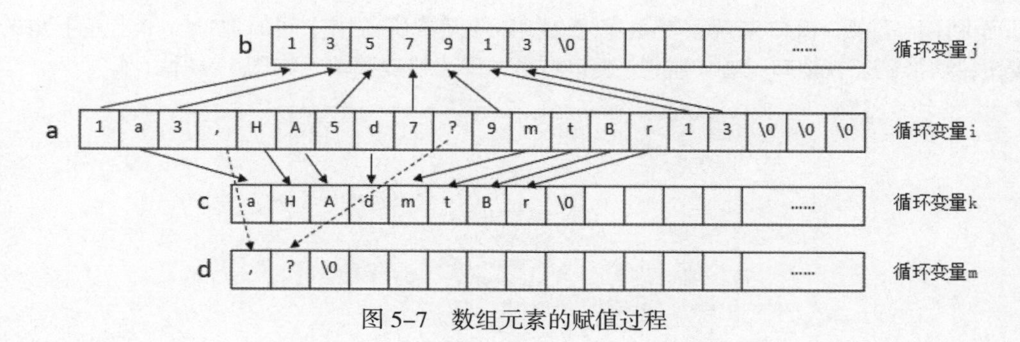

图 5-7　数组元素的赋值过程

5.6 调试技术（二）

在第3章介绍的调试技巧中，可以为程序添加断点，通过分步运行，可以观察程序运行过程中变量值的变化。下面以例5-2为例，介绍在调试过程中如何观察更多的内容。

在C-Free中打开例5-2的源程序，在第7行加入断点，单击“开始调试”按钮，程序运行到第7行暂停，如图5-8所示。

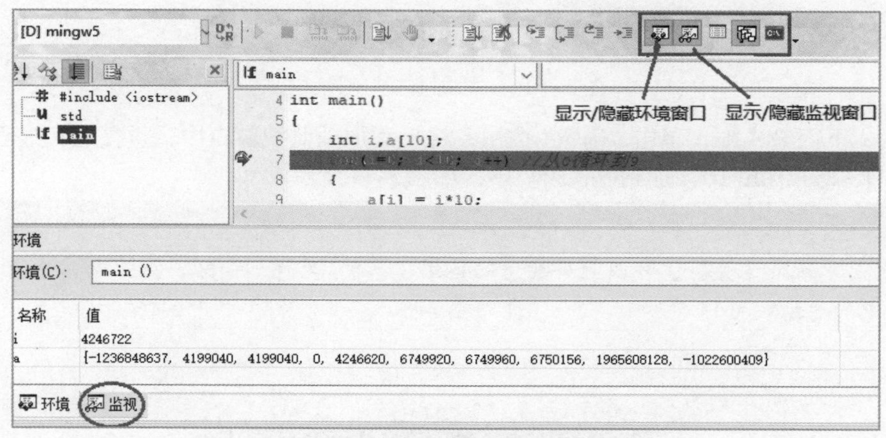

图 5-8　程序运行到第 7 行

在环境窗口中不仅可以看到变量的值，也可以看到数组元素的值，由于变量i和数组a都没有初始化，在环境窗口中可以看到它们的值是随机的数。

单击“跳过一行语句”按钮(这一按钮的中文翻译不是十分准确，应理解为执行当前行)，可以看到循环结构的执行过程，每循环一次为一个数组元素赋值，在环境窗口中可以看到这些值的变化。

通过第2章的学习，我们已经知道，程序中定义的每一个变量都会占用一块内存空间，那具体占用的是哪一块内存呢？当然这不是由程序指定的，而是由系统分配的，但可以观察到哪个变量被分配了哪块内存空间。

下面利用“监视”窗口来观察变量i以及数组a各元素所占用空间的地址。单击左下角的“监视”按钮，切换到监视窗口，在“监视”窗口右击，弹出快捷菜单，如图5-9所示。

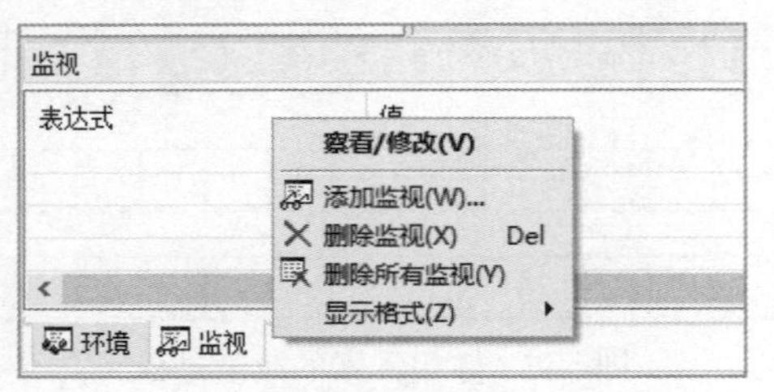

图 5-9　监视窗口

技巧:

如果环境窗口或监视窗口没有出现，可以单击图5-8工具栏中的相应按钮使其显示出来。

在图5-9的快捷菜单中选择“添加监视”菜单项，出现“添加监视”对话框，如图5-10所示。

图 5-10　“添加监视”对话框

在表达式下面输入&i，单击“确定”按钮，将&i添加到监视窗口中，重复这一过程，分别将&a[0]、&a[1]、&a[2]和i*10添加到监视窗口中，如图5-11所示。

提示:

符号&是取地址运算符，可以获得变量的地址，第6章再详细介绍，这里只需知道&i就是变量i在内存中的地址就可以了。

监视

表达式	值
&i	(int *) 0x66ff1c
&a[0]	(int *) 0x66fee0
&a[1]	(int *) 0x66fee4
&a[2]	(int *) 0x66fee8
i*10	20

环境　监视

图 5-11　添加的表达式

可以在“监视”窗口输入任何合法的表达式，甚至可以输入3*4+2，将其当成简单的计算器使用。在图5-11中可以看到，内存地址使用十六进制表示，变量i的地址是0x66ff1c，数组元素a[0]、a[1]、a[2]的地址分别是0x66fee0、0x66fee4、0x66fee8。因为int类型占4个字节，其实a[0]占用的是0x66fee0、0x66fee1、0x66fee2、0x66fee3这4个字节，而监视窗口显示的只是a[0]的第一个字节的地址；同样a[1]占用的是0x66fee4、0x66fee5、0x66fee6、0x66fee7这4个字节；a[2]占用的是0x66fee8、0x66fee9、0x66feea、0x66feeb这4个字节。三个数组元素的地址值也验证了我们所讲的，数组元素在内存中是连续存放的。

在分步运行时，可以看到表达式i*10的值随着i的变化而变化。

5.7 小结

使用数组可以方便地管理大量的同类型数据，可以根据问题的需要选用一维数组或多维数组。数组元素的下标（或索引）从0开始，引用数组元素时注意不要越界，如果越界使用，在编译阶段不会出错，但运行时可能会产生严重后果。数组中的每一个元素都可以当成一个普通变量使用。

数组的类型既可以是数值型也可以是字符型，对于数值型数组，只能单个引用数组元素；而字符型数组，既可以单个元素引用，也可以整体引用，这对于处理字符串非常方便。

由于程序经常需要对字符串进行各种处理，因此C++专门提供了一些字符串处理函数，如字符串复制函数、字符串比较函数等。

在程序调试时，不仅可以观察变量的值，也可以观察表达式的值，在学习编程时，要积极使用调试技术，随时观察程序运行过程的各种变化。

5.8 习题五

5–1 数组a[4][3]一共有多少个元素？行下标的下限和上限分别是多少？

5–2 编程求一个3×3矩阵主对角线元素之和。

5–3 编程将一个3×3矩阵转置，转置就是将原矩阵的第1行变成第1列，第2行变成第2列，第3行变成第3列，如图5–12所示。提示：在程序中只需完成图左侧箭头所指三对元素的交换即可实现。

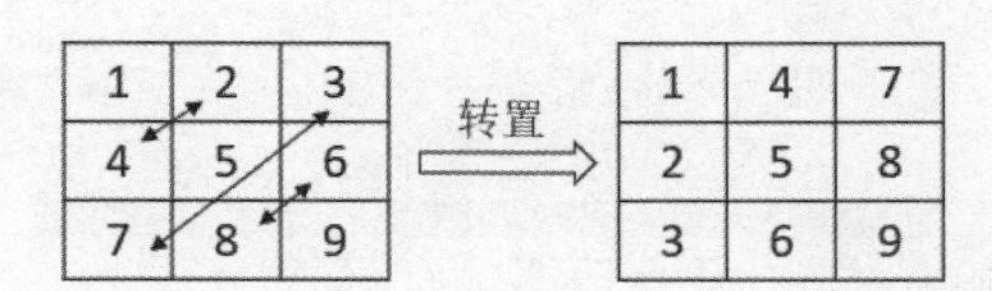

图5–12 矩阵转置

5–4 编程将一个2×3的矩阵与一个3×2的矩阵相乘，结果存入第三个数组中，然后在屏幕上显示出来。矩阵相乘是指第一个矩阵的第1行与第二个矩阵的第1列对应元素乘积之和作为第三个矩阵的第1行第1列的值，如图5–13所示。

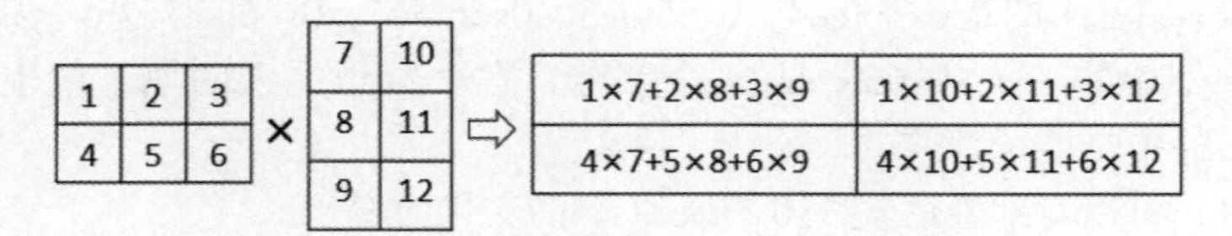

图 5–13　矩阵相乘

5–5　编写一个子串截取程序，提供原字符串，指定开始截取的位置（索引）和截取的长度。例如，字符串"abcdefg"，从索引2开始截取3个字符的子串是"cde"。

第6章 指 针

主要内容

◎ 内存地址
◎ 变量的指针
◎ 指针变量
◎ 指针的运算
◎ 用指针处理数组
◎ 常量指针与指针常量
◎ 动态内存分配

指针是C++从C语言继承过来的重要概念。利用指针，可以直接处理内存地址、动态分配内存等。

6.1 地址与指针的概念

6.1.1 内存地址

计算机的内存储器被划分成一个个的存储单元，这些存储单元按一定的规则编号，这个编号就是存储单元的地址，也就是**内存地址**。地址编码的最基本单位是字节，每个字节由8位二进制组成，因此最基本内存单元的大小就是一个字节。

每个存储单元都有一个唯一的地址，在这个单元中可以存放指定的数据。

6.1.2 变量的地址

在程序中定义的所有变量，在内存中都要分配相应的存储单元，不同类型的数据所需要的存储空间的大小不同。例如，在Visual Studio 2019中，字符型数据占1个字节，短整型数据占2个字节，整型数据占4个字节。

定义一个字符型变量，就分配1个字节的内存单元，假设该单元的编号为0x2000（以0x开头的整数是十六进制数，为了方便，一般我们用十六进制数表示地址），则0x2000就称为该变量的地址；而定义一个整型变量，则需要分配4个字节的内存空间（这4个字节是连续的4个存储单元），假设这4个单元的编号分别为0x3000、0x3001、0x3002和0x3003，称这4个连续存储单元的起始单元的编号0x3000为这个整型变量的地址。

系统分配给变量的内存空间的起始单元地址称为该**变量的地址**。

例如：

```
int  a;
```

系统就会为变量a分配4个连续的字节，假设这4个字节的存储单元编号为0x3000、0x3001、0x3002和0x3003，变量a占用内存的情况可以用图6-1来表示。起始单元的地址0x3000称为变量a的地址。

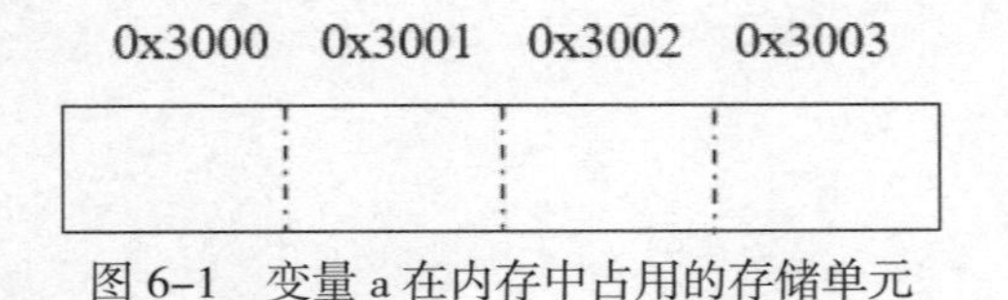

图6-1　变量a在内存中占用的存储单元

6.1.3 变量的指针

上面介绍了地址的概念，一个变量的地址也称为该**变量的指针**。

例如，变量a的首地址为0x3000，也称地址0x3000为变量a的指针。因此在C++中，变量的指针与变量的地址是同一个概念。

6.2 指针变量及指针运算

6.2.1 指针变量

以前我们使用过整型变量，用于存储整数；也使用过实型变量，用于存储实型数据。同样也可以定义一个专门用于存储其他变量的指针（即地址）的变量，称这种变量为**指针变量**（当然也可以称为地址变量）。

1. 指针变量的定义

指针变量的定义如下：

```
数据类型 *指针变量名;
```

例如：

```
int  *p1;
float  *p2;
char  *p3;
```

以上第1行代码定义一个指针变量p1，这个指针变量保存的是int型变量的地址（指针）；第2行代码定义一个指针变量p2，这个指针变量保存的是float型变量的地址（指针）；第3行代码定义一个指针变量p3，这个指针变量保存的是char型变量的地址（指针）。

由上面的例子可以看出，与一般变量的定义相比，指针变量除变量名前多了一个星号“*”外，其余一样。

6

2. 指针运算符“*”与取地址运算符“&”

指针变量有两个相关的运算符：指针运算符“*”和取地址运算符“&”。指针运算符“*”用于获取地址中的内容，地址运算符“&”用于获取变量的地址。下面通过一个实例说明这两个运算符的用法。

【例6-1】通过指针变量存取变量的值

```
 1  //文件:ex6_1.cpp
 2  #include <iostream>
 3  using namespace std;
 4  int main()
 5  {
 6      int  a, *p1;                    // p1只能保存int型变量的地址
 7      double  b, *p2;                 // p2只能保存double型变量的地址
 8      char  c, *p3;                   // p3只能保存char型变量的地址
 9      p1 = &a;                        // 将a的地址赋给p1 ，也称p1指向a
10      p2 = &b;                        // 将b的地址赋给p2 ，也称p2指向b
11      p3 = &c;                        // 将c的地址赋给p3 ，也称p3指向c
12      *p1 = 10;                       // 将p1指向的单元赋值为10
13      *p2 = 11.2;                     // 将p2指向的单元赋值为11.2
```

```
14        *p3 = 'A';                          // 将p3指向的单元赋值为'A'
15        cout << a << " " << b << " " << c << endl;
16        cout << *p1 << " " << *p2 << " " << *p3 << endl;
17        cout << p1 << " " << p2 << " " << p3 << endl;
18        cout << &a << " " << &b << " " << &c << endl;
19        cout << (double*)(&c) << " " <<(int*)(&c) << " " << (void*)(&c) << endl;
20        return 0;
21    }
```

程序运行结果如下：

```
10 11.2 A
10 11.2 A
0x66ff24 0x66ff18 A  f
0x66ff24 0x66ff18 A  f
0x66ff13 0x66ff13 0x66ff13
```

分析：程序定义了3个指针变量，其中p1定义为保存int型变量的地址，然后将a的地址（使用了取地址运算符“&”）赋给指针变量p1，称指针p1指向变量a。同样p2指向变量b，p3指向变量c。图6–2显示了3个指针与3个变量的关系。

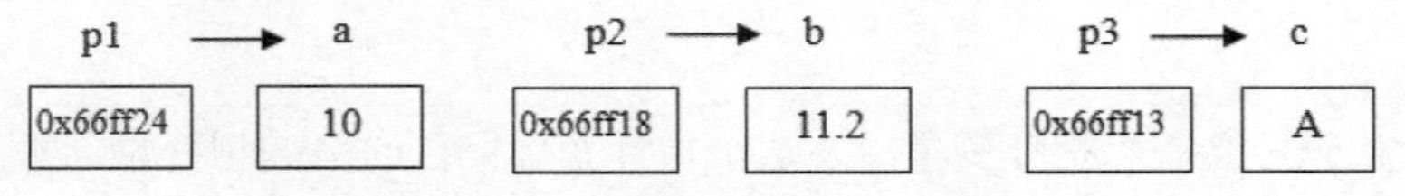

图 6–2　3 个指针分别指向 3 个变量

从程序的输出可以看到，变量a占用内存的起始单元地址为0x66ff24，变量b占用内存的起始单元地址为0x66ff18，变量c占用内存单元的地址为0x66ff13，p1、p2、p3这3个指针变量保存的内容就是这3个地址。

提示：

变量的地址是系统根据当前环境分配的，因此在不同条件下运行程序，这三个地址不一定与上面运行结果相同。

*p1=10表示将p1所保存的地址那个内存单元赋值为10（即将10赋给p1所指向的内存单元），因为p1保存的地址就是变量a的地址，因此就是将10赋给变量a。同样通过指针p2和p3将值11.2和'A'分别赋给变量b和c。

第15行代码与第16行代码的输出是一样的，即*p1与a是相同的，都是变量a的值。

第17行代码与第18行代码的输出是一样的，都是输出3个变量a、b、c的地址。但是p3和&c并没有正确地输出c的地址。原因是在C++中，通过字符串中第一个字符的地址访问字符串。也就是说&c被C++解释为要从&c这个地址开始取出一个字符串，这个字符串以字符串结束标志（'/0'）结束。&c输出的是字符串"A　f"，其中A确实是变量c中的值，恰巧A后面的4个字节是"　f"和'/0'。

第19行代码把&c强制转换为其他地址类型再输出，成功输出了变量c的地址。使用强制转换的方式得到了变量c的地址，但在实际应用中，不可以随意强转。

这里用到了void类型，void类型其实是一种用于语法性的类型，而不是数据类型，主要用于作为函数的参数或返回值，或者定义void指针，表示一种未知类型。

注意:

（1）指针变量所指向的变量类型是不能改变的。例如，p1定义为指向int型变量的指针变量，它就只能指向int型变量（保存int型变量的地址）；同样p2只能指向double型变量，p3只能指向char型变量。

（2）指针变量必须指向具体内存位置，才可以引用，否则在运行时可能会发生严重后果。

如以下程序：

```
int  *p;
*p = 10;
```

从语法上看，并没有错误，p是一个int型指针变量，即保存int型变量的地址，然后为这个地址单元赋值10。问题是此时指针变量p还没有值，也就是还没有具体指向，系统不知道应该将10赋给哪个内存单元，如图6-3所示。如果这样赋值会产生意想不到的后果。

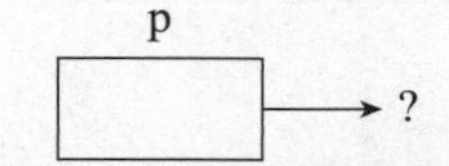

图6-3 指针没有具体指向之前无法引用

下面的例题使用指针按从小到大的顺序输出两个整数。

【例6-2】输入a和b两个整数，按从小到大的顺序输出

```
 1  //文件:ex6_2.cpp
 2  #include <iostream>
 3  using namespace std;
 4  int main()
 5  {
 6      int a, b;
 7      int *p1, *p2, *p;
 8      cout << "请输入两个整数:";
 9      cin >> a >> b;
10      p1 = &a;                    // p1保存a的地址，p1指向a
11      p2 = &b;                    // p2保存b的地址，p2指向b
12      if( *p1 > *p2 )             //相当于如果if(a>b)
13      {
14          p = p1;                 //交换p1和p2的值，p1指向b，p2指向a，p1指向值小的变量
15          p1 = p2;
16          p2 = p;
17      }
18      cout << "min=" << *p1 << "  max=" << *p2 << endl;
19      return 0;
20  }
```

扫一扫，看视频讲解

程序运行结果如下：

```
请输入两个整数:80 50
min=50  max=80
```

分析：程序首先从键盘上为变量a和b输入初值(假设输入80和50)，再使指针p1和p2分别指向变量a和b，如图6-4（a）所示。

在第12行的if语句中，其条件是*p1>*p2，即p1所指向的单元内容如果大于p2所指向的单元内容，就执行if后面的语句，因为80大于50，所以执行if后面的语句。实际交换的是指针变量p1和p2的内容，即指针p1指向了变量b，指针p2指向了变量a，而a和b的值并没有改变，如图6-4（b）所示。在最后输出时，是先输出*p1（即b，50），后输出*p2（即a，80）。

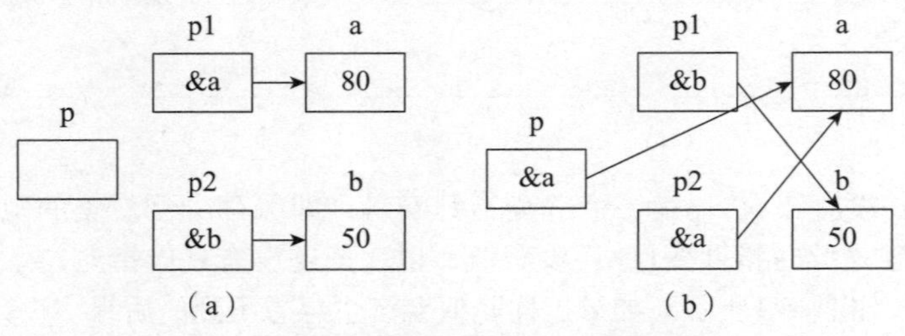

图 6-4　指针变量的内容交换前后的情况

6.2.2　指针运算

由于指针变量存放的是地址，因此指针运算就是地址的运算，指针运算主要有算术运算和关系运算。

1. 算术运算

指针可以与整数进行加减运算，指针与整数的加减运算结果与该指针所指向的数据类型有关。例如下面的代码：

```
int a = 10;
int *p = &a;
```

假设变量a的地址是0x66ff24，则指针p保存的就是地址0x66ff24，由于一个整数占4个字节，实际变量a占用了0x66ff24、0x66ff25、0x66ff26、0x66ff27，其中0x66ff24是首字节的地址，如图6-5所示(图中每个方格表示4个字节)。p+1是下一个整数单元的地址，也就是0x66ff28，相当于加了4个字节，p-1是上一个整数单元的地址，也就是0x66ff20，相当于减了4个字节。

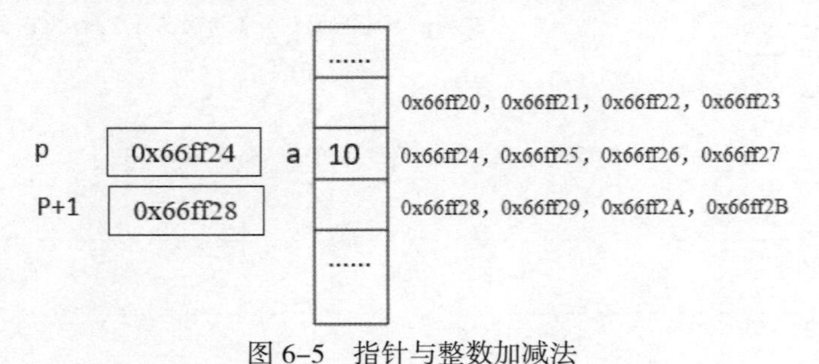

图 6-5　指针与整数加减法

如果p是一个double型指针，则p+1指向下一个double单元，相当于加8个字节。可以通过下面的例题来看指针与整数加减运算的规则。

【例6-3】指针与整数的加减运算

```
 1  //文件:ex6_3.cpp
 2  #include <iostream>
 3  using namespace std;
 4  int main()
 5  {
 6      int a, *p1,*p2;
 7      double b, *p3, *p4;
 8      p1 = &a;
 9      p3 = &b;
10      cout << p1 << "  " << p3 << endl;
11      p2 = p1+1;                   //加4个字节
12      p4 = p3+1;                   //加8个字节
13      cout << p2 << "  " << p4 << endl;
14      p2 = p1-1;                   //减4个字节
15      p4 = p3-1;                   //减8个字节
16      cout << p2 << "  " << p4 << endl;
17      p2 = p1+5;                   //加20个字节
18      p4 = p3+5;                   //加40个字节
19      cout << p2 << "  " << p4 << endl;
20      return 0;
21  }
```

扫一扫，看视频讲解

程序运行结果如下：

```
0x66ff24  0x66ff10
0x66ff28  0x66ff18
0x66ff20  0x66ff08
0x66ff38  0x66ff38
```

分析：程序运行结果中第1行输出的是p1（a的地址）和p3（b的地址），第2行输出的是p2（p1+1）和p4（p3+1），可以看出p2与p1的差值为4，而p4与p3的差值为8，也就是说p1+1与p3+1的含义是不同的。这是因为p1是指向int型变量的，int型数据占4个字节的内存空间；而p3是指向double型变量的，double型数据占8个字节的内存空间。因此p1+1是下一个int型数据单元的地址，p2指向下一个int型数据单元；p3+1是下一个double型数据单元的地址，即p4指向下一个double型数据单元。

由第3行输出可知，p1-1是前一个int型数据单元的地址，即p2指向前一个int型数据单元；p3-1是前一个double型数据单元的地址，即p4指向前一个double型数据单元（十六进制0x66ff10-8=0x66ff08）。

同样，由第4行输出可知，p1+5是向后第5个int型数据单元的地址，即p2指向后面第5个int型数据单元；p3+5是向后第5个double型数据单元的地址，即p4指向后面第5个double型数据单元。

由以上分析可以得出，p+n表示指针p当前所指向位置后面第n个数据单元的地址，p-n表示指针p当前所指向位置前面第n个数据单元的地址。

指针也可以进行自增自减运算，p++与 p=p+1的作用相同，p--与 p=p-1的作用相同。

2. 关系运算

指向同一种数据类型的指针可以进行关系运算。如果两个相同类型的指针相等，表示这两个指针指向同一个地址。另外指针也可以与0进行比较运算，如果p==0成立，我们称p是一个空指针，即指针p还没有具体指向。为了避免使用没有指向的指针，在定义指针变量时，可以将其初始化为0（也可以写成NULL）。

指针的关系运算通常用于数组，例如比较数组元素的前后顺序。

【例6-4】指针的关系运算

```
 1  //文件:ex6_4.cpp
 2  #include <iostream>
 3  using namespace std;
 4  int main()
 5  {
 6      int a[10] = {1,2,3,4,5,6,7,8,9,10};
 7      int *p1,*p2;
 8      p1 = &a[3];
 9      p2 = &a[8];
10      cout << "p1>p2:  " << (p1 > p2) << endl;
11      cout << "p1<p2:  " << (p1 < p2) << endl;
12      cout << "p1==p2: " << (p1 == p2) << endl;
13      cout << "p1!=p2: " << (p1 != p2) << endl;
14      cout << "p1-p2:  " << (p1- p2) << endl;
15      cout << "p2-p1:  " << (p2- p1) << endl;
16      return 0;
17  }
```

程序运行结果如下：

```
p1>p2:  0
p1<p2:  1
p1==p2: 0
p1!=p2: 1
p1-p2:  -5
p2-p1:  5
```

分析：数组元素在内存是连续存放的，且后面元素的地址大于前面元素的地址，p1指向a[3]，p2指向a[8]，如图6-6所示。

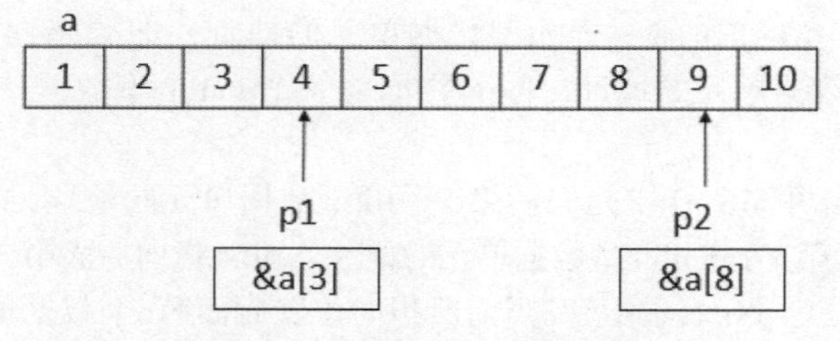

图6-6　指针p1和p2的关系

两个指针的关系就是两个地址的大小关系，因此p1<p2和p1!=p2是真，其他两个关系是假。

指向同一个数组的两个指针的减法运算，结果是两个数组元素的下标之差。

6.3 指针与数组

6.3.1 使用指针处理数组

数组在内存中是连续存放的，数组名就是数组第一个元素的地址，指针可以与整数进行加减运算。利用这一性质可以方便地使用指针处理数组。

【例6-5】使用指针输出数组中的所有元素

```
1  //文件:ex6_5.cpp
2  #include <iostream>
3  using namespace std;
4  int main()
5  {
6      int a[6] = {1,2,3,4,5,6};
7      int *p;
8      p = a;                                  //相当于p=&a[0]
9      for(int i=0; i<6; i++)
10     {
11         cout << *p << "  ";
12         p++;
13     }
14     cout << endl;
15     return 0;
16 }
```

微信扫码
扫一扫,看视频讲解

程序运行结果如下：

```
1  2  3  4  5  6
```

分析：可以用图6-7表示循环过程中指针p的变化情况。

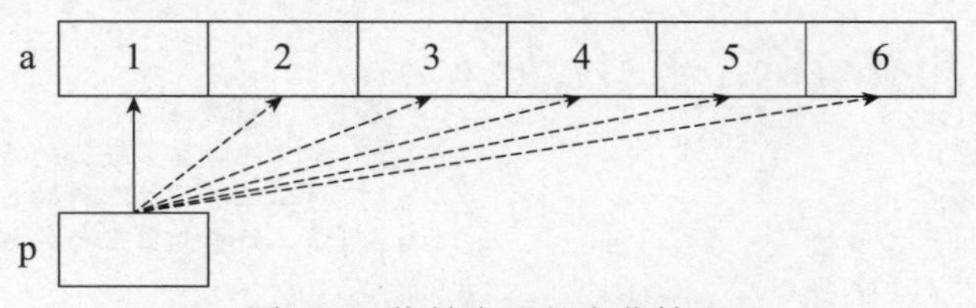

图6-7 指针变量的变化情况

数组名a是数组的首地址，即a[0]的地址，将它赋给指针变量p，p指向元素a[0]（p=a与p=&a[0]是一样的），因此*p就是a[0]的值，第一次循环输出a[0]的值1。p++后，p指向下一个元素a[1]，*p就是a[1]的值，第二次循环输出a[1]的值2。通过循环即可将数组中的6个元素的值全部输出。

如果指针p指向了数组a，则p可以像使用数组一样访问数组中的元素。例6-5程序中的循环也可以改写成下面的形式，运行结果不变。

```
for(int i=0; i<6; i++)
{
    cout << p[i] << "  ";
}
```

或者

```
for(int i=0; i<6; i++)
{
    cout << *(p+i) << "  ";
}
```

6.3.2 指针数组

数组中的元素既可以是整型、实型等数据，也可以是指针。我们将数组元素是指针的数组称为**指针数组**。在指针数组中，每个元素都相当于一个指针变量。

指针数组的定义格式为：

```
类型名 *数组名[常量表达式];
```

例如：

```
int  *p1[10];
double  *p2[10];
```

定义了两个指针数组p1和p2，其中数组p1有10个元素，每个元素都相当于一个int型指针变量，即可以保存一个int型变量的地址；数组p2有10个元素，每个元素都相当于一个double型指针变量，即可以保存一个double型变量的地址。

【例6-6】用指针数组处理二维数组的元素

```
 1  //文件:ex6_6.cpp
 2  #include <iostream>
 3  using namespace std;
 4  int main()
 5  {
 6      int a[3][3]={{1,0,0}, {0,1,0},{0,0,1}};
 7      int *p[3];                          //声明整型指针数组
 8      p[0]=a[0];                          // a[0]是二维数组第一行的首地址
 9      p[1]=a[1];                          // a[1]是二维数组第二行的首地址
10      p[2]=a[2];                          // a[2]是二维数组第三行的首地址
11      for(int i=0;i<3;i++)
12      {
13          for(int j=0;j<3;j++)
14          {
15              cout<<p[i][j]<<" ";
16          }
17          cout<<endl;
18      }
19      return 0;
20  }
```

微信扫码

扫一扫,看视频讲解

程序输出结果如下：

```
1   0   0
0   1   0
0   0   1
```

分析：程序定义了二维整型数组a和一维int型指针数组p。数组p有三个元素，每个元素相当于一个int型指针。将a[0]赋给p[0]，对于二维数组，a[0]是第一行的首地址（也可以写成&a[0][0]），即将第一行的首地址赋给p[0]；同样将二维数组第二行的首地址a[1]赋给p[1]；将二维数组第三行的首地址a[2]赋给p[2]。

在循环中用p[i][j]表示二维数组的元素a[i][j]。也可以表示为*(p[i]+j)，因为p[i]是i行的首地址，p[i]+j就是元素a[i][j]的地址，*(p[i]+j)就是元素a[i][j]的值。

指针数组p与二维数组a的关系可以用图6-8表示。

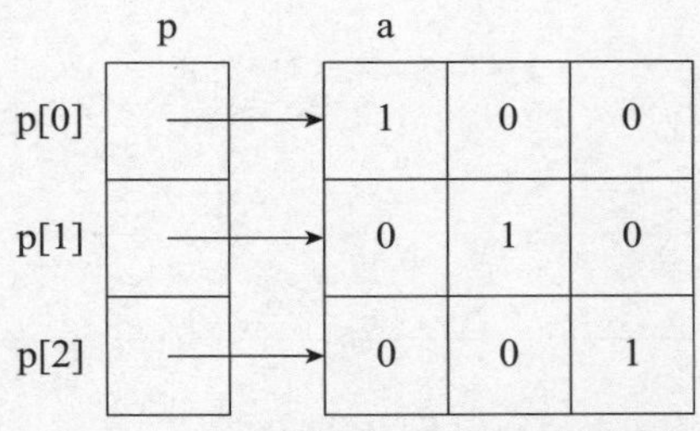

图6-8　指针数组与二维数组的关系

6.3.3　多级指针

1. 多级指针定义与使用

指针变量是存放其他变量地址的变量，如果一个指针变量保存的是另一个指针变量的地址，称之为指向指针的指针，即**多级指针**。

多级指针的定义格式为：

```
数据类型 **指针变量名;
```

例如：

```
int  **p1;
int  *p2;
int  a;
p1 = &p2;
p2 = &a;
```

定义了二级指针p1和一级指针p2，其中p1保存的是int型指针变量的地址，p2保存的是int型变量的地址，所以可以将a的地址赋给p2，也可以将p2的地址赋给p1。当然如果需要也可以定义三级以上的指针变量。下面举例说明二级指针的应用。

【例6-7】二级指针的应用

```
1  //文件:ex6_7.cpp
2  #include <iostream>
3  using namespace std;
4  int main()
5  {
6      int a, *p1, **p2;
7      double b, *p3, **p4;
8      a=10;
9      b=22.3;
10     p1 = &a;                    // p1是一级整型指针，a是整型变量
11     p3 = &b;                    // p3是一级实型指针，b是实型变量
12     p2 = &p1;                   // p2是二级整型指针，p1是一级整型指针
13     p4 = &p3;                   // p4是二级实型指针，p3是一级实型指针
14     cout << a << "\t" << *p1 << "\t" << **p2 << endl;
15     cout << b << "\t" << *p3 << "\t" << **p4 << endl;
16     **p2 = 20;
17     **p4 = 45.8;
18     cout << a << "\t" << *p1 << "\t" << **p2 << endl;
19     cout << b << "\t" << *p3 << "\t" << **p4 << endl;
20     return 0;
21 }
```


程序运行结果如下：

```
10        10        10
22.3      22.3      22.3
20        20        20
45.8      45.8      45.8
```

分析：程序定义了int型变量a、int型指针p1、二级int型指针p2和double型变量b、double型指针p3、二级double型指针p4。下面用图6–9表示这些变量之间的关系。

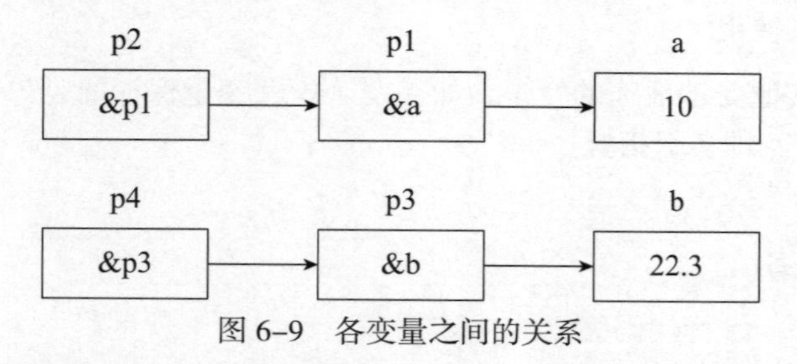

图 6–9　各变量之间的关系

程序首先将变量a赋值为10，将变量b赋值为22.3，然后将变量a的地址赋给指针p1，再将p1的地址赋给二级指针p2；将变量b的地址赋给指针p3，再将p3的地址赋给二级指针p4。因此*p1就是变量a的值10，*p2就是p1的值（a的地址），**p2就是变量a的值10，因此第一行输出相同的三个数10，同样第二行输出相同的三个数22.3。然后使用“**p2=20;”和“**p4=45.8;”的方式为变量a和变量b赋值，最后再使用三种形式输出变量a和变量b的值。

2. 二维数组的地址

有如下数组定义：

```
int a[3][4] = { {1,2,3,4}, {5,6,7,8}, {9,10,11,12} };
```

a是一个3行4列的二维数组，也可以将a理解为一维数组，它有三个元素a[0]、a[1]、a[2]，每个元素又是一个有4个元素的一维数组。

a是数组名，是数组的首地址，也就是第一个元素（这个元素本身是一个有4个元素的一维数组）的地址，也就是第一行的首地址，即a[0]的地址，a+1就是下一个元素的地址，也就是下一行的首地址，即a[1]的地址。下面以例6-8为例详细介绍二维数组的地址。

【例6-8】二维数组的地址

```
 1  //文件:ex6_8.cpp
 2  #include <iostream>
 3  using namespace std;
 4  int main()
 5  {
 6      int a[3][4] = {
 7                      {1,2,3,4},
 8                      {5,6,7,8},
 9                      {9,10,11,12} };
10      cout << a << "  " << &a[0] << "  " << &a[0][0] << endl;
11      cout << a+1 << "  " << &a[1] << "  " << &a[1][0] << endl;
12      cout << a+2 << "  " << &a[2] << "  " << &a[2][0] << endl;
13      cout << *a << "  " << **a << "  " << *a[0] << endl;
14      cout << *(*(a+1)) << "  " << *(*a+1) << endl;
15      cout << *(*(a+1)+2) << "  " << a[1][2] << endl;
16      return 0;
17  }
```

扫一扫，看视频讲解 微信扫码

程序运行结果如下：

```
0x66fef0  0x66fef0  0x66fef0
0x66ff00  0x66ff00  0x66ff00
0x66ff10  0x66ff10  0x66ff10
0x66fef0  1  1
5  2
7  7
```

分析：前三行的输出分别由程序的第10 ~ 12行实现，每一行输出的三个地址相同，说明a+i、&a[i]、&a[i][0]都是i行的首地址。

第4行的输出是由第13行代码完成的，a是数组首地址，*a就是第一个元素，而a的第一个元素仍然是一维数组，所以*a是第1行首元素的地址，**a才是第一个元素的值。也就是说a是行指针，*a将行指针转换为int指针。

第14行代码输出的结果是第5行，a+1是数组a第2行的行指针，*(a+1)转换为int指针，*(*(a+1))就是数组a第2行第1列的值，即a[1][0]。*a将行指针转换为int指针，*a+1就是下一个元素a[0][1]的地址，*(*a+1)就是a[0][1]的值。

最后一行的输出是由第15行代码完成的，说明a[1][2]也可以使用指针的方式引用，*(*(a+1)+2)的值就是a[1][2]。

6.3.4 数组指针

前面学习的指针有整型指针，保存的是整型变量的地址，即指向整型变量；有实型指针，保存的是实型变量的地址，即指向实型变量；也可以定义一个数组指针，用于保存数组的地址，即指向数组。与前面的内容相比，数组指针稍复杂一些，理解起来可能要费些力气，不过用的不是很多，了解一下即可。

数组指针定义的一般格式：

```
数据类型 (*指针名)[常量表达式];
```

例如：

```
int (*p)[10];
int a[10] = {1,2,3,4,5,6,7,8,9,10};
p=&a;
```

定义了数组指针p，它指向的是具有10个int型元素的一维数组。可以理解为指针p所指向的单元是10个int型的大小，因此p+1就是向后4×10个字节。最后将数组a的首地址赋给指针p。

> **注意：**
>
> 这里使用&a为p赋值，而不能使用a为p赋值，是因为虽然a和&a确实是同一个地址，但它们的含义是不同的，数组名a是数组第一个元素的地址，&a表示的是整个数组的首地址。就像公司在写字楼租房间一样，假设每个公司租一层房间，我们公司租了一层，房间号从101开始，假设101是人事办公室、102是财务办公室，&a相当于整个公司的首地址，而a相当于人事办公室的地址，虽然都是101，但含义不同。a+1（就是102）是财务办公室的地址，而&a+1就是另一个公司的首地址（如201）。

【例6-9】使用数组指针访问二维数组

微信扫码

扫一扫，看视频讲解

```
1   //文件:ex6_9.cpp
2   #include <iostream>
3   using namespace std;
4   int main()
5   {
6       int a[3][4] = {
7                       {1,2,3,4},
8                       {5,6,7,8},
9                       {9,10,11,12} };
10      int (*p)[4];
11      p = a;                  //也可以写成 p = &a[0]; 保存数组第一行的地址
12      for(int i=0; i<3; i++)
13      {
14          for(int j=0; j<4; j++)
15          {
16              cout << *(*p+j) << "\t";
17          }
18          cout << endl;
19          p++;                //指向下一行
20      }
```

```
21        return 0;
22   }
```

程序运行结果如下：

```
1       2       3       4
5       6       7       8
9       10      11      12
```

分析：数组指针p保存的是一维数组的地址，实际相当于一个二级指针。第11行代码将二维数组名赋给p，因为对于二维数组的一行相当于一个一维数组，a[0]表示第一行的一维数组，a[1]表示第二行的一维数组，所以也可以写成“p=&a[0];”，将第一行的一维数组的地址赋给p。

p是一维数组的地址，因此*p相当于一维数组，可以使用*p[0]、*p[1]、*p[2]、*p[3]（或者*(*p)、*(*p+1)、*(*p+2)、*(*p+3)）访问一维数组的各元素，如第16行代码。输出完第1行后，第19行代码使p指向二维数组的下一行（p+1向后移4个int单元），如图6-10所示。再次输出的就是下一行的4个元素。

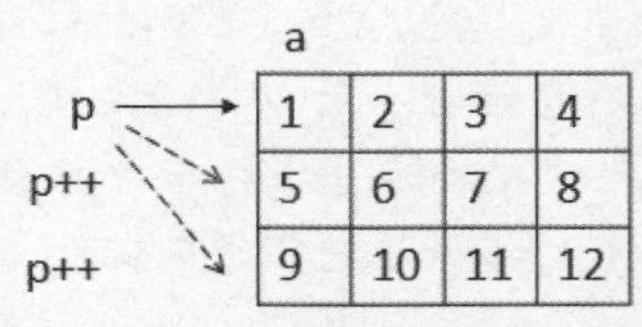

图6-10　数组指针与二维数组

拓展阅读：

关于二维数组地址的详细内容，请扫二维码查看。

6.4　常量指针与指针常量

6.4.1　常量指针

常量指针是指向常量的指针，指针指向的内存地址的内容是不可修改的。例如：

```
const char *p;
```

*p是常量，不能改变p所指向的值。

【例6-10】常量指针的使用

```
1   //文件:ex6_10.cpp
2   #include <iostream>
3   using namespace std;
4   int main()
5   {
6       const char *str = "C++ Programming.";
7       cout << str << endl;
8       //str[0] = 'c';            //语法错误，不能改变常量的值
```

```
 9      return 0;
10  }
```

程序运行结果如下：

```
C++ Programming.
```

分析：定义常量字符指针str，并指向字符串常量"C++ Programming."，字符串常量在内存中的存放方式与字符数组一样，用图6-11表示字符指针str与字符串常量在内存中的关系。字符指针str保存的是字符串常量的首地址。

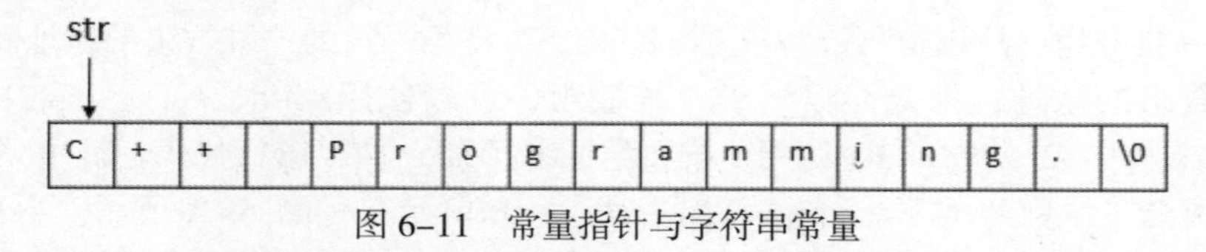

图6-11　常量指针与字符串常量

注意：

由于"C++ Programming."是字符串常量，所以将str定义为常量指针，而常量指针指向的内容是不可以改变的。程序第8行代码试图将常量字符串中的大写字母C改成小写字母c，而产生语法错误。有些编译系统，允许一般的指针指向字符串常量（如char *str ="C++";）；而比较严格的编译系统是不允许的。

即使常量指针指向的不是常量，也不允许通过常量指针改变指针所指向的值，如下面的程序，p1字符指针和p2常量字符指针都指向了数组c，可以通过p1改变数组c的值，而不可以通过p2改变数组c的值，下面的第5行代码有语法错误。

```
1  char c[10] = "C++";
2  char *p1 = c;
3  const char *p2 = c;
4  p1[0] = 'A';
5  //p2[0] = 'B';          //语法错误，不能改变常量的值
```

常量指针表示它指向的内容是常量，而指针本身并不是常量，如下面的代码是合法的：

```
1  char c[10] = "C++";
2  char b[10] = "B++";
3  const char *p = c;
4  p = b;
```

第3行代码将c赋给了常量指针p，第4行又成功地将b赋给了常量指针p。

6.4.2 指针常量

指针常量是一个常量，它的指向是不能改变的，但它指向的内容是可以改变的。例如：

```
int a;
int *const p=&a;
```

定义指针常量p，并且用变量a的地址对其初始化。由于p是常量，p的值不能改变，也就是p

不能再保存其他变量的地址。

【例6-11】指针常量的使用

```
1  //文件:ex6_11.cpp
2  #include <iostream>
3  using namespace std;
4  int main()
5  {
6      int a = 10,  b=20;
7      int *const p = &a;
8      cout << *p << endl;
9      *p = 20;
10     cout << *p << endl;
11     //p = &b;          //语法错误,不能改变指针常量的值
12     return 0;
13 }
```

程序运行结果如下:

```
10
20
```

第11行代码试图为指针常量赋值,产生语法错误。

注意:

与其他类型的常量一样,指针常量也必须初始化。

6.5 动态内存分配

在定义数组时,必须指定它的长度,即元素的个数。但在很多情况下,在程序运行之前并不能确定需要多少个元素。如果数组定义小了,不能满足处理大量数据的需要;而如果定义大了,又会浪费内存空间。

使用动态内存分配技术,可以在程序运行过程中,当需要存储空间时,就马上分配内存;数据处理完之后,不再需要这些内存时,再将其释放,在C++中是通过new和delete运算符实现动态内存分配的。

6.5.1 分配单个存储空间

运算符new的功能是动态分配内存,使用格式如下:

```
new 类型名(初值)
```

例如:

```
int  *p1, *p2;
p1 = new int(10);
p2 = new int;
```

上面的代码动态分配一个用于存放整型数据的存储空间，并将初值10放入该空间，将该存储空间的首地址赋给p1；又动态分配一个用于存放整型数据的存储空间，并将该存储空间的首地址赋给p2，这个存储空间没有赋初值。

运算符delete用来删除由运算符new分配的存储空间。使用格式如下：

```
delete 指针名;
```

例如：

```
delete  p1;
```

6.5.2 分配多个连续的存储空间

运算符new不仅可以动态分配一个数据存储单元，还可以动态分配多个连续的存储单元，即动态数组。使用格式如下：

```
new 类型名[整型表达式]
```

例如：

```
int  *p1;
p1 = new int[10];
```

上述代码动态分配连续的10个用于存放整型数据的存储空间，并将该存储空间的首地址赋给p1。

用运算符delete删除由运算符new建立的动态数组时，要在指针前加方括号“[]”，格式为：

```
delete  []指针名;
```

【例6-12】动态内存分配的使用

```
1   //文件:ex6_12.cpp
2   #include <iostream>
3   using namespace std;
4   int main()
5   {
6       int *p1, *p2;
7       p1 = new int(10);              //分配一个int型内存单元，并初始化为10
8       p2 = new int[10];              //分配一个用于存放10个连续的int型内存单元
9       int i;
10      for(i=0; i<10; i++)            //为每个单元赋值
11          *(p2+i) = i;
12      cout << *p1 <<endl;            //输出p1指向的内容
13      for(i=0; i<10; i++)            //输出p2指向的10个整数
14          cout << *(p2+i) << "  ";
15      cout << endl;
16      for(i=0; i<10; i++)            //用另一种方式输出p2指向的10个整数
17          cout << p2[i] << "  ";
18      cout << endl;
19      delete p1;                     //释放p1指向的存储单元
20      delete []p2;                   //释放p2指向的多个连续存储单元
```

微信扫码
扫一扫，看视频讲解

```
21      return 0;
22  }
```

程序运行结果如下：

```
10
0   1   2   3   4   5   6   7   8   9
0   1   2   3   4   5   6   7   8   9
```

分析：第7行代码动态分配了一个用于存放整型数据的存储空间，并将初值10放入该存储空间，将该存储空间的首地址赋给p1，第8行代码动态分配了一个用于存放10个整型数据的连续存储空间，并将该存储空间的首地址赋给p2。

通过循环，为p2所指向的10个存储空间赋值；再分别输出p1指向单元的值和p2所指向的10个单元的值，*（p2+i）是p2指向单元后面的第i个单元的内容。可以用图6-12表示p2指向的内存单元。

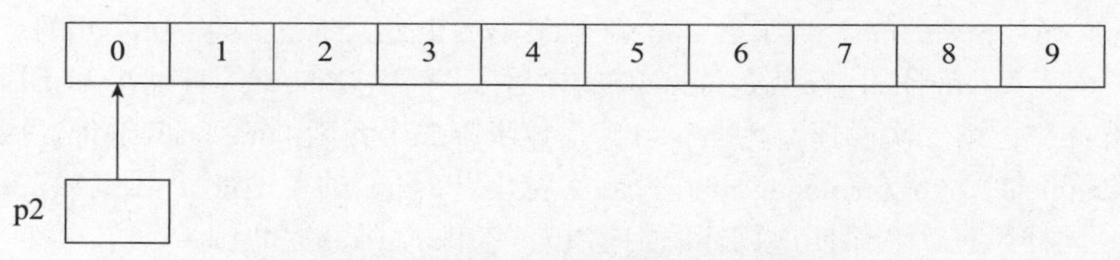

图6-12 指针 p2 指向的内存单元

除了使用*(p2+i)表示p2所指向单元后面的第i个单元的内容，还可以用p2[i]来表示。

输出结束后，用运算符delete释放动态分配的内存。

6.6 综合实例

【例6-13】使用二级指针指向指针数组

```
1  //文件:ex6_13.cpp
2  #include <iostream>
3  using namespace std;
4  int main()
5  {
6      const char *name[] = {"Basic", "Pascal", "Fortran", "C++"};
7      const char **p;                       //二级指针变量保存指针变量的地址
8      int i;
9      for(i=0; i<4; i++)
10     {
11         p = name+i;                       // name+i与&name[i]相同，都是name[i]的地址
12         cout << *p << endl;
13     }
14     return 0;
15 }
```

微信扫码

扫一扫，看视频讲解

程序运行结果如下：

```
Basic
Pascal
Fortran
C++
```

分析：下面用图6-13表示p与name的关系。

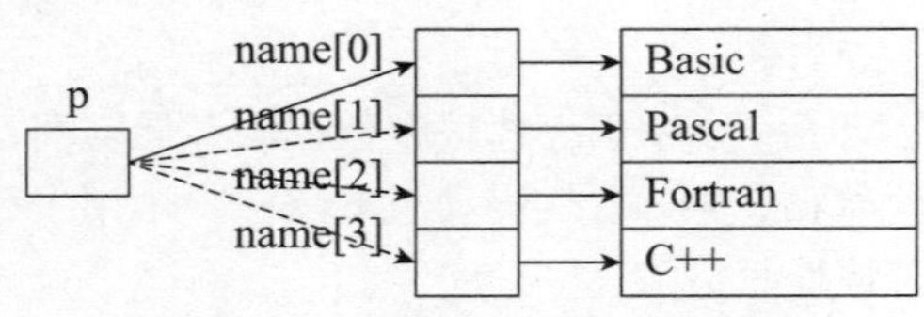

图6-13　各变量之间的关系

name是一个指针数组，它的每一个元素name[0]、name[1]、name[2]、name[3]都是一个字符型指针，分别指向字符串"Basic"、"Pascal"、"Fortran"、"C++"。p是一个二级指针，保存字符指针的地址。第一次循环p = name，数组名name是数组第一个元素地址，即name [0]的地址，因此p指向数组的第一个元素name[0]，*p就是name[0]的内容（字符串"Basic"的首地址），因此第一次循环输出字符串"Basic"；第二次循环p = name+1，是数组第二个元素name [1]的地址，因此p指向数组的第二个元素name[1]，*p就是name[1]的内容（字符串"Pascal"的首地址），因此第二次循环输出字符串"Pascal"；同样第三次和第四次循环分别输出字符串"Fortran"和"C++"。

注意：

数组name的每个元素指向的是字符串常量，因此要将name定义为常量指针数组。

【例6-14】使用选择排序对字符串排序

使用选择排序对例6-13中的四个字符串排序，选择排序的基本思想是，每次从待排序序列中选择一个最小值，顺序排在已排好序列的最后，直到全部排完。

```
1  //文件:ex6_14.cpp
2  #include <iostream>
3  using namespace std;
4  int main()
5  {
6      char *name[4];
7      name[0]= new char[strlen("Basic")+1];   //根据字符串的长度分配内存大小
8      name[1]= new char[strlen("Pascal")+1];
9      name[2]= new char[strlen("C++")+1];
10     name[3]= new char[strlen("Fortran")+1];
11     strcpy(name[0],"Basic");
12     strcpy(name[1],"Pascal");
13     strcpy(name[2],"C++");
14     strcpy(name[3],"Fortran");
15     int n=  sizeof(name)/sizeof(name[0]);   //求数组name的元素个数
16     int i,j,k;
17     char *p;
18     for(i=0;i<n-1;i++)
19     {
20         k=i;                        //保存最小元素的下标
```

微信扫码

扫一扫，看视频讲解

```
21          for(j=i+1;j<n;j++)    //找到未排序中最小元素的下标
22              if(strcmp(name[j],name[k])<0)
23              k=j;
24          if(k!=i)              //如果k不是待排序中最小元素的下标，则将name[i]与name[k]交换
25          {
26              p=name[i];
27              name[i]=name[k];
28              name[k]=p;
29          }
30      }
31      for(i=0; i<n; i++)
32      {
33          cout << name[i] << endl;
34      }
35      return 0;
36  }
```

程序运行结果如下：

```
Basic
C++
Fortran
Pascal
```

分析：第14行之前的代码是定义指针数组name，并为每个元素动态分配内存，将相应的字符串复制到分配的内存中。第15行代码求数组name的长度（也就是name元素的个数），第16行到第30行代码实现排序的功能。

技巧：

求数组元素的个数，可以用数组占用的字节数除以一个元素占用的字节数，如第15行的代码。

排序前后的数组元素指向的变化如图6-14所示，对数组name排序，只是改变name各元素的值，也就是各元素的指向发生了变化，字符串本身并没有发生任何变化。

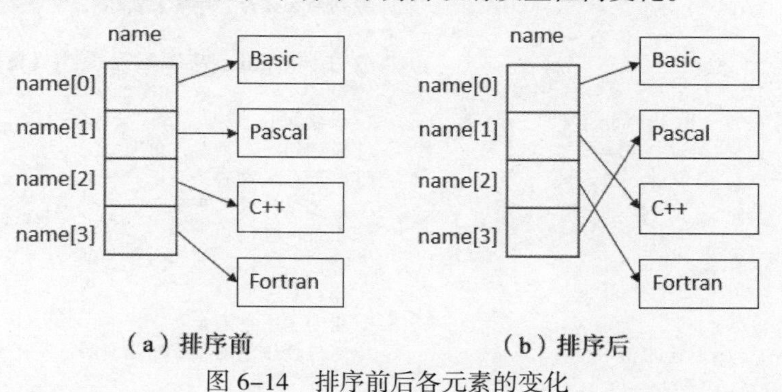

（a）排序前　　（b）排序后

图6-14　排序前后各元素的变化

在第18行开始的循环中，第一次循环i=0，要找出一个最小的元素与第一个元素交换。变量k用来保存最小元素值的下标，开始时将k也设置为0，内层循环从下标1开始查找，如果找到一个较小的元素，就将该元素的下标赋给k，循环结束后k就是最小元素的下标，如果k不是0，说明第

一个元素不是最小的，则将name[k]与name[0]交换，使name[0]指向最小的字符串。

第二次循环i=1，要在剩下的元素中找出一个最小的元素与第二个元素交换。开始时将k的值设置为1，内层循环从i+1（即2）开始比较，结束后将剩下元素中的最小值与第二个元素交换。

循环结束后，所有元素均按从小到大的顺序排好。

【例6-15】报数出圈问题

假设有10个人围成一圈，从1开始顺序编号。从第1个人开始依次从1到3报数，凡是报3的人出圈，问最后出圈的人是原来的几号？

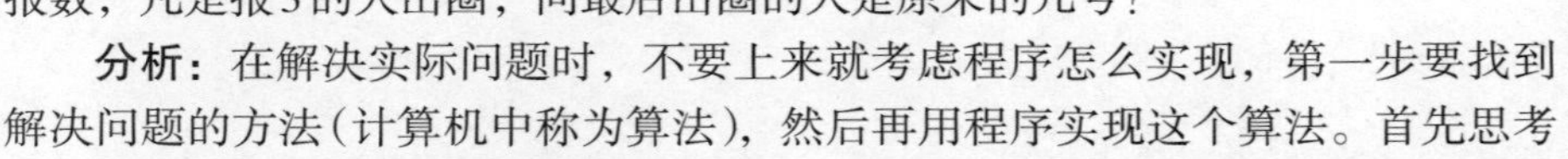

分析：在解决实际问题时，不要上来就考虑程序怎么实现，第一步要找到解决问题的方法（计算机中称为算法），然后再用程序实现这个算法。首先思考一下我们通常是怎么解决这个问题的，10个人围成一圈，可以用另外一人负责数数，从1号开始数，数到3的那个人离开，继续重新从1开始数，数到3的再离开，直到剩下最后一个人。

在程序中，首先解决如何存储这10个人的编号问题，显然用一个具有10个元素的一维数组比较方便，然后用一个指针指向当前被数的那个人，从1开始数，每数一个人，指针向后移动一个元素，当数到3时，将这个元素做一个特殊标记（代表人已出圈），再重新从1数。当指针移动到数组最后一个元素之后时，再将指针移到第一个元素位置（相当于围成圈，最后一个的后面就是第一个）。下面看一下程序的具体实现。

```
1   //文件:ex6_15.cpp
2   #include <iostream>
3   using namespace std;
4   int main()
5   {
6       int a[10]={1,2,3,4,5,6,7,8,9,10};
7       int *p = a;
8       int m,i;
9       m=10;                                //剩下的人数
10      i=0;                                 //1 ~ 3计数
11      while(m>1)                           //剩余人数为1时结束循环
12      {
13          if(*p != -1)                     //-1标记已出圈的位置，if条件是该位置人还没有退出
14          {
15              i++;                         //报数加1
16              if(i==3){                    //报数到第三个人，出圈
17                  m--;                     //剩下人数减1
18                  *p = -1;                 //标记该位置已无人
19                  i=0;                     //重新报数
20              }
21          }
22          p++;                             //指向下一个元素
23          if(p>&a[9]){                     //超出数组范围，重新指向第一个元素
24              p=a;
25          }
26      }
27      for(i=0; i<10; i++){                 //在数组中找不是-1的元素，就是最后剩下的
28          if(a[i] !=-1)                    //循环结束后，i就是最后剩下的元素下标
29              break;
```

```
30      }
31      cout << "最后剩下的序号是:" << i+1 << endl;          //序号是下标加1
32      return 0;
33  }
```

程序运行结果如下：

```
最后剩下的序号是:4
```

分析：变量i用于从1到3计数，初始值设置为0，变量m用于保存剩余人数，初始值是10，第11行的while循环的条件是m>1，指针p初始指向第一个元素，如图6–15（a）所示。一旦某个位置的人退出，将该元素设置为–1。在循环中首先判断该元素是否是–1（第13行代码），如不是则i加1，然后如果i的值是3（第16行代码），则该元素出圈，将该元素设置为–1，剩余人数m减1，将i设置为0，准备后面继续计数。然后将p指向下一个元素（第22行代码），这时要判断一下p是不是已经超出数组的范围了，如果超出，将p重新指向第一个元素。重复这一过程，将计数为3的人去除，如图6–15（b）、（c）和（d）所示。图6–15（e）表示p已经超出范围，将其重新指向第一个元素，如图6–15（f）所示。

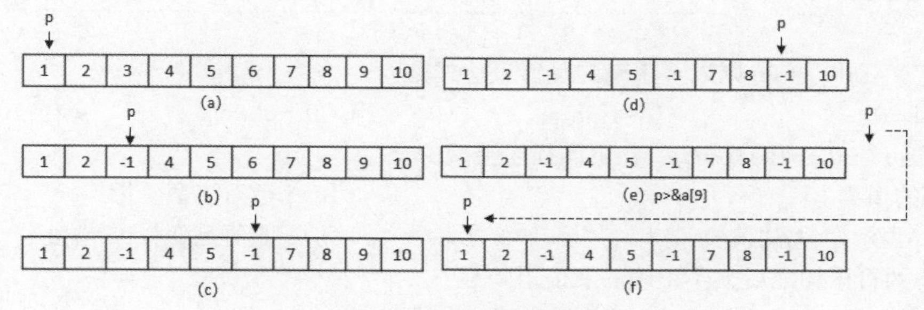

图6–15 模仿出圈过程

注意：

为了方便查看，在图6–15中p被画成可移动的，实际上p在内存的位置是固定的。

循环结束后就只剩下一个元素的值不为–1，通过循环查找不为–1的元素，其下标加1就是最后剩下的序号。

6.7 小结

计算机的内存储器被划分成一个个的存储单元，这些存储单元按一定的规则编号，这个编号就是存储单元的地址，简称内存地址，地址编号的最基本单位是字节。

在程序中定义的所有变量，在内存中都要分配相应的存储单元，系统分配给变量内存空间的起始单元地址称为该变量的地址，变量的地址也称为该变量的指针。

用于存储其他变量的指针（地址）的变量，称为指针变量。可以通过运算符“*”和“&”分别获取指针所指向单元的内容和变量的地址。用于存储其他指针变量的指针（地址）的变量称为二级指针。

指针可以与整数进行加减运算，指针与整数的加减运算结果与该指针所指向的数据类型有关，指针加1表示下一个数据单元的地址，如一个整型指针加1，相当于地址加4个字节；而一个数组指针加1，相当于地址加该数组所占字节数。

由于数组中的元素在内存中是连续存放的，可以利用指针与整数加减运算的特点，用指针处理数组。

可以使用new运算符动态分配内存，使用delete运算符释放由new运算符分配的内存。

> 提示：
>
> 对于初次接触指针的读者，有一少部分内容可能比较难以理解，一时不能理解透彻，也没有关系，并不会影响后面内容的学习，有些难以理解的内容在实际中用的也不是很多，先暂时了解一下就可以了。

6.8 习题六

6-1 若有定义:int x, *pb; 则以下正确的赋值表达式是______。

(A) pb=&x　　(B) pb=x　　(C) *pb=&x　　(D) *pb=*x

6-2 关于语句“int i=10, *p=&i;”，下面描述错误的是______。

(A) p的值为10　　(B) p指向整型变量i

(C) *p表示变量i的值　　(D) p的值是变量i的地址

6-3 在以下两行语句之后，不正确的赋值语句是______。

```
int a = 5, b = 10 , c ;
int *p1 = &a , *p2 = &b ;
```

(A) *p2 = b;　　(B) p1 = a;

(C) p2 = p1;　　(D) c = *p1 * (*p2);

6-4 写出下列程序的运行结果。

```
//文件:hw6_4.cpp
#include <iostream>
#include <cmath>
using namespace std;
int main()
{
    char a[] = "Hello, World";
    char *p = a;
    while(*p)
    {
        if(*p>='a' && *p <= 'z')
        {
            cout << (char)(*p - ('a' -'A'));
        }
        else
```

```
        {
            cout << *p;
        }
        p++;
    }
    cout << endl;
    return 0;
}
```

6-5 编写程序，将输入的字符串反向输出，如输入“abcd123”，输出“321dcba”。（提示：用字符数组保存字符串，用一个字符指针开始指向字符串最后一个元素，循环向前输出每个字符）

第 7 章　函数初识

主要内容

- ◎ 函数的定义与声明
- ◎ 函数的类型与返回值
- ◎ 函数的参数
- ◎ 引用
- ◎ 函数的递归调用
- ◎ 调试技术（三）

函数是结构化程序设计的基本单位。在面向对象程序设计中，函数也称为方法，仍然具有重要的作用。

7.1 函数的定义与使用

函数通常是对一组输入的数据进行处理，输出需要的信息，如图7-1所示。函数处理的数据是通过函数的参数传给函数的，而函数的输出则通过函数的返回值实现的。当然也有不需要提供数据的函数，也有不需要返回值的函数。

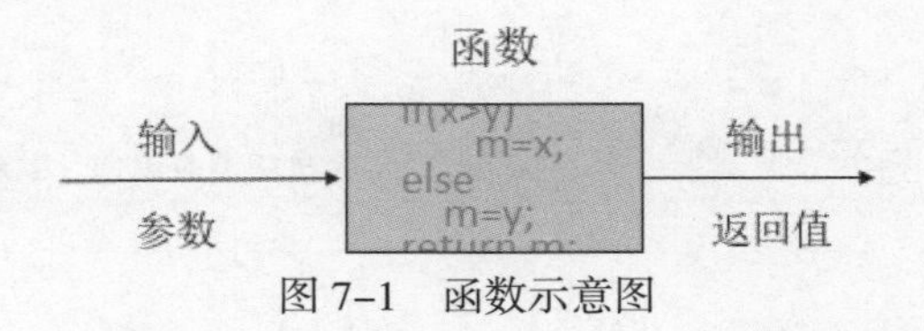

图7-1 函数示意图

函数可分为库函数和用户自定义函数两种。例如，在前面章节中使用的求绝对值的函数fabs和求平方根的函数sqrt就是C++预先定义好的函数，称为库函数。

在使用C++系统的库函数时，首先要知道该库函数是在哪个头文件中声明的，可以查阅有关参考手册，然后用编译预处理指令将该头文件包含在自己的程序中。例如，在程序中使用数学函数，如求平方根的函数sqrt，则要使用下面的文件包含指令：

```
# include <cmath>
```

系统所提供的库函数都是完成一些通用功能的函数，在实际的程序设计中，还需要编写大量完成特殊功能的函数，称之为用户自定义函数。

7.1.1 函数的定义

函数定义的一般格式为：

```
函数类型  函数名(形式参数表)
{
  语句组
}
```

函数定义的第1行由函数类型、函数名和函数的参数组成，称为函数头。函数的名字也是标识符，因此函数的命名要符合标识符的命名规则。由两个大括号括起的语句组也称为函数体，在函数体中可以包括C++的任何语句。

【例7-1】求两个整数中较大值的函数

```
1  //文件:ex7_1.cpp
2  #include <iostream>
3  using namespace std;
4  int max(int x, int y);
5  int main()
6  {
7      int a,b,c;
8      cout << "请输入两个整数，用空格分隔:";
```

```
 9      cin >> a >> b;
10      c = max(a,b);                          //调用函数max，将a的值传给x，b的值传给y
11      cout << "a,b中较大的数是:" << c << endl;
12      return 0;
13  }
14  int max(int x, int y)
15  {
16      int  m;
17      if(x>y)
18          m=x;
19      else
20          m=y;
21      return m;                              // m的值从函数返回，赋给主函数中的变量c
22  }
```

程序运行结果如下：

```
请输入两个整数，用空格分隔:20  30
a,b中较大的数是:30
```

分析：第14行到第22行定义了函数max，用于求两个数的最大值，第10行代码中的max(a,b)就是函数调用。由于在主函数中调用了max函数，因此称主函数为主调函数，max为被调函数。

函数的定义要指出函数的名字、函数的类型、函数的参数以及函数要完成的功能。

1. 函数类型与返回值

函数可以有返回值，函数的类型就是函数返回值的类型，可以是C++中的任何数据类型。如上面的max函数，其返回值是int型的，所以函数的类型为int。

函数的返回值由函数体中的return语句给出。如例7-1的函数体中，首先求出x和y较大的值赋给变量m，再由return语句返回m的值，返回值赋给主函数中的变量c。

return语句有以下三种格式：

```
return (表达式);
return 表达式;
return;
```

返回值可以用括号括起来，也可以不括起来，还可以没有返回值。如果没有返回值，当程序运行到该return语句时，程序只是返回到主调函数，并不带回返回值。

函数的类型要与return语句的返回值类型相同，例7-1中二者都为int型。如果类型不一致，则以函数类型为准，如果可以进行类型转换，就进行类型转换，否则在编译时会发生错误。例如，函数类型是int，而return后面的类型为double，则会将这个double型数据转换为int型数据，再返回。

如果函数不需要返回值，则函数类型要用void指定。

2. 函数的参数

因为函数是用来完成特定功能的，通常要接收一些数据，如例7-1是求两个整数中较大的值，就需要两个值。函数是通过参数接收数据的，如上面的max函数有两个参数，都是int型的。

定义函数时，函数头中的参数称为形式参数(或形参)，在函数调用时给出的参数称为实际参数(或实参)。

实参必须是一个实际的值，如例7-1中在进行函数调用之前，已经通过键盘为变量a和b输入了值，而形参只有当发生实际调用时才有具体的值。

如果不需要为函数提供数据，则可以没有参数，称之为无参函数。

7.1.2　函数的声明与调用

函数的调用是通过函数名，并提供实参的形式实现的。函数调用的一般格式为：

```
函数名(实际参数表)
```

如果被调用的函数无参数，则实际参数表也不能有参数，但括号是不能省略的。实参的个数必须与形参的个数相同，且对应的类型也要一致。

函数调用既可以作为一条语句，也可以作为表达式中的一部分，还可以作为函数的参数。

【例7-2】编写一个求x的n次方的函数(n是正整数)

```
1  //文件:ex7_2.cpp
2  #include <iostream>
3  using namespace std;
4  double power(double x, int n);
5  int main()
6  {
7      double x;
8      int n;
9      cout << "请输入x和n的值，用空格分隔:";
10     cin >> x >> n;
11     cout << x << "的" << n << "次方是:" << power(x,n) << endl;
12     return 0;
13 }
14 double power(double x, int n)
15 {
16     double  a = 1.0;
17     int i;
18     for(i=1; i<=n; i++)                        //循环n次，每次乘x
19         a *= x;
20     return a;
21 }
```

扫一扫，看视频讲解

程序运行结果如下：

```
请输入x和n的值，用空格分隔:4 3
4的3次方是:64
```

分析：第4行代码就是函数的声明。C++的编译系统要求在调用函数之前要知道该标识符是一个函数名，否则会发生编译错误。如删去上面程序的第4行，会产生标识符power没有声明的错误。因为程序的编译是从上到下的，在编译到第11行时，遇到一个标识符power，但还未见到power的定义，编译程序认为power是没有定义的标识符。解决的办法有两种，一是将函数的定义写在函数调用之前，如将上面power函数的定义写在主函数之前。但当函数很多时，并且函数可能会相互调用，这种方法难以实现。可行的方法是在程序的前面对函数进行声明，如例7-2中的第4行。

函数声明的一般格式为：

函数类型 函数名(形式参数表);

这种函数声明的形式也叫作**函数原型**，函数原型与函数定义中的函数头类似，只是多了一个分号，另外在函数原型的参数表中，可以不指定参数的名字，但参数的类型是必需的。而在函数定义时，参数的类型和参数名是不能缺少的。例7-2中的函数声明也可以写成以下形式：

```
double power(double, int);
```

7.2 函数的参数传递

实参可以是常量、变量或表达式，在函数调用时，系统为形参分配内存单元，并将实参的值传到形参的单元中。根据函数功能的需要，函数的参数可以选择数值、引用或指针3种形式之一。

7.2.1 数值作为函数的参数

C++中参数的传递是单向的，即只能将实参的值传递给形参，而形参值的改变对实参没有影响。

【例7-3】写一个函数，交换主函数中两个变量的值

```
//文件:ex7_3.cpp
 1  #include <iostream>
 2  using namespace std;
 3  void swap(int x, int y);
 4  int main()
 5  {
 6      int a, b;
 7      a = 10;
 8      b = 20;
 9      swap(a, b);                         //值传递，不会改变a、b的值
10      cout << a << ", " << b << endl;
11      return 0;
12  }
13  void swap(int x, int y)
14  {
15      int temp;
16      temp = x;                           //交换x和y的值
17      x = y;
18      y = temp;
19  }
```

扫一扫，看视频讲解

程序运行结果如下：

```
10,20
```

分析：从运行结果可以看出，变量a和b的值并没有交换，说明形参x值和y值的变化对实参a和b的值没有影响，因为实参与形参在内存中是占用不同的单元。在上面程序的运行过程中，参数值的变化可以用图7–2形象地表示。

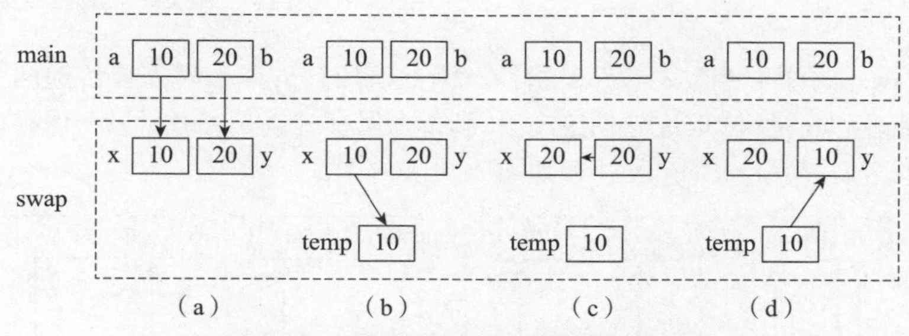

图7–2　程序运行过程中变量值的变化

在主函数中调用swap函数时，将实参a的值10传递给形参x，将实参b的值20传递给形参y，如图7–2（a）所示；然后执行到swap函数中，将x的值10赋给变量temp，如图7–2（b）所示；再将y的值20赋给变量x，如图7–2（c）所示；最后将temp的值10赋给变量y，如图7–2（d）所示，实现了x与y的值互换，但并未影响到a和b的值。swap()执行完后回到主函数，输出变量a和b的值，仍然是10和20。

7.2.2 指针作为函数的参数

函数的参数不仅可以是整型、实型、字符型等数据，还可以是指针类型。指针作为函数的参数，实际上传递的是变量的地址。

在例7–3中，数值作为函数的参数，并不能实现在被调用函数中将主调函数中的两个变量值进行交换。下面通过指针变量作为函数的参数实现这一功能。

【例7–4】指针作为函数的参数，交换主调函数中两个变量的值

```
1  //文件:ex7_4.cpp
2  # include <iostream>
3  using namespace std;
4  void swap(int *x, int *y);
5  int main()
6  {
7      int a, b;
8      a = 10;
9      b = 20;
10     swap(&a, &b);                    //传递地址
11     cout << a << ", " << b << endl;
12     return 0;
13 }
14 void swap(int *x, int *y)
15 {
16     int temp;
17     temp = *x;                       //交换x和y指向单元的内容
18     *x = *y;
```

微信扫码
扫一扫，看视频讲解

7

```
19      *y = temp;
20  }
```

程序运行结果如下：

```
20,10
```

分析：函数swap的两个参数x、y都是指针，因此调用swap函数时需要传递两个地址。在主函数中将变量a的地址和变量b的地址分别传递给x和y，x保存的就是a的地址，y保存的就是b的地址，也称指针x指向变量a，指针y指向变量b，如图7-3（a）所示。

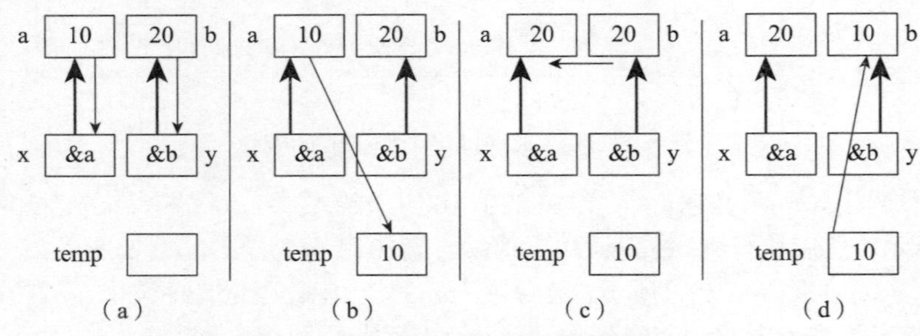

图 7-3　程序运行过程变量值的变化

在swap函数中，将x所指向单元的数据10赋给变量temp，如图7-3（b）所示；然后将指针y指向的内存单元的内容20赋给指针x所指向内存单元，如图7-3（c）所示；最后将变量temp中的值10赋给指针y所指向的内存单元，如图7-3（d）所示。

图7-3中较粗的箭头表示指针x指向变量a，指针y指向变量b，较细的箭头表示变量赋值。

虽然在函数swap中不能访问主函数中的变量a和b，但通过指针将它们所在的内存单元的值改变了，再回到主函数后，输出a和b的值，发现它们的值已经交换。

7.2.3　引用作为函数的参数

在函数中改变主调函数变量的值，除了传递指针外，还可以传递引用来实现。

1. 引用的概念

引用是一种特殊的变量，可以认为是另一个变量的别名。在程序中定义的每一个变量，在内存中都对应一个存储单元。变量名就是这个内存单元的名字，引用相当于给这个单元再起一个名字。定义引用的一般格式为：

```
类型说明符 &引用名 = 变量名;
```

例如：

```
int a = 1;
int &b = a;
```

首先定义变量a，并初始化为1；然后定义引用b，并初始化为a，即b是a的别名，因此a和b是同一个单元。

【例7-5】引用的使用

```
1  //文件:ex7_5.cpp
2  #include <iostream>
3  using namespace std;
4  int main()
5  {
6      int a=1;
7      int c=10;
8      int &b = a;                              //引用b，初始化为a的别名
9      cout << a << "\t" << b <<"\t" << c << endl;
10     b = c;                                   //将c的值赋给b，而不是b又成为c的别名
11     cout << a << "\t" << b <<"\t" << c << endl;
12     b=20;                                    // b改为20，a也是20，它们是同一个
13     cout << a << "\t" << b <<"\t" << c << endl;
14     return 0;
15 }
```

程序运行结果如下：

```
1       1       10
10      10      10
20      20      10
```

分析：程序首先定义变量a和c，并分别初始化为1和10，然后第8行定义变量a的引用b，因此a和b是同一个单元，输出的结果都是1。然后第10行将变量c的值赋给b，再输出时，a和b输出的都是10，第12行再将20赋给b，输出时，a和b的值都是20。

注意：

定义引用时一定要初始化，指明该引用变量是谁的别名，否则在后面就没有机会指明它是谁的别名了。如程序中定义引用b时，用变量a初始化，表示b是a的别名；而在后面的赋值语句“b=c；”是将c的值赋给b，而不是说b又变成c的别名。

2. 引用作为函数的参数

下面使用引用作为函数的参数，实现在被调函数中交换主调函数中两个变量的值。

【例7-6】引用作为函数的参数，交换主调函数中两个变量的值

```
1  //文件:ex7_6.cpp
2  #include <iostream>
3  using namespace std;
4  void swap(int &x, int &y);
5  int main()
6  {
7      int a, b;
8      a = 10;
9      b = 20;
10     swap(a, b);
11     cout << a << ", " << b << endl;
12     return 0;
```

```
13 }
14 void swap(int &x, int &y)                    //引用作为参数，需要传变量
15 {
16     int temp;
17     temp = x;
18     x = y;
19     y = temp;
20 }
```

程序运行结果如下：

```
20, 10
```

分析：从运行结果可以看出，变量a和b的值已经交换。在上面程序的运行过程中，参数值的变化如图7–4所示。

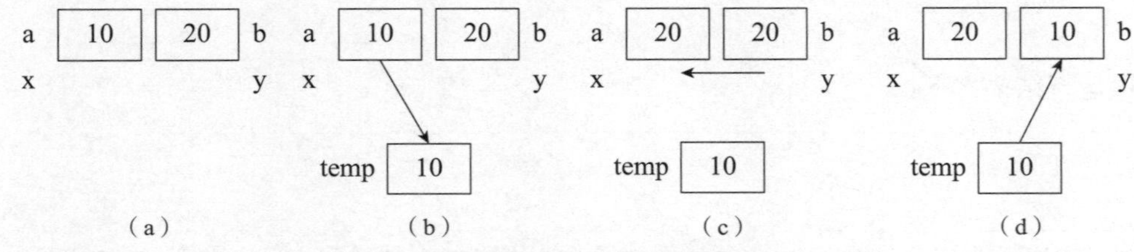

图7–4　程序运行过程中变量值的变化

swap函数的参数是引用，在主函数中调用swap()函数时，用实参a初始化形参x，即x是a的引用；用实参b初始化形参y，即y是b的引用（在主函数中叫作a和b，在swap函数中叫作x和y），如图7–4（a）所示。然后执行到swap函数中，因为a和b是主函数中定义的变量，在swap函数中不能使用变量a和b，只能使用x和y，将x的值10赋给变量temp，如图7–4（b）所示；再将y的值20赋给变量x，如图7–4（c）所示；最后将temp的值10赋给变量y，如图7–4（d）所示，实现了x与y的值互换。由于a和x是同一个单元，b和y是同一个单元，因此回到主函数后变量a和b的值已经交换，输出变量a和b的值分别是20和10。

3. 引用参数与数值参数的比较

引用作为参数与数值作为参数主要有两点需要注意，一是引用作为函数的参数，调用时的实参必须是变量，而数值作为参数，调用时实参既可以是变量，也可以是常量或表达式；另外一点就是引用作为函数的参数，在函数中可以改变主调函数传过来的实参值，这在前面的例7–6中已经得到验证。

【例7–7】两个计算圆面积的函数

```
1 //文件:ex7_7.cpp
2 #include <iostream>
3 using namespace std;
4 double area1(double radius);
5 double area2(double &radius);
6 const double PI = 3.14;
```

```
 7  int main()
 8  {
 9      double r = 10;
10      cout <<  area1(r) << endl;              //实参可以是变量、常量、表达式
11      cout <<  area1(100) << endl;            //实参可以是变量、常量、表达式
12      cout <<  area1(r*2) << endl;            //实参可以是变量、常量、表达式
13      cout <<  area2(r) << endl;
14      //cout <<  area2(100) << endl;          //错误：实参必须是变量
15      //cout <<  area2(r*2) << endl;          //错误：实参必须是变量
16      return 0;
17  }
18  double area1(double radius)                 //值传递
19  {
20      double a = PI * radius * radius;
21      return a;
22  }
23  double area2(double &radius)                //引用传递
24  {
25      double a = PI * radius * radius;
26      return a;
27  }
```

程序运行结果如下：

```
314
31400
1256
314
```

分析：第10 ~ 12行代码调用函数area1计算圆的面积，函数area1的参数是值传递，因此调用时，变量、常量、表达式都可以作为实参；第13 ~ 15行代码调用函数area2计算圆的面积，函数area2的参数是引用，因此调用时实参只能是变量，使用常量、表达式作为实参会产生语法错误。

技巧：

除非需要在函数中改变调用函数的实参变量的值时使用引用传递，否则就用值传递。如果参数是一个复杂的类型（如后面学习的类），引用传递会带来一些好处，后面章节中再详细讨论。

7.2.4　数组作为函数的参数

数组元素作为函数的参数与普通变量作为函数的参数相同，数组名作为函数的参数实际上传递的是数组的首地址。下面讨论数组名作为函数参数的情况。

【例7-8】编写一个函数，将数组中的元素按相反的顺序存放

分析：将数组名和元素个数作为函数的参数，可以通过地址访问数组中的所有元素。在函数中将数组的第一个元素与最后一个元素交换，第二个元素与倒数第二个元素交换，一直进行到中间，即完成反序存放。程序如下：

```
 1  //文件: ex7_8.cpp
 2  # include <iostream>
 3  using namespace std;
 4  void inv(int *p, int n);
 5  int main()
 6  {
 7      int i,a[10]={0,1,2,3,4,5,6,7,8,9};
 8      cout << "原数组:" << endl;
 9      for(i=0;i<10;i++)
10          cout << a[i] << "  ";
11      cout << endl;
12      inv(a,10);                                  //数组名a是数组第一个元素的地址
13      cout << "交换后的数组:" << endl;
14      for(i=0;i<10;i++)
15          cout << a[i] << "  ";
16      cout << endl;
17      return 0;
18  }
19  void inv(int *p, int n)                         //第一个参数是指针，要求实参是地址
20  {
21      int *i, *j, temp;
22      //开始指针i指向第一个元素位置，j指向最后一个元素的位置；然后向中间循环
23      for(i=p, j=p+n-1; i<j; i++, j--)
24      {
25          temp=*i;                                //交换i和j指向单元的值
26          *i=*j;
27          *j=temp;
28      }
29  }
```

程序运行结果如下：

```
原数组:0  1  2  3  4  5  6  7  8  9
交换后的数组:9  8  7  6  5  4 3  2  1  0
```

分析：函数inv的第一个参数是指针，主函数中将数组名a作为实参传递给形参p，因此p保存的就是数组a第一个元素的地址，在函数inv中对p进行各种操作实际上就是对主函数中的数组a进行操作；函数inv的第二个参数是数组元素的个数。

下面使用图7–5分析函数inv的执行过程。

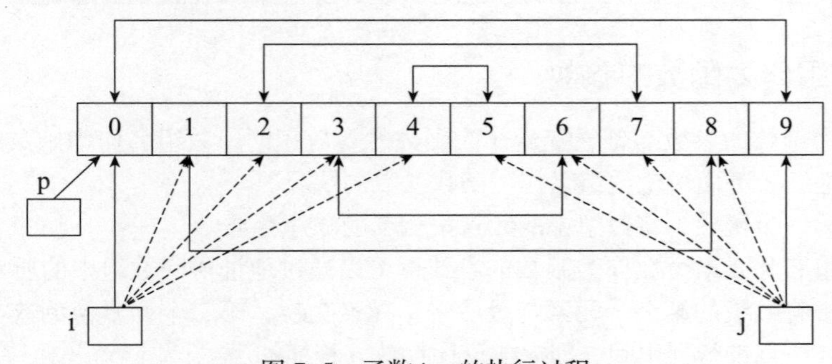

图7–5　函数inv的执行过程

在循环中，首先为指针i和j赋初值，i指向数组的第一个元素，j指向数组的最后一个元素（p+n-1是最后一个元素的地址），交换i和j所指向单元的值（第一个元素与最后一个元素交换值）；然后i增1，指向第二个元素，j减1，指向倒数第二个元素，再交换，一直进行到处理完中间的元素（i不小于j）结束循环，完成数组元素的逆序存放。

7.2.5　字符指针作函数参数

将字符串从一个函数传递到另一个函数，可以使用地址传递的方法，即将字符指针作为函数的参数。

【例7-9】编写连接两个字符串的函数

函数有两个字符指针参数，将第二个参数指针指向的字符串连接到第一个参数指针指向的字符串的后面，下面给出参考程序。

```
 1  //文件:ex7_9.cpp
 2  #include <iostream>
 3  using namespace std;
 4  void stringcat(char *str1, char  *str2);
 5  int main()
 6  {
 7      char a[100]="abcde";
 8      char b[100]="fgh123";
 9      stringcat(a,b);                         //数组名就是数组第一个元素的地址
10      cout << a << endl;
11      cout << b << endl;
12      return 0;
13  }
14  void stringcat(char *str1, char  *str2)     //字符指针接收字符的地址
15  {
16      char *p;
17      int len = strlen(str1);
18      p = str1 + len;                         // p指向字符串str1最后一个字符的后面
19      while(*str2!='\0')                      //对str2从头到尾循环
20      {
21          *p = *str2;                         //将str2指向的字符赋给p指向的单元
22          p++;
23          str2++;
24      }
25      *p = '\0';                              //在字符串后加结束标志
26  }
```

程序运行结果如下：

```
ABCDEfgh123
fgh123
```

分析：函数stringcat有两个字符指针参数，调用时用两个字符数组名作为实参，传递的是两个数组第一个元素的地址。str1指向数组a的第一个元素，str2指向数组b的第一个元素，如图7-6所示。循环之前，第18行代码将指针p指向第一个字符串的结束标志处。

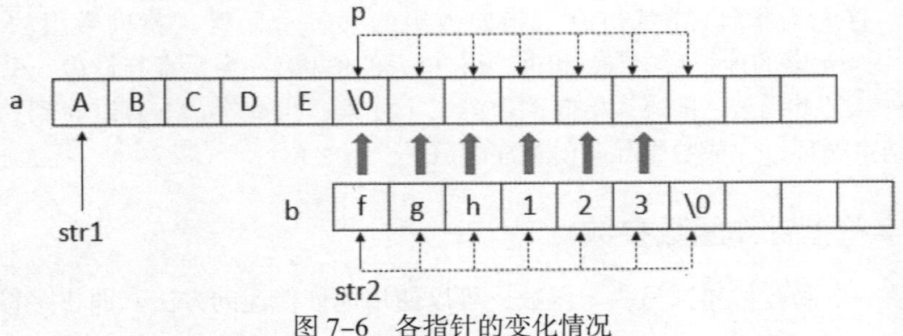

图 7-6 各指针的变化情况

在循环中，将str2指向的字符赋给p所指向的单元，然后str2和p都指向各自的下一个单元，循环一直进行到str2指向字符串结束标志。循环结束后，再在第一个字符串后面添加一个字符串结束标志。

7.3 函数的嵌套调用与递归调用

7.3.1 函数的嵌套调用

C++中函数的定义都是相互独立的，不允许在一个函数的内部定义另一个函数，即不允许嵌套定义。但允许在一个函数中对另一个函数的调用。所谓函数的嵌套调用，是指在执行被调用函数时，被调用函数又调用了其他函数，其执行过程如图7-7所示。

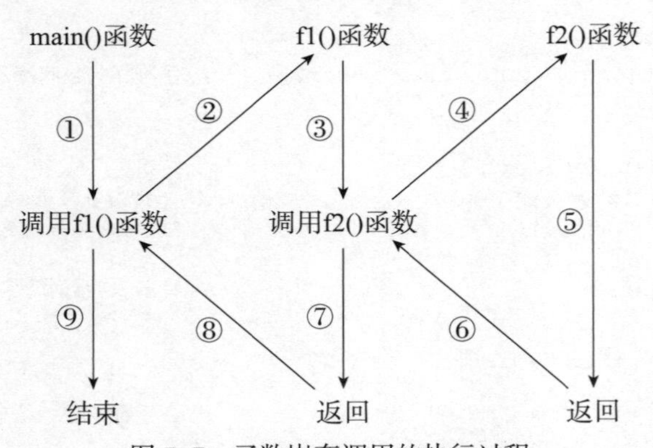

图 7-7 函数嵌套调用的执行过程

执行过程如下：

(1) 从主函数的开始处执行。

(2) 遇到调用f1()函数的语句时，即转去执行f1()函数。

(3) 从f1()函数的开始处执行。

(4) 遇到调用f2()函数的语句时，即转去执行f2()函数。

(5) 从f2()函数的开始处执行，一直到最后。

(6)返回f1()函数。

(7)从调用f2()函数的下一行继续运行f1()函数的剩余部分。

(8)返回主函数。

(9)从调用f1()函数的下一行继续运行主函数的剩余部分。

【例7-10】计算1!+2!+3!+…+n!

分析：可以编写一个函数f2求一个整数的阶乘，再编写一个函数f1，在f1中通过循环调用函数f2计算1!+2!+3!+…+n!，在主函数中输入n的值，调用函数f1完成计算，再输出结果。

```
1  //文件:ex7_10.cpp
2  #include <iostream>
3  using namespace std;
4  long f1(int n);
5  long f2(int m);
6  int main()
7  {
8      int n;
9      long s;
10     cout << "请输入n的值:";
11     cin >> n;
12     s = f1(n);                         //调用f1()函数,参数是输入的n
13     cout << s << endl;
14     return 0;
15 }
16 long f1(int n)
17 {
18     int i;
19     long sum = 0;
20     for(i=1; i<=n; i++)                //从1循环到n
21         sum += f2(i);                  //调用f2()函数，求i的阶乘，加到sum中
22     return sum;
23 }
24 long f2(int m)                         //求m的阶乘
25 {
26     int i;
27     long s = 1;
28     for(i=1; i<=m; i++)                //从1循环到m
29         s *= i;
30     return s;                          //将m的阶乘返回
31 }
```


程序运行结果如下：

```
请输入n的值:5
153
```

分析：函数f2()的功能为求参数m的阶乘，函数中将s的值初始化为1，通过循环从1乘到m，将结果存储在变量s中，最后作为返回值，返回到调用该函数的位置。函数f1()中的第21行代码调用函数f2()，将函数f2()返回值加到变量sum中。

在函数f1()中，循环变量i从1循环到n，每次调用函数f2()求出i的阶乘，并累加到变量sum中。

循环结束后将sum的值返回。

在主函数中，将函数f1()的返回值赋给变量s，然后输出该值。

7.3.2 函数的递归调用

一个函数不仅可以调用其他函数，还可以调用它本身。一个函数在它的函数体内，直接或间接地调用它本身，称为递归调用，这种函数称为递归函数。函数直接或间接地调用本身的两种情况如图7-8所示。

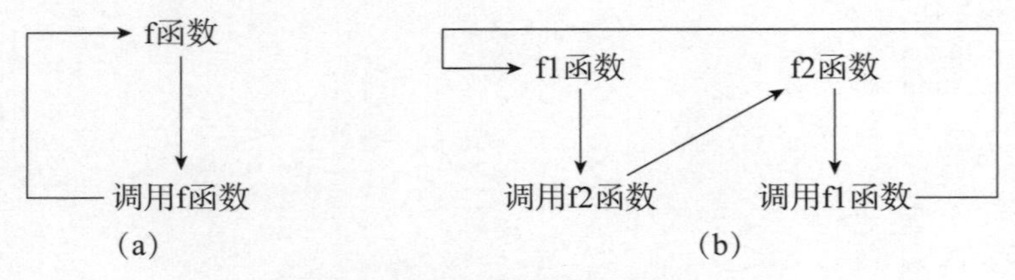

图7-8 函数的递归调用

其中图7-8（a）是函数f直接调用它本身；图7-8（b）中的函数f1调用函数f2，函数f2又调用函数f1，是间接调用它本身。

这两种递归调用都是无终止地调用，也称为死循环，显然是不正确的。为了防止递归调用无终止地进行，必须在函数内有终止递归调用的手段。

【例7-11】用递归的方法求n的阶乘

分析：计算n的阶乘的公式为

$$n!=\begin{cases}1, & n=0\text{或}1\\ n(n-1)!, & n>0\end{cases}$$

递归的思想：可以将求n的阶乘转换为求n-1的阶乘，再将求n-1的阶乘转换为求n-2的阶乘，一直到求1的阶乘，而1的阶乘是确定的数1。

```
1  //文件:ex7_11.cpp
2  #include <iostream>
3  using namespace std;
4  long power(int n);
5  int main()
6  {
7      int n;
8      long y;
9      cout << "请输入一个整数:";
10     cin >> n;
11     y=power(n);                                    //求n的阶乘
12     cout << n << "!="  << y << endl;
13     return 0;
14 }
15 long power(int n)                                  //求n的阶乘
16 {
17     long f;
```

```
18      if(n>1)                              // n的阶乘等于n乘以n-1的阶乘
19          f=n*power(n-1);
20      else                                 // 1的阶乘等于1
21          f=1;
22      return f;                            //返回n的阶乘
23  }
```

程序运行结果如下：

```
请输入一个整数:4
4!=24
```

分析：第19行代码是在函数power中调用power本身，因此power是一个递归函数。下面用图7-9详细分析递归过程。

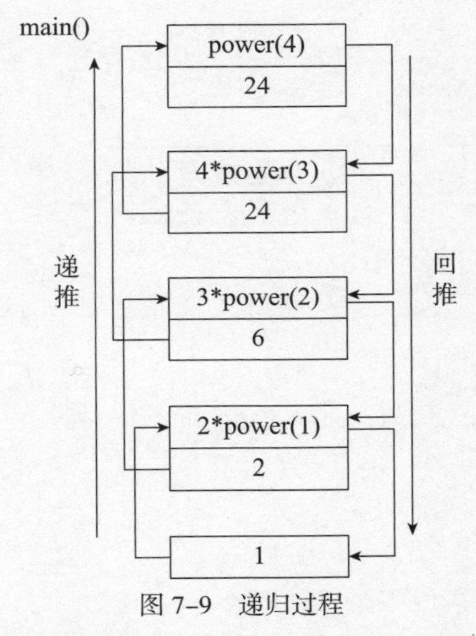

图7-9　递归过程

递归过程可以分为两个阶段，第一阶段是回推，以输入4为例，将求4的阶乘power(4)表示为求3的阶乘的函数4*power(3)；而求3的阶乘power(3)又表示为求2的阶乘的函数3*power(2)；求2的阶乘power(2)又表示为求1的阶乘的函数2*power(1)；1的阶乘power(1)为确定值1，不需要再回推了。然后进入第二阶段，即递推，2的阶乘power(2)等于2*power(1)为2；3的阶乘power(3)等于3*power(2)为6；4的阶乘power(4)等于4*power(3)为24。最终求出4的阶乘是24。当然求n的阶乘不用递归的方法也可以解决，但有些问题则必须使用递归才能解决。例如下面的Hanoi塔问题只能使用递归方法解决。

【例7-12】Hanoi塔问题

Hanoi塔问题的描述：有三根针A、B、C，A针上有n个盘子，盘子大小不等，大的在下，小的在上，如图7-10所示。要求将这n个盘子从A针移到C针，在移动过程中可以借助B针，每次只能移动一个盘子，并且在移动过程中三根针上的盘子都保持大盘在下，小盘在上。

分析：将n个盘子从A针移到C针可以分解为以下三个步骤。

（1）将A针上的n-1个盘子借助C针移到B针上。

（2）将A针上剩下的一个盘子移到C针上。

（3）将B针上的n-1个盘子借助A针移到C针上。

上面的步骤（2）是一个简单的过程，而步骤1和步骤3都是n-1个盘子的Hanoi塔问题，这就将n个规模的问题转换成n-1个规模的问题，而当盘子数为1时，则问题很好解决，直接从A移到C就可以了，因此可以用递归方法解决。

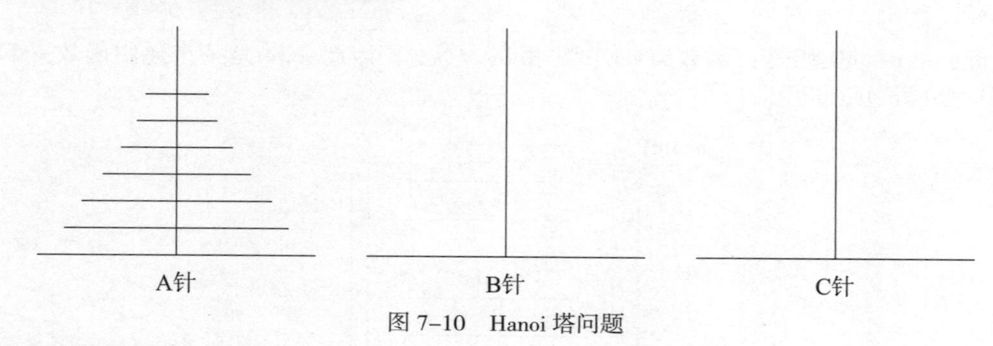

图 7-10　Hanoi 塔问题

Hanoi塔问题的程序如下：

```
 1  //文件:ex7_12.cpp
 2  # include <iostream>
 3  using namespace std;
 4  void Hanoi(int n, char one, char two, char three);
 5  int main()
 6  {
 7      int n;
 8      cout << "请输入盘子数:";
 9      cin >> n;
10      cout << n << "个盘子的移动过程为:" << endl;
11      Hanoi(n, 'A', 'B', 'C');
12      return 0;
13  }
14  //函数Hanoi()将n个盘子从one针借助two针移到three针
15  void Hanoi(int n, char one, char two, char three)
16  {
17      if(n==1)                              //只有一个盘子，直接从one移到three
18          cout << one << "-->" << three << endl;
19      else
20      {
21          Hanoi(n-1, one, three, two);      //将n-1个盘子从one移到two
22          cout << one << "-->" << three << endl;  //将1个盘子从one移到three
23          Hanoi(n-1, two, one, three);      //将n-1个盘子从two移到three
24      }
25  }
```

程序运行结果如下：

```
请输入盘子数:3
3个盘子的移动过程为:
A-->C
A-->B
C-->B
A-->C
B-->A
B-->C
A-->C
```

分析：在Hanoi函数中，如果只有1个盘子，则将这1个盘子从one针移到three针（直接输出从哪个针移到哪个针，注意：在递归过程中，参数的one不一定是A，two也不一定B）。

如果多于1个盘子，就像前面分析的一样，先调用函数本身将n-1个盘子从one移到two，然后将1个盘子从one移到three，再调用函数本身将n-1个盘子从two移到three。

技巧：

利用第5章5.6节介绍的调试技术，跟踪本节两个递归函数，观察程序的运行轨迹以及变量值的变化，深入理解递归过程。

7.4　综合实例

【例7-13】将一个数字字符串转换为对应的整数

编写函数convert，将一个数字字符串转换为对应的整数，编写主函数，调用convert函数。程序代码如下：

扫一扫，看视频讲解

```
1  //文件:ex7_13.cpp
2  #include <iostream>
3  using namespace std;
4  int convert(char *str);
5  int main()
6  {
7      char s[10] = "12345";
8      int n1 = convert(s);                    //传递字符串第一个字符的地址
9      int n2 = 10 * convert("314");           //也可以传递一个字符串常量
10     cout << n1 << endl;
11     cout << n2 << endl;
12     return 0;
13 }
14 int convert(char *str)
15 {
16     int num=0,digit;
17     for(int i=0; *(str+i)!='\0'; i++)       //从第一个字符循环到最后一个字符
18     {
19         digit = *(str+i) - '0';             //当前字符的ASCII码减字符0的ASCII码
20         num = num*10 + digit;               //原来的数字乘10，再加当前的数字
21     }
22     return num;
23 }
```

程序运行结果如下：

```
12345
3140
```

分析：第8行调用convert函数，参数是s，传递的是数组第一个元素的地址，将其传给str，如图7–11所示。

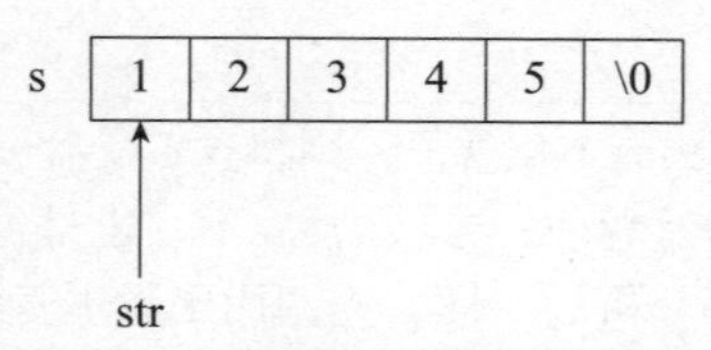

图7–11　str指向字符串的第一个字符

第19行代码，用str指向字符的ASCII码减字符0的ASCII码，恰好是该字符代表的数值（如'0'–'0'=0、'1'–'0'=1、'2'–'0'=2等）。

第20行代码将原来的数值乘10再加本次循环得到的数值，如得到第一个数值1后，再得到第二个数值2时，这时对应的整数是1 × 10+2=12。

【例7–14】删除字符串中指定的字符

编写函数delChar，删除字符串中指定的字符，在主函数中调用delChar，程序代码如下：

```
 1  //文件:ex7_14.cpp
 2  #include <iostream>
 3  using namespace std;
 4  void delChar(char *str, char c);
 5  int main()
 6  {
 7      char s1[20] = "int_,double_,char";
 8      delChar(s1, '_'); //调用delChar函数，传递第一个元素的地址和要删除的字符
 9      cout << s1 << endl;
10      return 0;
11  }
12  void delChar(char *str, char c)
13  {
14      int i=0, j;
15      while(str[i] != '\0')                       //从字符串开始循环到结尾
16      {
17          if(str[i]==c)                           //如果是要删除的字符
18          {
19              for(j=i; str[j]!='\0'; j++)         //对删除字符后面的字符循环
20              {
21                  str[j]=str[j+1] ;               //将这个字符后面的字符前移
22              }
23          }
24          else                                    //如果不是删除的字符，将i加1
25              i++;
26      }
27  }
```

扫一扫，看视频讲解

程序运行结果如下：

```
int,double,char
```

分析： delChar函数有两个参数，第一个是字符指针，接收字符数组的第一个元素的地址；第二个参数是要删除的字符，如图7-12所示。delChar函数的参数str指向数组s的第一个元素，参数c接收下划线字符“_”。

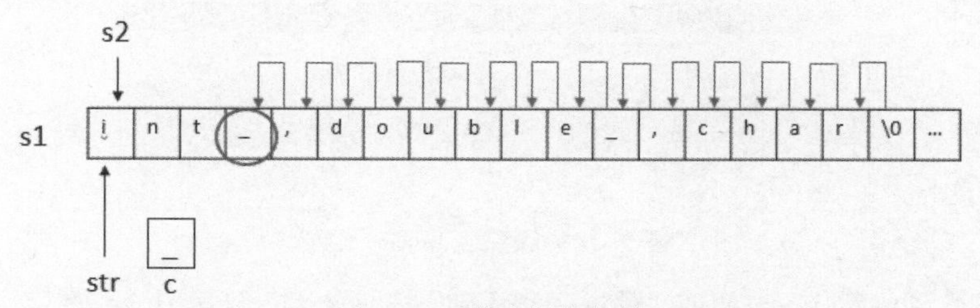

图7-12 删除指定字符

第15行代码的循环从字符串的开始循环到结尾，一次处理一个字符，如果该字符是要删除的字符，则将后面的每一个字符前移一位。例如，当i=3时，str[3]是要删除的字符，通过第19~22行的循环，将后面的字符前移一位，如图7-12所示，相当于将原来的str[3]删除了。如果该字符不是要删除的字符，只需i++，继续处理下一个字符。

7.5 调试技术（三）

前几章已经学习了如何开始调试程序，添加断点、分步运行、观察变量的值等。下面介绍与函数相关的调试技术。

打开例7-11的程序，在第11行加入断点，开始调试程序，输入一个整数后（如输入4），程序在第11行暂停，这时工具栏中出现调试按钮组，如图7-13所示。

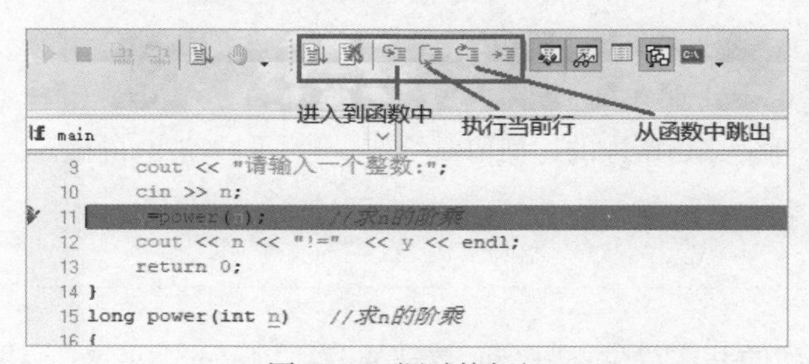

图7-13 调试按钮组

按钮组中的按钮从左到右分别是“开始调试”“结束调试”“进入到函数中”“跳过一条语句”（称之为“执行当前行”）“从函数中跳出”和“执行到光标所在行”。

首先看一下“进入到函数中”与“跳过一条语句”的区别。在第11行单击“进入到函数中”按钮，则跟踪到power函数中；如果单击“跳过一条语句”按钮，则不进入power函数，而是一次将

power执行完，如果当前行不是函数调用，则二者的作用相同。这里单击“进入到函数中”按钮，跟踪到power函数中，如图7–14所示。

```
13     return 0;
14 }
15 long power(int n)    //求n的阶乘
16 {
17     long f;
18     if (n>1)           //n的阶乘等于n乘以n-1的阶乘
19         f=n*power(n-1);
20     else               //1的阶乘等于1
21         f=1;
22     return f;          //返回n的阶乘
23 }
24
```

图 7–14　跟踪到 power 函数

再单击“进入到函数中”按钮或“跳过一条语句”按钮，运行到第19行，然后再单击“进入到函数中”按钮，则再一次调用power函数，此时的实参是n–1。进入函数后，可以在环境窗口看到此时power函数的参数n已经变为3（未进行这步调用前n的值是4），如图7–15所示。

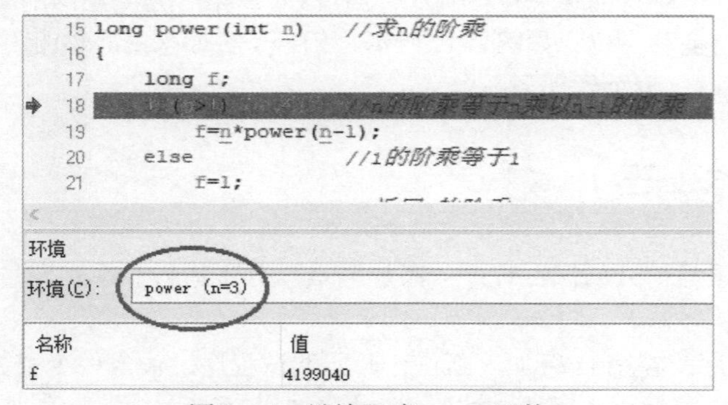

图 7–15　继续跟踪 power 函数

继续单击“进入到函数中”按钮，一层一层地调用power函数，一直到power参数为1，则不再调用power函数，然后再从函数中一层一层地返回，在返回的过程中，注意观察n的值和f的值。

最终回到主函数，将power函数的返回值赋给变量y，最后输出y的值。

7.6 小结

函数是结构化程序的基本单位，一个函数完成一项特定的功能。C++提供了大量的库函数，我们可以直接使用，只需在调用之前包含相应的头文件，库函数实现的功能都是一些通用性的，而为完成特殊功能的函数需要我们自己定义。

定义一个函数，要指明三个要素，即函数名、函数类型和参数，当然还有关键的函数体，函数体中的代码确定了函数的功能。

在函数调用之前，应该给出函数的声明（也称为函数原型），告诉编译器函数的类型和参数的类型。

通过参数的地址传递，可以方便地对参数传进来的数组、字符串等进行处理。

函数可以直接或间接地调用本身，称为递归调用，这种函数也称为递归函数。递归方法可以解决某些常规方法不容易解决的问题，但递归调用对空间和时间的开销都比较大，因此能用其他方法解决的问题尽量不用递归方法。

7.7　习题七

7-1　编写一个函数计算$1^k+2^k+3^k+\cdots+n^k$，其中n和k在主函数中输入，并在主函数中输出计算结果。提示：可以写两个函数，一个计算n^k，另一个调用前面的函数并计算各项和。

7-2　编写一个判断一个整数是否为素数的函数，该整数通过参数传递给函数，如果是素数，则返回true；否则返回false。

7-3　编写一个子串截取函数void substr(char *source, int start, int length, char *dest)，参数source是源串指针，start是截取的开始位置（索引或下标），length是要截取的子串长度，dest是目标串指针（将截取的子串存放于dest指向的地址中）。

7-4　编写一个字符串置换函数void repchar(char *source, char s, char d)，功能是将source字符串中的s字符替换成d字符。

7-5　编写一个k函数，比较两个字符串的大小，参数为两个字符指针，如果第一个参数指向的字符串大于第二个参数指向的字符串，返回1；如果相等，返回0；如果第一个字符串小于第二个字符串，返回-1。在主函数中调用该函数进行测试，注意不能使用函数strcmp()。

7-6　已知第一个人的年龄为20岁，第二个人比第一个人大2岁，第三个人比第二个人又大2岁，以后每个人都比前一个人大2岁，一直到第十个人，即有以下公式：

$$age(n)=\begin{cases}20 & ,\ n=1\\ age(n-1)+2, & n>1\end{cases}$$

用递归的方法求第十个人的年龄。

7-7　用递归的方法计算从n个人中选取k个人的组合数。“从n个人中选取k个人的组合数”＝“从n-1个人中选取k个人的组合数”＋“从n-1个人中选取k-1个人的组合数”，当n与k相等，或k等于0时，组合数为1，即有以下公式（comm表示组合数）：

$$comm(n,k)=\begin{cases}1 & ,\ n==k\text{或}k==0\\ comm(n-1,k)+comm(n-1,k-1) & ,\ n!=k\text{且}k!>0\end{cases}$$

7

第 8 章　函数进阶

主要内容

◎ 内联函数
◎ 函数重载与重载函数
◎ 参数的默认值
◎ 函数指针
◎ main函数的参数
◎ 变量的存储类别

第7章学习了函数的一些基本知识，本章将进一步深入地探讨函数的其他特性，如内联函数、函数参数的默认值、函数重载、函数指针等。

8.1 内联函数

使用函数有利于代码的重用，可以提高程序的可读性，增强程序的可靠性。但是使用函数也会降低程序的执行效率，因为在函数调用时，要进行参数传递、控制转移等操作。

对于一些规模较小，又频繁调用的函数可以将其声明为内联函数，以提高程序的执行效率。所谓内联函数不是在调用时发生控制转移，而是在编译时将被调函数嵌入每一个函数调用处，节省了参数传递、控制转移等开销。

内联函数使用关键字inline定义，语法为：

```
inline 类型说明符 函数名(参数及类型表)
```

在定义内联函数时，通常是省去函数的声明，而是在声明位置直接给出函数的定义。例8-1演示了内联函数的用法。

【例8-1】使用内联函数

```
1  //文件:ex8_1.cpp
2  #include <iostream>
3  using namespace std;
4  inline int add(int a,  int b)                          //内联函数
5  {
6      return a+b;
7  }
8  int main()
9  {
10     int a, b, c;
11     a = 10;
12     b = 20;
13     c = add(a,b);
14     cout << a << " + " << b << " = " << c << endl;
15     c = add(a,50);
16     cout << a << " + 50 " << " = " << c << endl;
17     c = add(50,50);
18     cout << "50 + 50 " << " = " << c << endl;
19     return 0;
20 }
```

微信扫码
扫一扫，看视频讲解

程序运行结果如下：

```
10 + 20 = 30
10 + 50  = 60
50 + 50  = 100
```

分析：运行结果与普通函数一样。在主函数中三次调用函数add，在编译时将add函数嵌入相应的位置，减少了运行时期的函数调用，但内联函数的使用也会使编译后的可执行程序变大。

一般只有简单的函数才能成为内联函数，如果函数比较复杂，如含有循环、分支等结构，即使声明为内联函数，编译器也会将其当成普通函数对待。

8

8.2 函数重载

在C语言中，因为系统是通过名字来区分各个函数的，所以不能有两个函数具有相同的名字，如以下三个函数必须使用不同的名字：

```
int  max1(int x, int y);                    //求两个整数的最大值
double  max2(double x, double y);           //求两个实数的最大值
char  max3(char x, char y);                 //求两个字符的最大值
```

分别是求两个整数最大值的函数、求两个实数最大值的函数和求两个字符最大值的函数。

在C++中可以定义多个同名函数，只要它们形参的个数或类型不完全一样就可以，编译程序根据实参与形参的类型及个数自动确定调用哪一个同名函数，这就是**函数重载**，这些同名函数称为**重载函数**，如下列三个函数的函数名都是max，参数的类型不同，就是重载函数。

```
int  max(int x, int y);                     //求两个整数的最大值
double  max(double x, double y);            //求两个实数的最大值
char  max(char x, char y);                  //求两个字符的最大值
```

【例8-2】使用重载函数

定义三个重载函数，分别求两个整数、两个实数以及两个字符的最大值。

```
 1  //文件:ex8_2.cpp
 2  #include <iostream>
 3  using namespace std;
 4  int max(int x, int y);                   //三个同名函数，参数不同
 5  double max(double x, double y);
 6  char max(char x, char y);
 7  int main()
 8  {
 9      int a=10, b=20 ,c;
10      double x=200.3, y=400.6, z;
11      char ch;
12      c = max(a,b);                         //两个整型参数
13      z = max(x,y);                         //两个实型参数
14      ch = max('A','F');                    //两个字符型参数
15      cout << c << "    " << z << "    " << ch << endl;
16      return 0;
17  }
18  int max(int x, int y)
19  {
20      cout << "int function" << endl;
21      if(x>y)
22          return x;
23      else
24          return y;
25  }
26  double max(double x, double y)
27  {
28      cout << "double function" << endl;
```

```
29      if(x>y)
30          return x;
31      else
32          return y;
33  }
34  char max(char x, char y)
35  {
36      cout << "char function" << endl;
37      if(x>y)
38          return x;
39      else
40          return y;
41  }
```

程序运行结果如下：

```
int function
double function
char function
20   400.6    F
```

分析：程序中定义三个重载函数max，其中第一个函数有两个整型参数，第二个函数有两个实型参数，第三个函数有两个字符型参数。在主函数中，首先以a和b为参数调用函数max，因为a和b是整型变量，因此调用的是具有两个整型参数的max函数；第二次以x和y为参数调用函数max，因为x和y是实型变量，因此调用的是具有两个实型参数的max函数；第三次以字符'A'和'F'为参数调用函数max，因此调用的是具有两个字符型参数的max函数。

在重载函数中，必须保证参数的个数不同或类型不同，如果参数的个数及类型完全相同，则编译时会出现错误。函数的类型（即函数的返回值类型）不能作为区分重载函数的因素。

> **注意：**
>
> 在调用重载函数时，要确保参数类型的准确，否则会产生二义性错误。

如在例8-2的主函数中，下面两行对max函数的调用就会产生二义性错误。

```
1  cout << max(23, 89.6) << endl;
2  cout << max(23, 'A') << endl;
```

这是因为有两个以上的max函数可以调用，此时编译系统不能确定使用哪一个重载函数。例如，第1行对max的调用是max(23, 89.6)，第一个参数是整型，第二个参数是实型，没有完全匹配的重载函数，需要参数的类型转换，是将第一个参数转换为double还是将第二个参数转换为int，编译系统不能确定而产生错误。

8.3　默认参数值

在函数调用时，必须为函数提供与形参个数和类型一致的实参（或者可以转换为一致），否则编译时会发生语法错误。但在函数的声明或定义中可以预先给出默认的形参值，调用时如给出实参，则采用实参值；否则采用预先给出的默认形参值。

8

8.3.1 带默认参数值的函数

在C++中，可以为函数参数指定默认参数值，在函数调用时，按从左到右的次序将实参和形参结合，若参数不够，用函数的默认参数值来补足缺少的实参。

【例8-3】使用带默认参数值的函数求x的n次方（n是正整数）

```
 1  //文件:ex8_3.cpp
 2  #include <iostream>
 3  using namespace std;
 4  double power(double x=10.0, int n=2);
 5  int main()
 6  {
 7      cout << power(3, 5) << endl;             //使用两个实参
 8      cout << power(3) << endl;                //第一个参数3，第二个参数使用默认值
 9      cout << power() << endl;                 //两个参数都使用默认值
10      return 0;
11  }
12  double power(double x, int n)
13  {
14      int i;
15      double s=1.0;
16      for(i=1; i<=n; i++)                      //循环n次，每次乘x
17      {
18          s *= x;
19      }
20      return s;
21  }
```

扫一扫，看视频讲解

程序运行结果如下：

```
243
9
100
```

分析：程序中的power函数有两个参数，且都有默认值。第一次调用是power(3,5)，给出两个实参，因此使用实参的值，求出3的5次方；第二次调用的是power(3)，将实参3传递给第一个参数x，第二个形参使用默认值2，因此求出3的2次方；第三次调用的是power()，没有给出实参，因此两个形参都使用默认值，求出10的2次方。

默认形参值必须从右向左的顺序定义。如果某个参数有默认值，则其右侧的参数必须都有默认值。例如：

```
int  max(int a, int b=10, int c=20);          //正确
int  max(int a, int b=10, int c);             //错误
int  max(int a=5, int b, int c=30);           //错误
```

因为参数分配是从左向右的，如在上面的第二个例子中“int max(int a, int b=10, int c);”共有三个参数，其中一个参数有默认值，因此应该给出两个实参即可，但给出下面的调用时，会出现参数个数不一致的错误。

```
x = max(20, 30);
```

这是因为实参从左向右逐一分配给形参，而不管形参有没有默认值，将20分配给a，30分配给b，形参c没有得到值，因此出错。

另外在使用带默认参数值的函数时，只能在函数定义或函数声明中的一个位置给出默认值，不能在两个位置同时给出；通常是在函数声明时给出默认值。

8.3.2　默认参数值产生的二义性

前面已经了解到，如果使用参数不当，调用重载函数会产生二义性。在重载函数中使用默认参数值，也会引起二义性。

【例8-4】重载函数使用默认参数值产生的二义性

```
1  //文件:ex8_4.cpp
2  # include <iostream>
3  using namespace std;
4  int add(int x=5, int y=6);
5  float add(int x=5, float y=10.0);
6  int main()
7  {
8      int a;
9      float b;
10     a= add(10,20);
11     b= add(10);                          // C++不知道使用哪个函数，产生二义性
12     b = add();                           // C++不知道使用哪个函数，产生二义性
13     cout << "a= " << a << endl;
14     return 0;
15 }
16 int add(int x, int y)
17 {
18     return x+y;
19 }
20 float add(int x,  float y)
21 {
22     return x+y;
23 }
```

扫一扫，看视频讲解

分析：程序中定义了两个重载函数add，其中一个函数有两个整型形参，另一个函数有一个整型形参和一个实型形参，并且所有参数都有默认值。分析第11行代码的函数调用。

```
b= add(10);
```

显然调用有两个整型形参的函数add是可以的，调用有一个整型形参和一个实型形参的函数add也是可以的，因此产生二义性错误。

同样第12行代码对函数add的调用也产生了二义性错误。在重载函数中使用默认参数值时，要注意避免产生二义性。

8.4 函数指针

程序中定义的变量都会占用内存空间，同样在程序运行时，代码也需要调用内存，每个函数所占用内存的起始地址就是函数的地址。可以定义专门用于保存函数地址的指针变量，然后使用这个指针变量调用函数，这种指针变量称为函数指针变量，简称**函数指针**。

定义函数指针变量的语法是：

```
函数类型 (*函数指针名)(参数类型表);
```

例8-5演示了函数指针的使用。

【例8-5】使用函数指针调用函数

```
1  //文件:ex8_5.cpp
2  # include <iostream>
3  using namespace std;
4  int add(int x, int y);
5  int main()
6  {
7      int a, b;
8      //定义函数指针fp，指向具有两个int型参数，并返回int值的函数
9      int (*fp)(int, int );
10     fp = add;                          // fp指向函数add，也就是fp保存add的首地址
11     a= fp(10,20);                      //使用函数指针调用函数
12     b= fp(a,50);                       //使用函数指针调用函数
13     cout << "a= " << a << endl;
14     cout << "b= " << b << endl;
15     return 0;
16 }
17 int add(int x, int y)
18 {
19     return x+y;
20 }
```

扫一扫，看视频讲解

程序运行结果如下：

```
a= 30
b= 80
```

分析：第9行定义了一个函数指针，指针名是fp，要用括号将*和fp括起来，后面括号里的两个int表示fp指向的函数有两个int型参数，最前面的int表示fp指向的函数类型是int。

函数名是函数的首地址，因此第10行代码将函数add的首地址赋给函数fp。第11、12行分别使用函数指针fp调用add函数。

注意：

函数指针一旦定义，它所指向的函数原型就已确定，不能指向原型不一样的函数，例如上面程序中定义的函数指针fp只能指向有两个int型参数并返回int值的函数。

【例8-6】函数指针的应用

编写四个函数，分别实现整数的加、减、乘、除运算，在主函数中定义包含四个元素的函数指针数组，四个元素分别指向加、减、乘、除四个函数。使用指针数组调用函数，分别完成两个整数的加、减、乘、除运算。

```
1  //文件:ex8_6.cpp
2  #include <iostream>
3  using namespace std;
4  int add(int x,int y);
5  int subtract(int x,int y);
6  int multiply(int x,int y);
7  int divide(int x,int y);
8  int main()
9  {
10     int n;
11     int (*p[4])(int x,int y);                    //定义函数指针数组
12     p[0] = add;                                  // p[0]指向函数add
13     p[1] = subtract;                             // p[1]指向函数subtract
14     p[2] = multiply;                             // p[2]指向函数multiply
15     p[3] = divide;                               // p[3]指向函数divide
16     for(int i=0; i<4; i++)                       //使用函数指针调用函数
17         cout <<  p[i](10,5) << endl;
18     return 0;
19 }
20 int add(int x,int y)
21 {
22     return x + y;
23 }
24 int subtract(int x,int y)
25 {
26     return x - y;
27 }
28 int multiply(int x,int y)
29 {
30     return x * y;
31 }
32 int   divide(int x,int y)
33 {
34     if(y ==0)
35         return 0;
36     else
37         return x / y;
38 }
```

程序运行结果如下：

```
15
5
50
2
```

分析：程序中也可以定义函数指针数组，如第11行代码定义了一个具有四个元素的函数指针

数组，第12~15行代码分别为四个函数指针赋值。在第16、17行的循环中，通过函数指针分别调用四个函数，完成加、减、乘、除运算，并输出运算结果。

8.5 命令行参数

8.5.1 命令行参数

C++主函数main也可以带有参数，称为命令行参数，通过该参数可以在命令提示符下运行程序时为程序提供参数，main函数的原型如下：

```
int  main(int argc,char *argv[])
```

第一个参数argc保存命令行的参数个数，是整型数据，由于程序名本身也被当作一个参数，因此它至少为1。

第二个参数argv是指向字符的指针数组，用来接收实参(字符串)。argv[0]就是程序名，argv[1]就是第一个参数，等等。

例8-7的程序编译后，会生成可执行文件ex8_7.exe，在命令提示符下输入“ex8_7 5 + 6”，程序将输出5加6的计算结果：11。

【例8-7】加减乘除计算器

使用命令行参数为主函数提供参数，实现加、减、乘、除运算。

```
1   //文件:ex8_7.cpp
2   #include <iostream>
3   using namespace std;
4   int main(int argc,char *argv[])
5   {
6       int a1, a2, a3;
7       char c;
8       if(argc!=4)                          //程序名、两个数、运算符，一共4个参数
9       {
10          cout << "参数数量不对。\n";
11          exit(0);
12      }
13      a1 = atoi(argv[1]);                  //第一个数 ，atoi将字符串转化为对应的整数
14      a2 = atoi(argv[3]);                  //第二个数
15      c = argv[2][0];                      //运算符，将字符串转换为字符
16      switch(c)                            //根据运算符，分别实现不同的运算
17      {
18      case '+':         a3 = a1+a2;
19          break;
20     case '-':          a3 = a1-a2;
21          break;
22      //case '*':       a3 = a1*a2;
23          //break;
24      case '/':         a3 = a1/a2;
25          break;
```

扫一扫，看视频讲解

```
26      default:          cout << "运算符输入错误。\n";
27          exit(0);
28      }
29      cout << a1 <<a3 << endl;
30      getchar();
31      return 0;
32  }
```

分析：程序首先判断命令行参数的个数，由于需要两个运算数、一个运算符，还有程序名本身，因此应该有4个参数，其中argv[0]是程序名、argv[1]是第一个运算数、argv[2]是运算符、argv[3]是第二个运算数。由于得到的参数是字符串，要用函数atoi将两个运算数转换为整数。最后根据运算符进行不同的运算。

8.5.2　带有命令行参数程序的运行

为带有命令行参数的程序提供参数有两种方式，一种是在运行窗口（或者在命令提示符下）中提供，另一种是在C++集成环境中通过运行参数设置。

1. 在运行窗口运行

假设编译好的程序是ex8_7.exe，并保存在D:\ygx\BookExample文件夹下。在Windows的“开始”菜单中选择“运行”菜单项，出现“运行”窗口，在“运行”窗口中输入命令，如图8-1所示。单击“确定”按钮即可运行程序。

图8-1　在运行窗口运行程序

程序运行结果如下：

```
4+7的结果是:11
```

> **注意：**
>
> 输入的4、+、7之间要有空格。

程序运行时，主函数的参数argc的值是4，argv[0]是“D:\ygx\BookExample\ex8_7”，argv[1]是“4”，argv[2]是“+”，argv[3]是“7”。函数exit是退出程序运行，函数atoi将一个字符串转换为整数。

由于在运行窗口运行程序后，运行结果屏幕显示后会立即消失，为了看清运行结果，在程序最后增加语句“getchar();”，等待输入一个字符后，运行结果的屏幕再消失。

注意：

对于乘法运算符*，有的系统会有特殊用途（如C-Free），在输入时就要加引号，且*前后加空格，如“4" * "7”，在程序中得到这个参数也要处理前后空格（本例第15行代码获取运算符，要做处理。为了简化程序，本例将乘法运算删掉）。

2. 在 C-Free 中运行

编辑完程序后，选择“构建”菜单中的“参数”菜单项，出现“参数”对话框，在参数下面的文本框中输入参数，如图8-2所示。

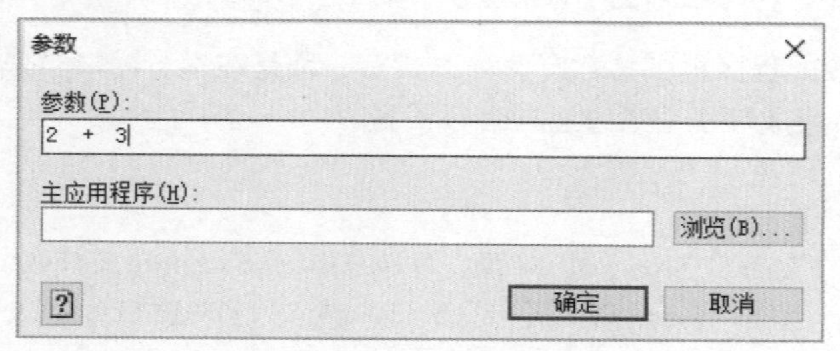

图 8-2 “参数”对话框

单击“确定”按钮后，再运行程序，主函数就会获得这些参数。

3. 在 Visual Studio 中运行

在“解决方案资源管理器”窗口中找到项目名，右击，在快捷菜单中选择“属性”，打开“属性”对话框，在左侧选中“配置属性”列表中的“调试”，在右侧的“命令参数”后面输入参数，如图8-3所示。

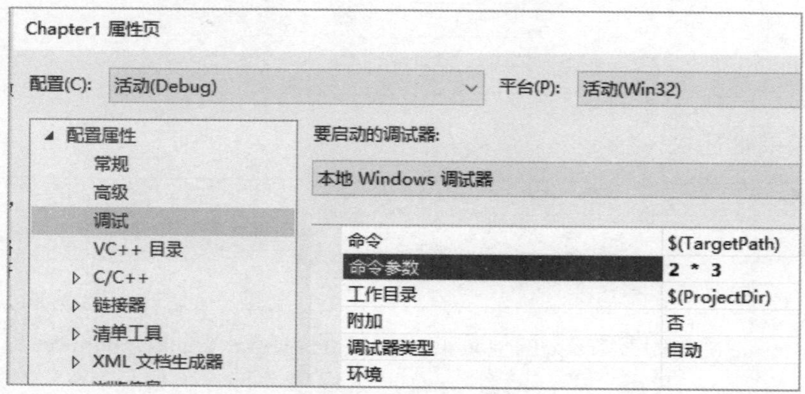

图 8-3 “属性”对话框

单击“确定”按钮后，再运行程序，主函数就会获得这些参数。在Visual Studio中运行，可以将乘法的处理加上。

8.6 变量的存储类别

8.6.1 内部变量与外部变量

1. 内部变量

在一个函数内部定义的变量是**内部变量**(也称为**局部变量**)，它只在该函数范围内有效。也就是说，只有在包含变量说明的函数内部才能使用被说明的变量，在此函数之外就不能使用这些变量了。例如：

```
void  f1(int a)
{
    int b,c;
    …
}
int f2(int x)
{
    int y,z;
    …
}
void main()
{
    int m,n;
    …
}
```

在函数f1内定义了3个变量:a为形参，b和c为一般变量。变量a、b、c的作用域限于函数f1内；同样，x、y、z的作用域限于函数f2内，m和n的作用域限于函数main内。

函数的形参也是该函数的内部变量。允许在不同的函数中使用相同的变量名，它们代表不同的对象，分配不同的单元。

在复合语句中也可以定义变量，其作用域只在该复合语句范围内。例如：

```
 1  int main()
 2  {
 3      int i,a;
 4      …
 5      for(i=0; i<10; i++)
 6      {
 7          int b;
 8          …
 9      }
10      b = 10;                                  //错误，此范围b没有定义
11      a = 10;                                  //正确
12  }
```

8

变量b的作用域限于定义它的复合语句中，也就是从第7行变量定义开始到第9行复合语句结束。

2. 外部变量

在函数外部定义的变量称为**外部变量**（或**全局变量**）。外部变量不属于任何一个函数，其作用域是从外部变量的定义位置开始，到本文件结束为止。外部变量可被作用域内的所有函数直接引用。例如：

```
1  int a,b;                                   //外部变量a和b
2  void f1()                                  //函数f1
3  {
4      …
5  }
6  float x,y;                                 //外部变量x和y
7  main()                                     //主函数
8  {
9      …
10 }
```

变量a、b、x、y都是在函数外部定义的外部变量。由于a和b定义在程序的最前面，因此在函数f1和main函数中都可以使用；而x和y定义在函数f1之后，因此在函数f1中不能使用变量x和y。

【例8-8】使用局部变量和全局变量

```
1  //文件:ex8_8.cpp
2  #include <iostream>
3  using namespace std;
4  void fun();
5  int i=1;                                   //全局变量，文件作用域
6  int main()
7  {
8      cout << "全局变量 i=" << i << endl;     //输出全局变量:1
9      int i=5;                               //函数局部变量，块作用域
10     {
11         int i;                             //块局部变量，块作用域
12         i=7;
13         cout << "块局部变量 i=" << i << endl;    //块局部作用域:7
14         cout << "全局变量 i=" << ::i << endl;    //::使用全局变量:1
15     }
16     cout << "函数局部变量 i=" << i<< endl;   //函数局部变量:5
17     cout << "全局变量 i=" << ::i << endl;   //::使用全局变量:1
18     fun();
19     return 0;
20 }
21 void fun(){
22     int i = 10;
23     cout << "fun()中的局部变量 i=" << i << endl;
24     cout << "全局变量 i=" << ::i << endl;
25 }
```

微信扫码

扫一扫，看视频讲解

程序运行结果如下：

```
全局变量 i=1
块局部变量 i=7
全局变量 i=1
函数局部变量 i=5
全局变量 i=1
fun()中的局部变量 i=10
全局变量 i=1
```

分析：程序中定义了一个全局变量i，主函数中定义一个函数内的局部变量i以及一个复合语句中定义的局部变量i，函数fun中定义一个函数内的局部变量。

全局变量在任何函数中都可以访问，函数中定义的局部变量在该函数中可以访问，而在复合语句中定义的局部变量只在该复合语句中能够访问，因此全局变量的作用域最大，复合语句中定义的局部变量的作用域最小。

在某一段程序中，如果有多个同名变量同时有效，则优先访问作用域小的变量。如果要访问与局部变量同名的全局变量，则必须在变量名前加符号“::”，表明不使用局部变量，从例8-8中可以得到验证，符号“::”也称为域运算符。

8.6.2 变量的存储类别

程序中的变量在内存中的存储方式可以分为两大类：静态存储方式和动态存储方式。

静态存储变量是指在程序运行期间，分配固定的存储空间；动态存储变量是在程序执行过程中根据需要动态地分配存储空间。

如全局变量为静态存储方式，也就是在程序运行期间，全局变量始终存在并固定在同一个位置；而局部变量是动态存储方式，如在某函数中定义的局部变量，当程序执行到该函数时，就为函数中的局部变量分配存储单元，当程序离开该函数时，函数中的局部变量就被释放，当下一次再执行到该函数时，再重新为它的局部变量分配存储单元。

如果要使局部变量具有静态存储方式，可以使用static关键字定义静态局部变量，与static相对应的是关键字auto，用来定义自动变量。

1. 静态变量

静态变量的定义格式如下：

```
static 数据类型 变量名;
```

如果内部变量被定义为静态的，则在程序的执行过程中，变量始终存在，但在其他函数中是不能引用它们的。也就是说，内部静态变量的作用域仍然是在定义该变量的函数中。

如果不对静态变量初始化，则自动初始化为0（整型或实型）或'\0'（字符型）。每次调用它们所在的函数时，不再重新赋初值，保留上次调用结束时的值。

【例8-9】输出1 ~ 4的阶乘

利用静态变量的特点，编写一个求阶乘的函数。

```
1  //文件:ex8_9.cpp
2  #include <iostream>
```

8

```
3  using namespace std;
4  int fact(int n);
5  int main()
6  {
7      int i;
8      for(i=1; i<=4; i++)
9          cout << i << "! = " << fact(i) << endl;
10     cout << "不能这样计算10的阶乘:" << fact(10) << endl;          //不能实现
11     return 0;
12 }
13 int fact(int n)
14 {
15     static int f=1;                    //静态变量,初始化为1，调用时不再重新初始化
16     f *= n;
17     return f;                          //离开函数后，静态变量f的值被保存
18 }
```

扫一扫,看视频讲解

程序运行结果如下：

```
1! = 1
2! = 2
3! = 6
4! = 24
不能这样计算10的阶乘:240
```

分析：在第一次调用函数fact时，n=1，内部静态变量f的值是1，因此计算后变量f仍然是1，返回值是1；第二次调用函数fact时，n=2，内部静态变量f的值是1，计算后变量f是2，因此返回值是2；第三次调用函数fact时，n=3，内部静态变量f的值是2，计算后变量f是6，因此返回值是6；第四次调用函数fact时，n=4，内部静态变量f的值是6，计算后变量f是24，因此返回值是24。

循环之后，第10行代码再次以10为参数调用fact函数，变量f保留上次的值24，计算f的值是240，并不是10的阶乘。

注意：

本程序的求阶乘函数调用方式要受到限制，即只能从求1的阶乘开始，然后求2的阶乘、3的阶乘……，而不能随意求某个数的阶乘。因此本例求阶乘的函数只是演示静态变量的性质，在实际开发中不要设计这样的函数。

2. 自动变量

自动变量的定义格式如下：

```
auto 数据类型 变量名;
```

如果在定义变量时既不指定static也不指定auto，则默认为自动变量。自动变量属于动态存储方式。在函数中定义的自动变量只在该函数内有效；函数被调用时分配存储空间，调用结束就释放。

自动变量如果不初始化，则其值是不确定的。如果初始化，则赋初值操作是在调用时进行的，且每次调用都要重新赋一次初值。

【例8-10】静态变量与自动变量的使用

```
1  //文件:ex8_10.cpp
2  #include <iostream>
3  using namespace std;
4  void fun();
5  int i=1;                          // i 为全局变量，具有静态生存期
6  int main()
7  {
8      static int a;                 // a为静态局部变量，具有全局寿命，局部可见
9      int b=-10;                    // b和c为动态局部变量，具有局部生存期
10     int c=0;
11     cout<<"- - -MAIN- - -\n";
12     cout<<" i: "<<i<<" a: "<<a<<" b: "<<b<<" c: "<<c<<endl;
13     c=c+8;
14     fun();
15     cout<<"- - -MAIN- - -\n";
16     cout<<" i: "<<i<<" a: "<<a<<" b: "<<b<<" c: "<<c<<endl;
17     i=i+10;
18     fun();
19     return 0;
20 }
21 void fun()
22 {
23     // a和b为静态局部变量，具有全局寿命，局部可见
24     // 只第一次进入函数时被初始化
25     static int a=2;
26     static int b;
27     int c=10;                     // c为动态局部变量，每次进入函数时都初始化
28     a=a+2;
29     i=i+32;
30     c=c+5;
31     cout<<"- - -FUN- - -\n";
32     cout<<" i: "<<i<<" a: "<<a<<" b: "<<b<<" c: "<<c<<endl;
33     b=a;
34 }
```

扫一扫，看视频讲解

程序运行结果如下：

```
- - - MAIN - - -
 i: 1 a: 0 b: -10 c: 0
- - - FUN - - -
 i: 33 a: 4 b: 0 c: 15
- - - MAIN - - -
 i: 33 a: 0 b: -10 c: 8
- - - FUN - - -
 i: 75 a: 6 b: 4 c: 15
```

分析：运行结果的前两行是主函数第一次输出的内容，全局变量i的值为1，main函数的局部静态变量a、b被初始化为0和-10，自动变量c被初始化为0。

第13行代码将变量c的值改为8。然后调用fun函数，fun函数的局部静态变量a、b被初始化为2和0，自动变量c被初始化为10。第28~30行代码将a、i、c三个变量的值分别改为4、33、15，然

后输出这些变量的值。函数结束前将a的值，也就是4赋给b。

返回主函数后，输出四个变量的值，全局变量i的值已经改变为33，其他三个局部变量的值分别是0、-10、8。然后将i的值加10变为43。

再次调用函数fun，静态变量不再初始化，而是保留上次的值，c重新被初始化为10，将a的值加2变成6，将i的值加32变成75，将c的值增加5变成15，b保留上次的值4。最后输出四个变量的值。

8.7 小结

为了提高程序的效率，可以将频繁调用的小函数定义成内联函数（使用关键字inline）。编译器将内联函数嵌入每一次调用的位置，而不是在运行时跳转到函数的代码块。

如果多个函数具有相同或相近的功能，只是它们处理数据的类型不同，可以定义一些重载函数，它们的函数名相同，在调用时通过参数区分不同的函数。

在函数调用时，如果某个参数大部分时间都有一个确定的值，可以将这个固定的值作为对应参数的默认值。通常参数的默认值写在函数的原型中。在参数列表中，如果给某个参数提供了默认值，则其右侧的所有参数都必须有默认值。

主函数main也可以具有参数，称为命令行参数，在程序执行时，可以通过命令行参数为程序提过一些数据。

函数名代表了函数的首地址，可以定义指针专门用来保存函数的地址，称为函数指针，可以使用函数指针间接调用函数。

局部变量是在函数内部定义的变量，其有效范围在该函数的内部；全局变量在函数外面定义的变量，在整个文件中都有效。变量在内存中的存储方式有静态存储和动态存储，静态变量在程序运行期间一直存在，且地址是固定的；动态变量是在每次调用该函数时创建，离开就消失，下次调用再重新创建，因此不能保证分配到相同的地址。C++还提供了寄存器变量，用register关键词定义，寄存器变量使用寄存器，不占用内存，如果不能分配到寄存器，就被编译器当成普通的变量来处理。

8.8 习题八

8-1 函数重载必须满足的条件的是______。

（A）必须有不同的参数个数　　（B）对应的参数类型必须不完全相同

（C）选项（A）和（B）必须同时满足　　（D）选项（A）和（B）只要满足一个即可

8-2 下列带默认值参数的函数说明中，正确的说明是______。

（A）nt fun(int x,int y=2,int z=3);　　（B）int fun(int x=1,int y,int z=3);

（C）int fun(int x,int y=2,int z);　　（D）int fun(int x=1,int y,int z);

8-3 编写如下两个重载函数：

```
void  add(int, int );
void  add(char*, char*);
```

第一个函数输出两个参数之和，第二个函数将第二个参数连接到第一个参数之后，并输出连接后的字符串，在主函数中调用这两个函数。

8-4　编写一个函数show，实现以下功能：如果调用函数show("Hello, C++"); 则输出字符串"Hello, C++"两次，如果调用函数show("Hello, C++", n); 则输出字符串"Hello, C++"n次（n是一个整数）。

8-5　写出下列程序的运行结果。

```
//文件:hw8_5.cpp
#include <iostream>
using namespace std;
void fun1();
void fun2();
int a=0;                                    // a为全局变量，具有静态生存期
int main()
{
    static int a;                           // a为静态局部变量，具有全局寿命，局部可见
    int b= 10;                              // b和c为动态局部变量，具有局部生存期
    int c = 10;
    cout << " a: " << a << " b: " << b << " c: " << c <<endl;
    fun1();
    fun2();
    fun1();
    fun2();
    return 0;
}
void fun1()
{
    static int b;                           // b为静态局部变量
    int c = 20;                             // c为动态局部变量，每次进入函数时都初始化
    a = a+4;
    b = a + 20;
    cout << " a: " << a << " b: " << b << " c: " << c << endl;
}
void fun2()
{
    static int b;                           // b为静态局部变量
    int c = 30;                             // c为动态局部变量，每次进入函数时都初始化
    a = a+2;
    b = a + 10;
    cout << " a: " << a << " b: " << b << " c: " << c << endl;
}
```

第9章　位运算符、构造类型与名称空间

主要内容

◎ 位运算
◎ 结构
◎ 联合
◎ 枚举
◎ 名称空间

9.1　位运算符

C语言同时具有高级语言与汇编语言的优点，具有位运算能力是这种优点的一个体现。C语言可以对数据按二进制位进行操作，C++也继承了C语言的这一优点。

C++提供了6个位运算符，分别是按位与（&）、按位或（|）、按位异或（^）、按位取反（~）、左移位（<<）和右移位（>>）。

9.1.1　位运算

1. 按位与（&）

按位与运算是将两个操作数对应的二进制的每一位分别进行逻辑与操作，当对应的位都是1时，结果为1；否则为0。例如，计算9&7：

9：	00001001
7：	00000111
9&7：	00000001

因此9&7的结果是1。

2. 按位或（|）

按位或运算是将两个操作数对应的每一位分别进行逻辑或操作，当对应的位都是0时，结果为0；否则为1。例如，计算9|7：

9：	00001001
7：	00000111
9|7：	00001111

因此9|7的结果是15。

3. 按位异或（^）

按位异或运算是将两个操作数对应的每一位分别进行异或操作，即对应的位相同，则结果为0；对应的位不相同，结果为1。例如，计算9^7：

9：	00001001
7：	00000111
9^7：	00001110

因此9^7的结果是14。

4. 按位取反（~）

按位取反是一个单目运算符，对二进制的每一位取反，原来是1的位结果为0，原来是0的位结果是1。例如，~7：

7：	00000111
~7：	11111000

> **注意：**
>
> 由于int型整数占4个字节，而在以上分析时只用了最后一个字节，如果运算对前三个字节产生影响，则分析的结果是不准确的。

【例9-1】位运算符

```
 1  //文件:ex9_1.cpp
 2  #include <iostream>
 3  using namespace std;
 4  int main()
 5  {
 6      cout << "7&9 = " << (7&9) <<endl;
 7      cout << "7|9 = " << (7|9) <<endl;
 8      cout << "7^9 = " << (7^9) <<endl;
 9      cout << "~7 = " << (~7) <<endl;
10      return 0;
11  }
```

程序运行结果如下：

```
7&9 = 1
7|9 = 15
7^9 = 14
~7 = -8
```

分析：前三行的输出与我们的分析是一样的，最后一行输出的是-8，将7的4个字节二进制写完整就是“00000000000000000000000000000111”，按位取反的结果是“11111111111111111111111111111000”，这是-8的二进制补码。如果对-8的二进制表示有怀疑，可以用8与-8的二进制相加验证。

8：	00000000000000000000000000001000
-8：	11111111111111111111111111111000
8+（-8）：	00000000000000000000000000000000

相加的结果32位全是0，最左侧有一个进位溢出，相加结果是0，验证了-8的二进制表示是合理的。

5. 左移位（<<）

左移位是一个双目运算符，作用是使运算符左侧的操作数的各位左移指定位数，低位补0，高位溢出部分舍弃。例如，7<<2是将7的每一位左移两位，高位溢出的两位被舍弃，而最低两位

补0，因此7<<2的结果是28，如图9-1所示。

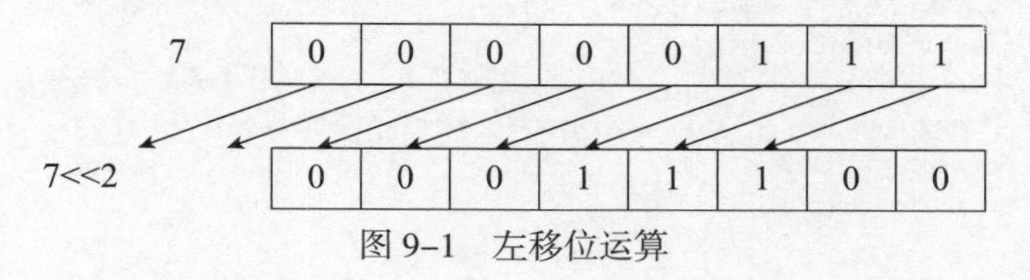

图9-1　左移位运算

6. 右移位（>>）

右移位也是一个双目运算符，作用是使运算符左侧操作数的各位右移指定位数，溢出的低位舍弃，对无符号数和有符号的正数，高位补0；对于有符号数的负数，有些系统补0（称为逻辑右移），有些系统补1（称为算术右移）。例如，7>>2的右移运算如图9-2所示。

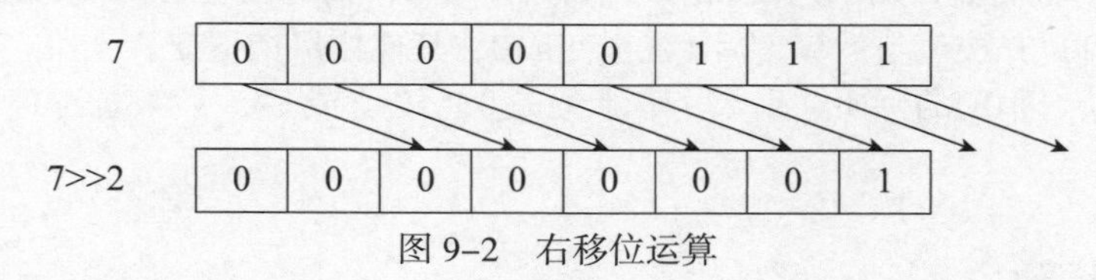

图9-2　右移位运算

将7的每一位右移两位，低位溢出的两位被舍弃，高位补0，因此7>>2的结果是1。

【例9-2】左移位与右移位运算符

```
1  //文件:ex9_2.cpp
2  # include <iostream>
3  using namespace std;
4  int main()
5  {
6      cout << "7<<2 = " <<  (7<<2) <<endl;
7      cout << "7>>2 = " <<  (7>>2) <<endl;
8      return 0;
9  }
```

程序运行结果如下：

```
7<<2 = 28
7>>2 = 1
```

9.1.2　位运算符应用举例

【例9-3】将一个整数的指定位设置为1或0

输入变量a、b的值，并将变量a的低4位置为0，将变量b的低4位置为1。

```
1  //文件:ex9_3.cpp
2  # include <iostream>
3  using namespace std;
4  int main()
5  {
```

```
 6      int a,b;
 7      cout << "请输入两个整数，空格分隔:";
 8      cin >> a >> b;
 9      a = a & (~0xf);            // ~0xf后4位是0，其他位都是1，将a的后4位置为0
10      b = b | 0xf;               // 0xf后4位是1，其他位都是0，将a的后4位置为1
11      cout << a << endl;
12      cout << b << endl;
13      return 0;
14  }
```

程序运行结果如下：

```
请输入两个整数，空格分隔:25 23
16
31
```

分析：0xf是十六进制数，用二进制表示时，后4位是1，其他位均是0；取反以后，后4位变为0，其他位变为1，再与a按位与运算，后4位全变成0，其他位保持不变。

b与0xf按位或，因0xf的后4位是1，其他位是0，按位或后，后4位为1，其他位为b原来的值。

9.2 结构类型

在前面的章节中，主要是用到了一些基本数据类型的数据。下面首先学习C++结构类型，后两节再介绍联合和枚举。

9.2.1 结构类型与结构变量的定义

结构也称结构体，如一个学生的基本情况可包含以下数据项：学号(no)、性别(sex)、年龄(age)和成绩(score)等。由于这些数据项的数据类型不同，如学号、年龄可以是int型，姓名、性别可以是字符串，成绩可以是float型，因此无法使用一个数组来保存这些信息，可以使用C++的结构变量来保存这一复杂的数据。

结构类型定义的一般格式如下：

```
struct 结构名
{
  数据类型1 成员名1;
  数据类型2 成员名2;
……
  数据类型n 成员名n;
};
```

例如：

```
struct student
{
    int no;
    char sex;
```

```
    int age;
    float score;
};
```

声明了一个student结构，使用关键词struct定义结构，student是结构名，将来就可以像定义int型变量一样定义student类型的变量。大括号中是结构包含的成员，每个成员有自己的类型。

上面只是声明了一个结构类型，要保存数据还要定义结构变量，结构变量的定义语法为：

```
结构名 结构变量名;
```

例如：

```
student s1, s2;
```

结构变量不能整体引用，只能引用结构中的各个成员，引用的格式为：

```
结构变量名.成员名
```

注意：

在C++中可以直接使用结构类型定义结构变量，而在C语言定义结构变量要加上struct关键词，如“struct student s1,s2;”。

【例9-4】结构变量的定义和使用

```
 1  //文件:ex9_4.cpp
 2  #include <iostream>
 3  using namespace std;
 4  struct student
 5  {
 6      int no;                         //学号
 7      char gender;                    //性别
 8      int age;                        //年龄
 9      float score;                    //成绩
10  };
11  int main()
12  {
13      student s1;
14      s1.no = 9901001;
15      s1.gender = 'm';
16      s1.age = 20;
17      s1.score = 90;
18      cout << "学号:" << s1.no << endl;
19      cout << "性别:" << s1.gender << endl;
20      cout << "年龄:" << s1.age << endl;
21      cout << "成绩:" << s1.score << endl;
22      cout << "占用内存字节数:" << sizeof(student) << endl;
23      cout << "占用内存字节数:" <<sizeof(s1) << endl;
24      return 0;
25  }
```

程序运行结果如下：

9

```
学号:9901001
性别:m
年龄:20
成绩:90
占用内存字节数:16
占用内存字节数:16
```

分析：对于结构中的成员就像普通的简单变量一样使用。程序最后用sizeof运算符计算结构的大小为16个字节。结构变量占用的字节数应为结构中各成员大小之和，在结构student中有两个整型成员占8个字节，一个字符型成员占1个字节，一个单精度实型成员占4个字节，因此一共为13个字节，与用sizeof计算出来的数值并不一致。这是因为C++在为结构成员分配内存时，采取内存对齐的原则，实际占用的内存通常要大于各成员大小之和。

上面先定义了结构类型，再定义结构变量，事实上，也可以在定义结构类型的同时定义结构变量。例如，可以按以下的方法定义结构变量s1、s2：

```
struct student
{
    int no;
    char sex;
    int age;
    float score;
}s1,s2;
```

9.2.2 结构类型的嵌套与结构变量的初始化

1. 结构类型的嵌套

为例9-4的学生类添加成员“出生日期”，因出生日期也是包含年、月、日三个成员的结构类型，称这种包含结构成员的结构为结构类型的嵌套，定义如下：

```
struct date
{
    int year;
    int month;
    int day;
};
struct student
{
    int no;                                    //学号
    char gender;                               //性别
    struct date birthday;                      //内嵌结构类型，出生日期
    float score;                               //成绩
};
student s;
```

包含结构类型成员的结构变量，可以使用多个“.”运算符引用其成员。如上面定义的结构变量s，可以使用s.birthday.year、s.birthday.month、s.birthday.day分别访问学生出生的年、月、日。

2. 结构变量的初始化

可以像对数组一样对结构变量初始化，例如：

```
student s={9901001,'m', {2013,10,24},95};
```

大括号中的初始化值要与结构成员的顺序相对应，如果有内嵌的结构成员，其对应的初值可以用嵌套的大括号分组，当然也可以不分组，下面的结果是一样的。

```
struct student s={9901001,'m', 2013,10,24,95};
```

【例9-5】结构变量的初始化

```
 1  //文件:ex9_5.cpp
 2  # include <iostream>
 3  using namespace std;
 4  struct date
 5  {
 6      int year;
 7      int month;
 8      int day;
 9  };
10  struct student
11  {
12      int no;                                         //学号
13      char gender;                                    //性别
14      date birthday;                                  //出生日期
15      float score;                                    //成绩
16  };
17  int main()
18  {
19      student s={9901001,'m', {2013,10,24},95};       //初始化
20      cout << "学号:" << s.no << endl;
21      cout << "性别:" << s.gender << endl;
22      cout << "出生日期:" << s.birthday.year << "年";
23      cout <<  s.birthday.month << "月" ;
24      cout <<  s.birthday.day << "日" << endl;
25      cout << "成绩:" << s.score << endl;
26      return 0;
27  }
```

扫一扫，看视频讲解

程序运行结果如下：

```
学号:9901001
性别:m
出生日期:2013年10月24日
成绩:95
```

9.2.3　结构数组与结构指针

1. 结构数组

前面的程序使用结构变量保存一个学生的信息，如果需要存储多个学生的信息，可以使用结

构数组，结构数组定义的一般格式是：

```
结构类型 数组名[常量表达式];
```

下面的程序使用结构数组处理5个学生的信息。

【例9-6】使用结构数组保存5个学生信息

```
 1  //文件:ex9_6.cpp
 2  #include <iostream>
 3  using namespace std;
 4  struct student
 5  {
 6      int no;                            //学号
 7      char gender;                       //性别
 8      int age;                           //年龄
 9      float score;                       //成绩
10  };
11  int main()
12  {
13      student s[5]={                     //定义结构数组并初始化
14                     {9901001, 'm', 20, 86},
15                     {9901002, 'f', 18, 92},
16                     {9901003, 'm', 21, 82},
17                     {9901004, 'm', 23, 94},
18                     {9901005, 'f', 21, 70} };
19      float sum = 0;
20      for(int i=0; i<5; i++)
21      {
22          sum += s[i].score;
23      }
24      cout << "平均成绩是:" << sum/5 << endl;
25      return 0;
26  }
```

程序运行结果如下：

```
平均成绩是:84.8
```

分析：结构数组中的每个元素相当于一个结构变量，都可以保存一个学生的信息。例如，程序中定义的结构数组s可以保存5个学生的信息。

和一般的数组一样，结构数组也可以初始化，结构数组初始化的一般格式为：

```
结构类型 数组名[常量表达式]={初值表};
```

在初值表中为了清晰表达初值与数组元素的对应关系，可以将每一个元素的初值都用大括号括起来进行分组，就像例9-6中程序中对结构数组s的初始化那样。当然不使用大括号将每个数组元素的初值分组也是可以的。

2. 结构指针

保存结构变量地址的指针变量称为结构指针变量，其定义的一般格式是：

```
结构类型名 *结构指针变量名;
```

例如，下面的程序定义了结构变量s和结构指针变量p，并将s的地址赋给指针变量p。

```
student  s={9901001, 'm', 20, 86};
student  *p;
p = &s;
```

通过结构指针变量访问结构中的成员时使用指向运算符“->”，如“p->no”“p->age”等。

结构数组也可以作为函数的参数，结构数组名也是结构数组的首地址，因此将结构数组名作为实参，传递的是结构数组的首地址，因此函数的形参可以定义成结构指针。

【例9-7】使用结构指针处理学生成绩

使用函数求成绩的平均值，函数的两个参数分别是结构指针和元素的个数。

```
 1  //文件:ex9_7.cpp
 2  #include <iostream>
 3  using namespace std;
 4  float average(struct student *p, int n);
 5  struct student
 6  {
 7      int no;                                              //学号
 8      char gender;                                         //性别
 9      int age;                                             //年龄
10      float score;                                         //成绩
11  };
12  int main()
13  {
14      student s[5]={
15                {9901001, 'm', 20, 86},                  //定义结构体数组并初始化
16                {9901002, 'f', 18, 92},
17                {9901003, 'm', 21, 82},
18                {9901004, 'm', 23, 94},
19                {9901005, 'f', 21, 70} };
20      cout << "平均成绩是:" << average(s,5) << endl;       //传递结构数组的首地址
21      return 0;
22  }
23  float average(student *p, int n)                         //第一个参数是结构指针
24  {
25      float sum = 0;
26      for(int i=0; i<n; i++)
27      {
28          sum += (p+i)->score;                             //p+i指向下标为i的元素
29      }
30      return sum/5;
31  }
```

扫一扫，看视频讲解

分析：运行结果与例9-6相同。

注意：

在第4行的average函数原型中，第一个参数是struct student *p，这个struct不能省略，因为编译器看到student时，并不知道student代表什么。如果将average函数原型放在第5~11行结构类型定义之后，则可以省略struct，因为此时编译器已经看到了student的定义。

average函数的第一个参数p是结构指针，第二个参数n是学生的个数。形参p接收的是结构数组第1个元素（下标是0）的地址，因此p+i就是第i+1个元素（下标是i）的地址，(p+i)->score就是第i+1个学生的成绩，通过循环将5个学生的成绩求和，最后返回平均值。

形参结构指针变量p与实参结构数组之间的关系可用图9-3表示。

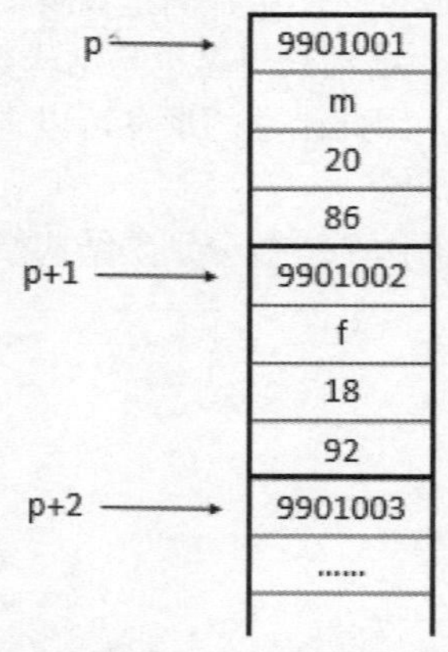

图 9-3　结构指针 p 与结构数组的关系

9.3　联合

结构变量的大小为结构中所有成员大小之和，有时需要使几个不同的变量占用同一段内存空间，这时可以声明一个联合来实现，联合也称为共用体，联合的声明语法如下：

```
union 联合名
{
  数据类型1 成员名1;
  数据类型2 成员名2;
……
  数据类型n 成员名n;
};
```

例如，下面声明了一个联合data：

```
union  data
{
    int i;
    char ch;
    float f;
};
```

定义联合类型后，要保存数据，还要定义联合变量，联合变量的定义语法为：

```
联合名 联合变量名;
```

例如：

```
data  d1, d2;
```

联合变量不能整体引用，只能引用联合中的各个成员，引用的格式为：

```
联合变量名.成员名
```

【例9-8】联合变量的定义和使用

```
1  //文件:ex9_8.cpp
2  #include <iostream>
3  using namespace std;
4  union  data                                          //定义联合类型
5  {
6      int i;
7      char ch;
8      float f;
9  };
10 int main()
11 {
12     data d;                                          //定义联合变量
13     d.i = 97;                                        //给一个成员赋值，影响所有成员
14     cout << d.i << ", " << d.ch << ", " << d.f << endl;
15     d.ch = 'A';
16     cout << d.i << ", " << d.ch << ", " << d.f << endl;
17     d.f = 100;
18     cout << d.i << ", " << d.ch << ", " << d.f << endl;
19     cout << sizeof(data) << endl;                    //联合类型data占用的字节数
20     cout << sizeof(d) << endl;
21     return 0;
22 }
```

程序运行结果如下：

```
97, a, 1.35926e-43
65, A, 9.10844e-44
1120403456,  , 100
4
4
```

分析：程序最开始为联合变量的成员i赋值97，输出的成员i是97，成员ch是a，因为字母a的ASCII码正好是97，成员f是一个预想不到的值，因为在计算机中整型数据和实型数据的存储方式是不一样的，不能通过i的值推测f的值。

然后将成员ch赋值为A，发现成员i和成员f的值也都改变了；最后将成员f赋值为100，成员i和成员ch也跟随改变，表明三个成员确实占用同一段内存。

最后用sizeof运算符求得联合变量大小为4个字节，说明联合类型所占用的内存字节数与最大成员占用的内存字节数相同。

【例9-9】求一个整数高位数和低位数

编写程序求出一个短整型整数高位字节和低位字节中的数据。短整型数据占2个字节，字符型数据占1个字节。C++联合中的各个成员占用同一个内存空间，可以利用这一性质方便地求出一个短整型数据的2个字节中的数据。

```
1  //文件:ex9_9.cpp
2  #include <iostream>
3  using namespace std;
4  union word{
5      unsigned char ch[2];                          //共2个字节
6      unsigned short num;                           //2个字节
7  };
8  int main()
9  {
10     word  w;                                      //定义联合变量
11     w.num = 2856;                                 //二进制00001011 00101000
12     cout << w.num << "的低字节是:" << (int)w.ch[0];
13     cout << " 高字节是:" << (int)w.ch[1] << endl;
14     w.ch[0]=93;                                   //二进制是01011101
15     cout << w.num << "的低字节是:" << (int)w.ch[0];
16     cout << " 高字节是:" << (int)w.ch[1] << endl;
17     return 0;
18 }
```

程序运行结果如下：

```
2856的低字节是:40 高字节是:11
2909的低字节是:93 高字节是:11
```

分析：十进制数2856的二进制表示是0000101100101000，高8位00001011就是十进制数11，低8位00101000就是十进制数40，这就是运行结果中第1行的输出结果。第14行代码将低8位设置为93，十进制数93的二进制表示是01011101，此时的num是0000101101011101，对应的十进制数是2909，这是运行结果中第2行的输出结果。

9.4 枚举

枚举是用标识符表示的整型常量的集合，用关键字enum定义，枚举类型定义的语法如下：

```
enum 枚举类型名 {枚举元素1, 枚举元素2, …,枚举元素n};
```

例如：

```
enum  weekdays {Sun,Mon,Tue,Wed,Thu,Fri,Sat};
```

枚举定义中的各枚举元素不能同名，如果不指定枚举元素的起始值，将自动从0开始为各个枚举元素设置初值，后面的枚举元素依次增1。

上面定义的枚举类型中，枚举元素Sun、Mon、Tue、Wed、Thu、Fri、Sat的值分别是0、1、2、3、4、5、6。

如果指定某个枚举元素的值，则下一个枚举元素如果没有指定值，就是上一个枚举元素值加1，如下面的枚举定义：

```
enum  weekdays   {Sun=7, Mon=1, Tue, Wed, Thu, Fri, Sat };
```

枚举元素Sun、Mon、Tue、Wed、Thu、Fri、Sat的值分别是7、1、2、3、4、5、6。

有了枚举类型后，可以定义枚举变量，枚举变量定义的语法为：

枚举类型名 枚举变量名;

例如：

```
weekdays workday;
```

【例9-10】枚举类型的应用

输入一个1 ~ 7中的整数，输出对应的是星期几。

```
 1  //文件:ex9_10.cpp
 2  #include <iostream>
 3  using namespace std;
 4  enum weekday{Sun=7, Mon=1, Tue, Wed, Thu, Fri, Sat};      //定义枚举类型
 5  int main()
 6  {
 7      int  day;
 8      cout << "输入星期几(1-7):";
 9      cin >> day;
10      switch(day)
11      {
12          case Sun: cout << "今天是星期天\n";
13              break;
14          case Mon: cout << "今天是星期一\n";
15              break;
16          case Tue: cout << "今天是星期二\n";
17              break;
18          case Wed: cout << "今天是星期三\n";
19              break;
20          case Thu: cout << "今天是星期四\n";
21              break;
22          case Fri: cout << "今天是星期五\n";
23              break;
24          case Sat: cout << "今天是星期六\n";
25              break;
26          default: cout << "输入有误\n";
27              break;
28      }
29      return 0;
30  }
```

微信扫码

扫一扫，看视频讲解

程序运行结果如下：

```
输入星期几(1-7):3
今天是星期三
```

分析：第4行定义枚举类型weekday，每个枚举元素对应一个整数。根据输入的值与哪一个枚举元素相同，就输出对应的星期几。

枚举类型可以转换成int型，但int型不能自动转换为枚举类型。例如：

```
weekday day = Mon;
int a = 10, b;
```

9

```
b= day;                              //正确，可以将枚举类型转换为int型
//day =a;                            //错误，不能将int型转换为枚举类型
day = (weekday) a;                   //正确，可强制转换
```

9.5 名称空间

一个程序大到一定程度后，它通常会被分成很多子项目，每一个子项目都分别由不同的人或小组来完成与维护。要求所有的程序员必须小心处理标识符的命名问题，以避免那些相同的名字造成的冲突。随着程序规模的扩大，对这种情况的解决变得越来越麻烦。为此，C++引入了一个新的机制，即名称空间（namespace），来避免这种的冲突，将各种名称（如变量名、函数名等）都包装在一个名称空间中，这样，若有相同的定义但不在同一个名称空间时，就不会发生名字的冲突。

9.5.1 名称空间的定义与使用

1. 名称空间的定义

定义一个名称空间，使用关键字namespace，格式如下：

```
namespace 名称空间名
{
  ……
  ……
}
```

例如，定义名称空间NameSpace1，并在其中定义变量、函数等。

```
namespace  NameSpace1
{
    int a;
    int f1()
    {……}
    float f2()
    {……}
}
```

说明：

（1）名称空间只能在全局范围内定义，但名称空间是可以嵌套的。

（2）一个名称空间可以用另一个名字作为它的别名。例如，使用ns1作为上述名称空间NameSpace1的别名，可以用下面的语法：

```
namespace  ns1 =  NameSpace1;
```

这样在后面的代码中可以使用ns1代替NameSpace1。

2. 名称空间的使用

访问名称空间的名称有三种方法，使用域运算符、使用using声明、使用using编译指令。

(1)使用域运算符。为了指明访问的是哪一个名称空间中的标识符，可以在标识符的前面加上名称空间名和域运算符"::"，格式如下：

```
名称空间名::标识符
```

例如，下面一行程序可以访问名称空间NameSpace1中的变量a和函数f1。

```
NameSpace1::a = NameSpace1::f1();
```

【例9-11】名称空间的定义与使用

扫一扫，看视频讲解

```
1  //文件:ex9_11.cpp
2  #include <iostream>
3  using namespace std;
4  namespace ns1                                  //名称空间 ns1
5  {
6      int fun(int x, int y);
7  }
8  namespace ns2                                  //名称空间 ns2
9  {
10     int fun(int x, int y);
11     namespace ns3                              //名称空间 ns2::ns3
12     {
13         int fun(int x, int y);
14     }
15 }
16 int ns1::fun(int x, int y)                     //此函数fun是名称空间ns1中的
17 {
18     return x+y;
19 }
20 int ns2::fun(int x, int y)                     //此函数fun是名称空间ns2中的
21 {
22     return x*y;
23 }
24 int ns2::ns3::fun(int x, int y)                //此函数fun是名称空间ns2::ns3中的
25 {
26     return x-y;
27 }
28 int main()
29 {
30     cout << ns1::fun(3,4) << endl;             //调用名称空间ns1中的函数
31     cout << ns2::fun(3,4) << endl;             //调用名称空间ns2中的函数
32     cout << ns2::ns3::fun(3,4) << endl;        //调用名称空间ns2::ns3中的函数
33     return 0;
34 }
```

程序运行结果如下：

```
7
12
-1
```

分析：程序定义了名称空间ns1和ns2，又在名称空间ns2中嵌套定义名称空间ns3，每个名称空间中都定义了函数fun，这三个函数分别完成两个参数的加、乘、减运算。为了使用不同名称空间中的各个函数，在主函数中使用“名称空间”加“域运算符”加“函数名”的格式调用函数。如“ns1::fun(3,4)”，表示调用名称空间ns1中的函数fun。

函数的定义也可以直接写在名称空间中，例如：

```
namespace ns1
{
    int fun(int x, int y)
    {
        return x+y;
    }
}
```

注意：

如果用以下方式调用函数fun

```
cout << fun(3,4) << endl;
```

编译时会产生语法错误“fun未定义”，因为没有在全局空间定义函数fun。

（2）使用using声明。如果在每个标识符的前面都要加上名称空间的限定，那是很麻烦的，可以使用using声明解决这一问题。

using声明的一般格式是：

```
using名称空间名::标识符;
```

有了以上声明后，在当前范围内，就可以直接使用指定名称空间中指定的变量或函数，而不需要加名称空间的限定。

【例9-12】使用using声明

```
 1  #include <iostream>
 2  using namespace std;
 3  namespace ns1                          // ns1中定义三个函数
 4  {
 5      int fun1(int x, int y)
 6      {
 7          return x+y;
 8      }
 9      int fun2(int x, int y)
10      {
11          return x-y;
12      }
13      int fun3(int x, int y)
14      {
15          return x*y;
16      }
17  }
18  using ns1::fun1;                       //声明两个函数fun1和fun2
19  using ns1::fun2;
20  int main()
```

微信扫码

扫一扫，看视频讲解

```
21  {
22      cout << fun1(3,4) << endl;        //不需要ns1::限定
23      cout << fun2(3,4) << endl;        //不需要ns1::限定
24      cout << ns1::fun3(3,4) << endl;   //需要ns1::限定
25      return 0;
26  }
27  /*                                    //错误：名称fun1冲突
28  int  fun1(int x, int y){
29      return x * y;
30  }
31  */
```

程序运行结果如下：

```
7
-1
12
```

分析：函数fun1、fun2、fun3都是在名称空间ns1中定义的，由于使用using声明了ns1::fun1和ns1::fun2，因此在调用函数fun1和fun2时，就不需要加名称空间的限定了，但调用fun3时需要加上名称空间限定。

在第27~31行又定义了一个函数fun1，但由于与ns1中的函数fun1名称发生冲突，而产生编译错误。如果将using声明放在main函数中，则只是在main函数中加入了ns1中的函数fun1，与main函数外面定义的fun1则不会发生冲突。

（3）使用using编译指令。一个using声明只能使一个名称可用，如果希望一个名称空间中的所有名称都可用，可使用using编译指令。using编译指令的格式如下：

```
using namespace 名字空间名;
```

例如：

```
using  namespace ns1;
```

可以在当前区域直接使用ns1中定义的所有变量和函数等，而不需要加名称空间的限定。

【例9-13】使用using编译指令

```
 1  //文件:ex9_13.cpp
 2  #include <iostream>
 3  using namespace std;
 4  namespace ns1                    // ns1中定义三个函数
 5  {
 6      int fun1(int x, int y)
 7      {
 8          return x+y;
 9      }
10      int fun2(int x, int y)
11      {
12          return x-y;
13      }
14      int fun3(int x, int y)
15      {
16          return x*y;
```

微信扫码

扫一扫，看视频讲解

9

```
17        }
18    }
19    using namespace ns1;                      // using编译指令
20    int main()
21    {
22        cout << fun1(3,4) << endl;            //直接访问
23        cout << fun2(3,4) << endl;
24        cout << fun3(3,4) << endl;
25        return 0;
26    }
```

程序运行结果如下：

```
7
-1
12
```

分析：名称空间ns1中定义了三个函数fun1、fun2和fun3，由于使用了using编译指令，可以直接调用函数fun1、fun2和fun3，而不需要加名称空间的限定。

9.5.2 C++标准库

C++标准库被所有的C++编译器支持，所有标准C++的库都包含在一个单一的名称空间std中。C++标准库的头文件名都是不带扩展名".h"的，为了使用C++的标准库，可以使用以下指令：

```
using namespace std;
```

为了和C语言兼容，C++也保留了非标准的头文件（带扩展名".h"），因此在C++中仍然可以使用非标准库。

使用标准库的程序如下：

```
#include <iostream>
using namespace std;
int main()
{
    cout <<  "本例使用标准库" << endl;
    return 0;
}
```

需要注意的是，由于iostream和iostream.h都定义了cout，因此不能同时包含这两个文件，否则将产生二义性。

如果只是用cout，也可以使用using声明，例如：

```
#include <iostream>
using std::cout;
using std::endl;
int main()
{
    cout <<  "本例使用标准库" << endl;
    return 0;
}
```

C++标准库包含大量的函数和类，充分利用标准库，将给程序设计工作带来很大的方便。

9.6 C++ 文件的组织

前面各章的程序都是在一个文件中完成的，但一个实际的项目中通常会有大量的程序和各种资源，这些程序和资源分别放在不同的文件中。这里只讨论程序密切相关的两种文件，一种是头文件(.h文件)，另一种就是前面一直使用的源文件(.cpp文件)。

头文件一般存放的是结构的定义、函数的原型、全局的常量，还有第10章介绍的类等；源文件存放的是函数的实现、各种功能的实现等。

9.6.1 多文件组织的实现

下面通过一个具体实例介绍如何组织多个文件的。

【例9-14】多文件组织的实现案例

(1)案例要求。编写一个处理平面图形的程序，设计一个表示点的结构Point，有两个int型成员表示点的坐标；设计一个表示圆的结构Circle，包含一个Point成员表示圆心和一个double型成员表示半径；设计一个表示矩形的结构Rectangle，包含一个Point成员表示图形的中心，两个double型成员表示矩形的长和宽。要求能够计算两个图形的面积和周长，本例中的结构Point没有实质性的作用，只是用来说明文件间的关系。

(2)案例分析。由于程序涉及多个结构以及与结构相关的函数，为了方便管理，将它们分别放在不同的文件中，C++中的工程(项目)就是用来管理程序中的各种文件的，因此本例程序需要建立一个工程。

程序一共有6个文件，为了查找方便，在文件名的最前面加上例题的序号，6个文件的文件名及内容如下：

- ex9_14Point.h：Point结构的定义。
- ex9_14Circle.h：Circle结构的定义，以及与Circle相关的函数原型。
- ex9_14Rectangle.h：Rectangle结构的定义，以及与Rectangle相关的函数原型。
- ex9_14Circle.cpp：与Circle结构有关的函数的定义。
- ex9_14Rectangle.cpp：与Rectangle结构有关的函数的定义。
- ex9_14Main.cpp：主函数所在的文件。

(3)实现步骤。

步骤一：创建工程

选择“工程”菜单中的“新建”菜单项，出现“新建工程”对话框，在“工程类型”下方选择“控制台程序”，在“工程名称”编辑框中输入工程名ex9_14，如图9-4所示。单击“确定”按钮，在后面出现的对话框中都选择默认值，最终完成工程的创建。

这时在C-Free主界面的“文件列表”窗口可以看到刚刚创建的工程，如图9-5所示。

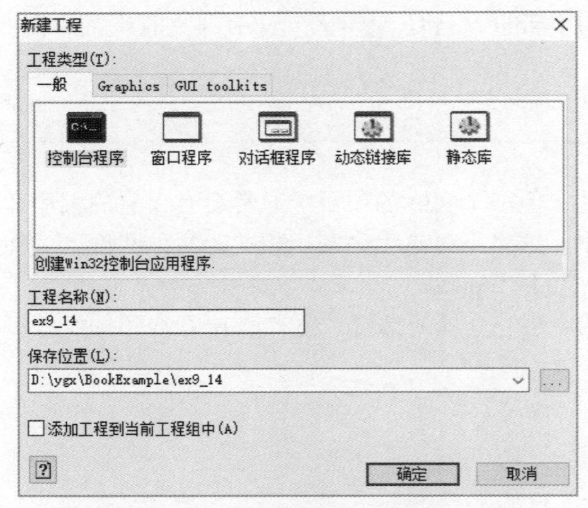

图 9–4 “新建工程”对话框

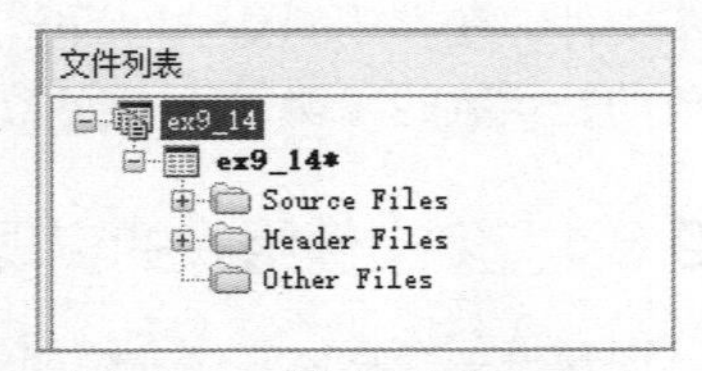

图 9–5 “文件列表”窗口

在图9–5中，有两个ex9_14，第一个显示的是工程组的名字，第二个是工程的名字。一个工程组可以包含多个工程。

步骤二：创建文件并添加到工程

现在将创建的文件添加到工程中，先创建头文件，选中图9–5中的工程ex9_14，然后单击工具栏中的“新建”按钮，新建一个文件，单击“保存”按钮，在文件名编辑框输入ex9_14Point.h，单击“保存”按钮，出现一个对话框，如图9–6所示。

单击“确定”按钮，出现“添加到工程中”对话框，如图9–7所示。

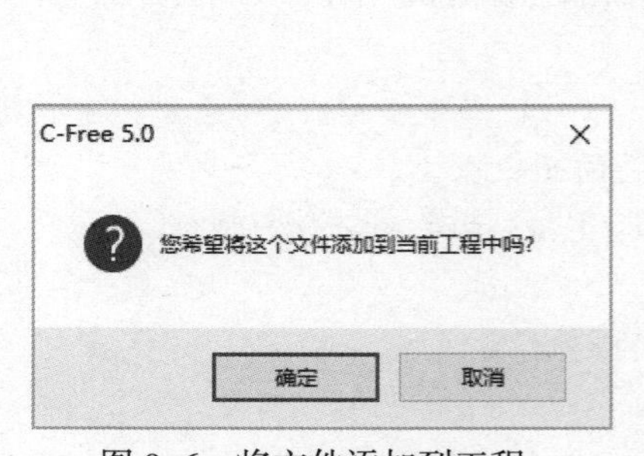

图 9–6 将文件添加到工程

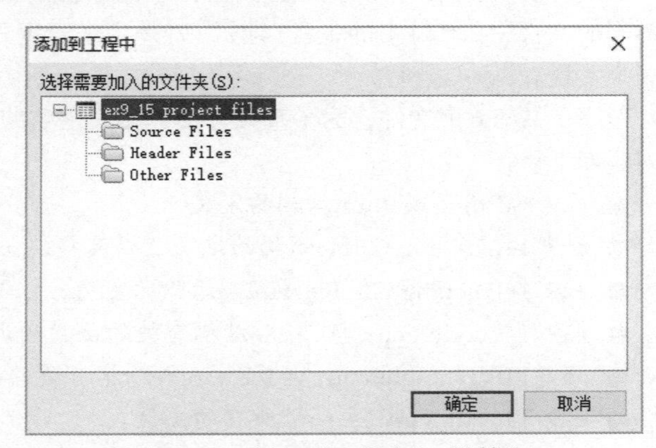

图 9–7 “添加到工程中”对话框

选中Header Files，单击“确定”按钮，新建的文件被添加到工程中，重复这一过程将头文件添加到工程中；再将三个源文件添加到Source Files中，结果如图9–8所示。

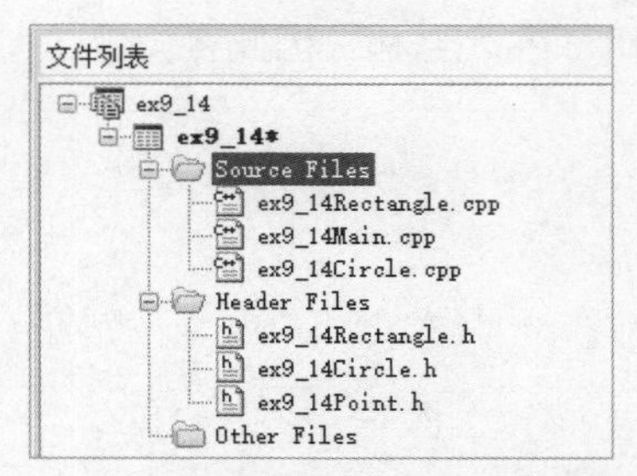

图 9-8　添加文件后的文件列表

步骤三：将程序输入对应的文件中

将下面的具体代码输入对应的文件中。

在ex9_14Point.h文件中，使用了条件编译预处理指令（#ifndef~#endif），有关条件编译的内容可以暂时忽略，稍后再进行详细的解释。

```
1  //文件:ex9_14Point.h
2  # ifndef EX9_14Point_H
3  # define EX9_14Point_H
4  struct Point                                    //结构Point表示平面上点的坐标
5  {
6      int x;
7      int y;
8  };
9  #endif
```

文件ex9_14Circle.h中使用了Point结构，因此要包含其头文件ex9_14Point.h。

```
1  //文件:ex9_14Circle.h
2  # include "ex9_14Point.h"
3  struct Circle                                   //结构中包含圆心和半径
4  {
5      struct Point center;
6      double radius;
7  };
8  double area(struct Circle c);                   //计算圆的面积
9  double perimeter(struct Circle c);              //计算圆的周长
```

文件ex9_14Circle.cpp中使用了Circle结构，因此要包含其头文件ex9_14Circle.h。

```
1  //文件:ex9_14Circle.cpp
2  # include "ex9_14Circle.h"
3  double area(struct Circle c)
4  {
5      return 3.14 * c.radius * c.radius;
6  }
7  double perimeter(struct Circle c)
8  {
9      return 2 * 3.14 * c.radius;
10 }
```

文件ex9_14 Rectangle.h中使用了Point结构，因此要包含其头文件ex9_14Point.h。

```
 1  //文件:ex9_14Rectangle.h
 2  # include "ex9_14Point.h"
 3  struct Rectangle
 4  {
 5      struct Point center;
 6      double length;
 7      double width;
 8  };
 9  double area(struct Rectangle c);
10  double perimeter(struct Rectangle c);
```

文件ex9_14Rectangle.cpp中使用了Rectangle结构，因此要包含其头文件ex9_14Rectangle.h。

```
 1  //文件:ex9_14Rectangle.cpp
 2  # include "ex9_14Rectangle.h"
 3  double area(struct Rectangle r)
 4  {
 5      return r.length * r.width;
 6  }
 7  double perimeter(struct Rectangle r)
 8  {
 9      return  2 * (r.length+r.width);
10  }
```

文件ex9_14Main.cpp中使用了Circle结构与Rectangle结构，因此要包含ex9_14Circle.h和ex9_14Rectangle.h两个头文件。

```
 1  //文件:ex9_14Main.cpp
 2  # include <iostream>
 3  # include "ex9_14Circle.h"
 4  # include "ex9_14Rectangle.h"
 5  using namespace std;
 6  int main()
 7  {
 8      struct Circle c = { { 4,5},10 };                    //定义结构变量c并初始化
 9      struct Rectangle r = { {6,8},10,20};                //定义结构变量r并初始化
10      cout << "圆的面积" << area(c) << endl;
11      cout << "圆的周长" << perimeter(c) << endl;
12      cout << "矩形的面积" << area(r) << endl;
13      cout << "矩形的周长" << perimeter(r) << endl;
14      return 0;
15  }
```

完成上述操作后，运行工程，输出结果如下：

```
圆的面积314
圆的周长62.8
矩形的面积200
矩形的周长60
```

以上程序本身并不复杂，主要是学习一下如何使用工程组织程序中的文件。

在资源管理器中，发现程序文件夹（BookExample）中出现一个以项目名命名的文件夹

ex9_14，刚刚创建的文件都被放在这个文件夹中，如图9-9所示。另外两个文件就是工程文件(ex9_14.cfp)和工程组文件(ex9_14.cfpg)。

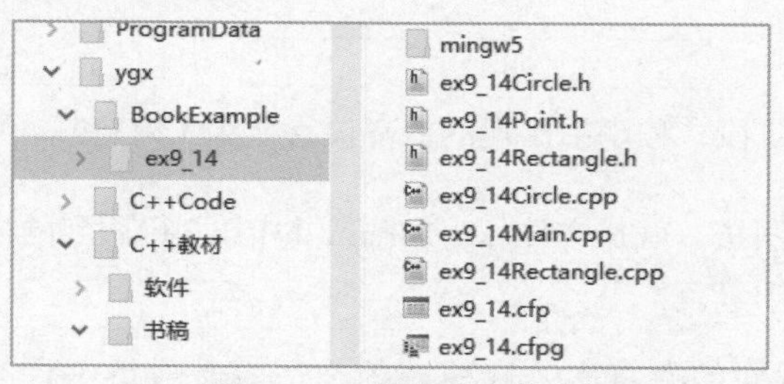

图9-9　工程所在文件夹

如果要将原来已经存在的文件添加到工程中，可以在“文件列表”窗口的对应文件夹上右击，在快捷菜单中选择“添加文件到文件夹”，然后找到需要添加的文件即可。

也可以将过程中的文件从工程中移除，方法是在要移除的文件名上右击，选择快捷菜单中的“从工程中删除”菜单项。

工程关闭后，如果下次想再打开编辑，可以选择“工程”菜单中的“打开”菜单项。

9.6.2　编译预处理指令

程序中用到的文件包含(#include指令)、条件编译(#ifndef~#endif)和宏定义(#define)都是编译预处理指令。下面介绍例9-14用到的相关内容，完整的知识请参考拓展阅读。

拓展阅读：

关于编译预处理的详细内容，请扫二维码查看。

1. 文件包含

当一个C++程序有很多文件时，为了在一个文件中使用另一个文件中定义的函数、常量等，通常是将常量和函数原型放在一个头文件中(扩展名是.h)，在使用这些函数、常量的文件中将对应的头文件包含进来。文件包含的格式是：

```
# include <文件名>
```

或

```
# include “文件名”
```

如果使用尖括号将文件名括起来，编译系统将在系统指定的文件夹中查找要包含的文件(在安装系统时由安装程序指定)，如果找不到将给出出错信息。

如果使用双引号将文件名括起来，编译系统将在工程目录中查找指定的文件，如果找不到再到系统指定的文件夹中查找要包含的文件，如果仍找不到将给出出错信息。

2. 宏定义

使用宏定义定义常量，前面已经比较熟悉了，格式如下：

```
# define 标识符 字符串
```

例如：

```
# define PI 3.14159
```

作用是在编译预处理阶段，程序中出现的PI都被替换为3.14159，也就是说在正式编译时已经看不到PI了。

#define另外还有一种用法，就是文件ex9_14Point.h中第3行用到的格式。

```
# define EX9_14Point_H
```

只有标识符，没有后面的字符串，这种宏的作用只是告诉编译程序，定义了一个名字为EX9_14Point_H的宏。

3. 条件编译

条件编译是根据指定的条件选择不同的程序段编译，条件编译有三种格式。这里介绍其中的一种，格式如下：

```
# ifndef 标识符
  程序段1;
# else
  程序段2;
# endif
```

功能是当标识符没有被#define定义过时，编译程序段1；否则编译程序段2，其中#else部分也可以省略。

例如，ex9_14Point.h使用的就是这种条件编译，首先看一下如果ex9_14Point.h没有这个条件编译会产生什么情况。删除条件编译代码后的程序如下：

```
//文件:ex9_14Point.h
struct Point                                    //结构Point表示平面上点的坐标
{
    int x;
    int y;
};
```

由于在文件ex9_14Circle.h中包含一次ex9_14Point.h，在ex9_14Rectangle.h中又包含一次ex9_14Point.h，这样工程中的结构Point被编译两次，造成Point重复定义的错误。

再看加入条件编译的代码。

```
1  //文件:ex9_14Point.h
2  # ifndef EX9_14Point_H
3  # define EX9_14Point_H
4  struct Point                                 //结构Point表示平面上点的坐标
5  {
6      int x;
7      int y;
8  };
9  # endif
```

在第一次编译ex9_14Point.h时，由于宏EX9_14Point_H还没有定义，因此编译第3~8行代码，其中第3行定义了宏EX9_14Point_H；第二次再编译ex9_14Point.h时，宏EX9_14Point_H已经定义，不再编译第3~8行代码，避免了重复定义。

为了避免重复包含引起的重复定义，所有的头文件都应该加上条件编译，如ex9_14Circle.h文件应该改成：

```
# ifndef EX9_14Circle_H
# define EX9_14Circle _H
    ……
# endif
```

ex9_14Rectangle.h文件应该改成：

```
# ifndef EX9_14Rectangle_H
# define EX9_14Rectangle_H
    ……
# endif
```

9.7 小结

C++提供了6个位运算符，分别是按位与（&）、按位或（|）、按位异或（^）、按位取反（~）、左移位（<<）和右移位（<<）。利用这些位运算符可以对二进制的位进行操作。

除了基本的数据类型，为了处理更复杂的数据，C++还提供了组合类型，如结构、联合、枚举类型等。

结构可以将不同类型的数据组织到一起，以表示复杂的结构，结构变量占用的内存空间是其各成员占用内存空间之和，由于编译程序采取内存对齐的策略，实际占用的内存有时会大于各成员占用内存空间之和。联合中的各成员占用同一块内存空间，这对获取一个整数中的每个字节非常方便。枚举用来定义一组相关的数值类型常数，有助于提高程序的可读性。

名称空间是用户命名的作用域，在不同的名称空间中可以使用相同的名称而不发生冲突。

复杂的程序应该创建一个工程，在工程中添加各种文件，一般会将结构的定义、函数原型存放在头文件中，而函数的实现存放在源文件中。在需要的地方，使用#include将头文件包含进来。

9.8 习题九

9-1　变量a中的数据用二进制表示的形式是01011101，变量b中的数据用二进制表示的形式是11110000，将a的高4位取反，低4位不变，要执行的运算是______。

（A）a^b　　（B）a|b　　（C）a&b　　（D）a<<b

9-2　定义变量“char a, b;”，想通过a&b运算保留a的第3位和第6位的值，其他位都变成0，则b的二进制表示为______。

（A）00100100　　（B）11011011　　（C）00010010　　（D）01110010

9-3 如果短整型数据占2个字节，字符型数据占1个字节，有如下程序：

```
//文件:hw9_3.cpp
# include <iostream>
using namespace std;
int  main()
{
    union {
        unsigned short  n;
        unsigned char c[2];
    }u;
    u.c[0] = 'A';
    u.c[1] = 'B';
    cout  << u.n << endl;
    return 0;
}
```

程序的输出结果是______。

（A）AB　　（B）6566　　（C）16961　　（D）无法确定

9-4 定义一个结构类型date，包含年、月、日。编写一个函数days，参数是date结构类型，函数的功能是返回参数表示的日期是当年的第几天。在主函数中定义date型变量并赋值，然后调用days函数，最后在主函数中输出。

第 10 章　面向对象与类

主要内容

◎ 面向对象的特点
◎ 类与对象
◎ 构造函数
◎ 析构函数
◎ 拷贝构造函数
◎ 类的设计

类是实现C++面向对象程序设计的基础，在C++语言中面向对象程序设计占据着核心地位。利用它可以实现对数据的封装、隐蔽，通过类的继承与派生能够实现对问题的深入抽象描述。

10.1 面向对象的概念

10.1.1 面向过程与面向对象

在面向过程的程序设计中，过程(或函数)是构成程序的基本单位。面向过程以功能为中心，专注于问题的解决。将一个系统分解成若干模块，然后对每个模块继续分解，直到功能足够简单，能被一个函数(或过程)实现。当所有功能模块都实现了，将它们合理地组织起来，整个系统就实现了。

面向过程的程序设计，程序中的数据和处理数据的函数是相互分离的，当数据结构改变时，或者功能需求发生变化时，所有和该数据结构有关联的函数都要修改，程序的可维护性较差。

在面向对象的程序设计中，构成程序的基本单位是类。面向对象以系统中的关键对象为中心，将系统中的主要对象找出来，抽象出其属性和行为，将这些属性和行为封装在一起形成类，这些类相互合作完成系统的功能。

类中的大多数数据成员只能用本类中的成员函数进行处理，类通过简单的外部接口与外界联系，这样即使类中的数据结构发生改变，只要类的外部接口不变，使用该类的程序就不需要改变，使软件开发和维护更加方便。

10.1.2 面向对象程序设计的基本概念

下面简单介绍面向对象程序设计中的一些基本概念。

1. 类（class）

类描述了一组具有相同特性(数据元素)和相同行为(函数)的对象，如汽车、树、书和复数等都是类。不管哪一辆汽车，虽然颜色、性能等不同，但都具有一些相同的特征，如都有颜色、最高时速、百公里耗油量、载重量等，因此将它们划分为一个类(汽车类)；对于书来说都具有书名、作者、出版社、出版日期、定价和页数等属性，因此将它们划分为一个类(书类)。

2. 对象（object）

对象是现实世界实际存在的事物，是类的一个具体实例，如某一辆具体的汽车、某一棵树、某一本书都是一个对象。

面向对象程序设计中的对象是系统中用来描述客观事物的一个实体，它是用来构成系统的一个基本单位。对象由一组属性和一组行为构成。

3. 属性（attribute）

类中的特性(数据)称为类的**属性**，如汽车的颜色、最高时速、载重量等是汽车类的属性，书名、作者、单价等是书类的属性。不同的类具有不同的属性。

4. 方法（method）

类中的行为（函数）称为类的**方法**，如汽车类可以有加速方法、刹车方法、转向方法等。不同的类具有不同的方法，既不能让树做汽车可以做的事情，也不能让汽车做树可以做的事情，如不能让树加速、转向等，也不能给汽车浇水让其长大。

10.1.3　面向对象程序设计的特点

封装、数据隐藏、继承和多态是面向对象程序设计的主要特征。

1. 封装和数据隐藏

封装和数据隐藏的思想来源于现实世界，如在计算机发生故障需要更换一块内存条时，修理人员不需要自己去做一个内存条，而是在已经做好的内存条中找到一个合适的使用，因此对于维修人员来说，他并不关心内存条内部的结构，也没有必要为了使用内存条而了解内存条内部的工作原理，他关心的只是内存条的各种参数和与外界连接的方法。也就是说将内存条的内部数据和工作原理封装在内存条内部，从而实现内部数据的隐藏，为使用内存条的技术人员提供了极大的方便。

类似地，在面向对象程序设计中，也可以通过创建类（包含属性与方法）实现封装和数据隐藏。如创建汽车类，将汽车的内部数据和方法封装在一起，实现数据隐藏，使用汽车类的程序员并不需要掌握汽车类内部的具体细节，只需要了解汽车类的外部接口就可以了，为程序代码的重用提供了方便。

2. 继承

当需要设计一辆新型汽车时，通常可以有两种选择，一种是从头开始设计；另一种是在已有的相近型号的基础上进行一些改进，即在已有型号的基础上加入一些新的特性，称为继承，即新型车继承了原有车的特性，又增加了一些新的特性。

面向对象程序设计通过类的继承实现代码重用，即在已经存在类的基础上，定义一个新的类，新类继承已有类的属性和方法，并可以增加自己新的属性和方法。如人类有姓名、性别、年龄等属性；学生除了具有人类的所有属性之外，还有学号、成绩等属性。这样定义了人类以后，再定义学生类时，只要让学生类从人类继承，而不需要在学生类中重复定义姓名、性别、年龄等属性。

3. 多态

在面向对象的程序设计中，多态有两种类型，即静态多态和动态多态。静态多态是通过函数重载实现的，即多个函数可以具有相同的函数名，函数调用时，根据参数的个数和类型确定调用哪一个重载函数；动态多态则是通过类的继承与虚函数实现的。

10.2 类与对象

10.2.1 类的定义

类是一种用户自定义的数据类型，在C++中用关键字class声明，它的一般定义格式如下：

```
class 类名
{
  private:
    私有数据成员和成员函数;
  protected:
    保护数据成员和成员函数;
  public:
    公有数据成员和成员函数;
};
```

其中private、protected、public表明跟随其后面的成员的访问权限，分别为私有成员、保护成员和公有成员，后面再详细介绍。

类中的成员函数可以在类中直接写出函数定义，也可以在类中只写函数原型，然后在类的外面写出函数定义。

【例10-1】定义长方形类Rect

定义一个长方形类Rect，其数据成员有长和宽，函数成员包括设置矩形的长和宽，计算矩形的面积和周长。

```
 1  //文件:ex10_1.cpp
 2  #include <iostream>
 3  using namespace std;
 4  class Rect                                  //定义类Rect
 5  {
 6  private:                                    //2个私有属性
 7      int length;
 8      int width;
 9  public:                                     //4个公有方法
10      void setLength(int l);                  //这里给出函数原型
11      void setWidth(int w);
12      int getArea();
13      int getPerimeter();
14  };
```

微信扫码

扫一扫，看视频讲解

在Rect类中，定义了2个数据成员和4个成员函数，其中成员函数只给出函数的原型(即声明)，还需要在类的外面给出函数的定义。

函数setLength设置矩形的长度，函数setWidth设置矩形的宽度，函数getArea返回矩形的面积，函数getPerimeter返回矩形的周长。下面给出这4个成员函数的定义。

本书中类的命名规则是：每个单词的第一个字母大写，其余字母小写，如Rect。

成员函数的命名由表示具体含义的单词组成，可以是一个单词，也可以是多个单词的组合，除第一个单词外，其余每个单词的第一个字母大写，其余字母小写，如setLength。

下面给出这4个成员函数的定义，将这些函数的定义写在前面所定义的Rect类之后。

```
15 void Rect::setLength(int l)          //函数的定义
16 {
17     length = l;                      //注意：这里是小写字母l，不是数字1
18 }
19 void Rect::setWidth(int w)
20 {
21     width = w;
22 }
23 int Rect::getArea()
24 {
25     return length*width;
26 }
27 int Rect::getPerimeter()
28 {
29     return 2*(length+width);
30 }
```

在类外面进行函数定义时，为了指明函数是Rect类的成员函数，需要在函数名前用类名进行限制，其格式为：

类名::函数名(参数表)

例如：

```
Rect::SetColor(char *c)
```

我们将符号“::”称为域运算符。为了测试上面定义的矩形类，编写一个简单的主函数对其进行测试。

```
31 int main()
32 {
33     Rect r1, r2;                          //定义Rect类的对象r
34     r1.setLength(200);                    //调用函数
35     r1.setWidth(100);
36     r2.setLength(20);
37     r2.setWidth(10);
38     cout << "矩形1的面积:" << r1.getArea() << endl;
39     cout << "矩形1的周长:" << r1.getPerimeter() << endl;
40     cout << "矩形2的面积:" << r2.getArea() << endl;
41     cout << "矩形2的周长:" << r2.getPerimeter() << endl;
42     return 0;
43 }
```

函数的第33行定义了两个Rect类的对象r1和r2，与定义普通变量类似，其一般格式为：

类名 对象名1,对象名2,……;

定义了对象之后，即可访问对象的公有成员，如r1.setLength (200)，访问对象公有成员的一般格式为：

对象名.公有成员函数名(参数表)
对象名.公有数据成员名

程序运行结果如下：

```
矩形1的面积:20000
矩形1的周长:600
矩形2的面积:200
矩形2的周长:60
```

以上是将所有代码放在一个文件中，在涉及多个类的程序中，应该创建工程，为每个类提供两个文件，就像第9章的例9-14那样，一个是头文件Rect.h，一个是源文件Rect.cpp，将使用类的主函数单独放在一个文件中。

【例10-2】使用工程管理Rect类

创建工程ex10_2，添加文件ex10_2Rect.h、ex10_2Rect.cpp和ex10_2Main.cpp，程序代码如下：

```
1  //文件:ex10_2Rect.h
2  #ifndef EX10_2RECT_H
3  #define EX10_2RECT_H
4  #include <iostream>
5  using namespace std;
6  class Rect                                   //定义类Rect
7  {
8  private:                                     // 2个私有属性
9      int length;
10     int width;
11 public:                                      // 4个公有方法
12     void setLength(int l);                   //这里给出函数原型
13     void setWidth(int w);
14     int getArea();
15     int getPerimeter();
16 };
17 #endif
```

扫一扫，看视频讲解

```
1  //文件:ex10_2Rect.cpp
2  # include <iostream>
3  # include "ex10_2Rect.h"
4  void Rect::setLength(int l)                  //函数的定义
5  {
6      length = l;
7  }
8  void Rect::setWidth(int w)
9  {
10     width = w;
11 }
12 int Rect::getArea()
13 {
14     return length*width;
15 }
16 int Rect::getPerimeter()
17 {
18     return 2*(length+width);
19 }
```

```
1  //文件:ex10_2Main.cpp
2  # include <iostream>
3  # include "ex10_2Rect.h"
4  int main()
5  {
6      Rect r1, r2;                          //定义Rect类的对象r
7      r1.setLength(200);                    //调用函数
8      r1.setWidth(100);
9      r2.setLength(20);
10     r2.setWidth(10);
11     cout << "矩形1的面积:" << r1.getArea() << endl;
12     cout << "矩形1的周长:" << r1.getPerimeter() << endl;
13     cout << "矩形2的面积:" << r2.getArea() << endl;
14     cout << "矩形2的周长:" << r2.getPerimeter() << endl;
15     return 0;
16 }
```

注意：

为了方便练习，在后面的学习过程中，如果一个程序只有一个类，就只创建一个文件，如果一个程序有两个以上的类，就要为每一个类创建两个文件（一个头文件，一个源文件），再创建一个包含主函数的源文件。

10.2.2 成员的访问控制

在类的结构中，有数据成员（属性）和成员函数（方法）。在程序中，对这些成员的使用受成员访问权限的限制。类成员的访问权限分为三个等级：私有访问权限（private）、保护访问权限（protected）和公有访问权限（public）。

在关键字private后面声明的数据成员或成员函数具有私有访问权限，只允许类中的成员函数访问，其他函数不能访问。

在关键字protected后面声明的数据成员或成员函数具有保护访问权限，将在继承一章中详细介绍。

在关键字public后面声明的数据成员或成员函数具有公有访问权限，在任何函数中都可以访问。

关键字private、protected和public的作用范围是从该关键字开始直到遇到下一个关键字结束。例如，在例10-1的矩形类中，private的作用范围是int length和int width两行；之后遇到public关键字，private的作用结束，进入public控制的区域。当然如果在之后还需要声明私有成员，可以再使用private关键字。

为了测试一下私有成员的访问特点，将例10-2的主函数修改如下：

```
1  int main()
2  {
3      Rect r1, r2;                          //定义Rect类的对象r
4      r1.setLength(200);                    //正确:调用公有函数
```

```
 5     r1.setWidth(100);                    //正确：调用公有函数
 6     r2.length = 20;                      //错误：不能访问Rect中的私有成员
 7     r2.width = 10;                       //错误：不能访问Rect中的私有成员
 8     cout << "矩形1的面积:" << r1.getArea() << endl;
 9     cout << "矩形1的周长:" << r1.getPerimeter() << endl;
10     cout << "矩形2的面积:" << r2.getArea() << endl;
11     cout << "矩形2的周长:" << r2.getPerimeter() << endl;
12     return 0;
13 }
```

重新编译，第6、7行代码发生编译错误，不能访问类中的私有成员。因为length、width都是Rect类的私有成员，只有在Rect类的方法中才能访问，在这里不能访问。

如果不指定访问权限，在class中声明的成员默认为私有的。如例10-2的矩形类可以声明如下：

```
class Rect                                  //定义类Rect
{
    int length;                             //默认为私有访问权限
    int width;
public:                                     // 4个公有方法
    void setLength(int l);                  //这里给出函数原型
    void setWidth(int w);
    int getArea();
    int getPerimeter();
};
```

前2个数据成员没有指定访问权限，被认为是具有私有访问权限，和例10-2中的声明是完全一样的。

注意：

虽然可以使用默认的访问权限，但为了提高程序的清晰性，提倡使用关键字明确指明成员的访问权限。

与第9章介绍的结构相比，类就是在结构的基础上增加了成员函数。事实上，在C++中，类也可以使用关键字struct声明，struct与class的区别是：如果不指定访问权限，前者默认的访问权限是公有的，而后者是私有的。因此也可以用struct声明例10-2的矩形类，代码如下：

```
struct Rect                                 //定义类Rect
{
    void setLength(int l);                  // struct：默认的是公有访问权限
    void setWidth(int w);
    int getArea();
    int getPerimeter();
private:                                    // 2个私有属性
    int length;
    int width;
};
```

在struct中，默认的访问权限是公有的，利用这一特点为4个函数指定公有的访问权限，这种定义与前面用class声明类的结果完全相同。

10.2.3　类的成员函数

1. 类成员函数的定义方式

类的成员函数可以在类中直接定义，也可以在类的外部定义，在例10-2中就是在类的外部定义的成员函数，其一般格式为：

```
函数类型 类名::成员函数名(参数说明)
{
  函数体
}
```

在类的外面定义函数，需要使用域运算符指定该函数是哪一个类的成员函数。

成员函数也可以直接在类中定义。例如，可以将矩形类的成员函数setLength直接定义在类中。下面再看一个圆类的例子。

【例10-3】定义圆类Circle

定义圆类Circle，将成员函数的定义直接写在类中。

```
1  //文件:ex10_3.cpp
2  #include <iostream>
3  using namespace std;
4  const double PI = 3.14159;
5  class Circle
6  {
7  private:
8      double radius;
9  public:
10     void setRadius(double r)          //直接给出函数定义
11     {
12         radius = r;
13     }
14     double getArea()
15     {
16         return PI * radius * radius;
17     }
18     double getPerimeter()
19     {
20         return 2 * PI * radius;
21     }
22 };
23 int main()
24 {
25     Circle c;
26     c.setRadius(100);
27     cout << "圆的面积:" << c.getArea() << endl;
28     cout << "圆的周长:" << c.getPerimeter() << endl;
29     return 0;
30 };
```

程序运行结果如下：

```
圆的面积:31415.9
圆的周长:628.318
```

上述程序将圆类Circle中3个成员函数的定义直接写在类中，当然也可以将部分成员函数写在类中，另一部分成员函数写在类的外面。

2. 内联成员函数

与一般函数一样，类的成员函数也可以是内联函数，要使一个成员函数成为内联函数，有两种方法：一种方法就是将成员函数的定义直接写在类中，如上面圆类Circle的3个成员函数，如果函数足够简单，C++编译系统会将类中定义的成员函数当作内联函数处理；另一种方法就是在类的外部定义函数时，用关键字inline指定为内联函数，如将圆类Circle的setRadius函数写在类的外部，并加上关键字inline，如下面的代码所示。

```
inline void Circle::setRadius(double r)
{
    radius = r;
}
```

3. 带默认参数值的成员函数

与一般函数一样，类的成员函数也可以带有默认的参数值，需要指出的是，默认参数值只能在声明或定义中的某一处给出，不能在两处都给出默认值。例如，下面的代码为setLength函数和setWidth函数的参数提供了默认值。

```
class Rect
{
private:
    int length;
    int width;
public:
    void setLength(int l=10);            //这里给出函数原型，为参数提供默认值
    void setWidth(int w=2);
    int getArea();
    int getPerimeter();
};
```

当然在为参数提供默认值时，要遵守第8章所介绍的参数默认值的规则。

4. 理解对象与函数调用

与变量一样，程序中定义的每个对象都需要分配内存空间，当然由于类中会有多个数据成员，因此对象所占用的内存空间会更大。例如，在例10–2中定义矩形类有两个int型数据成员，每个对象就会占用两个int型数据的内存，如图10–1所示。

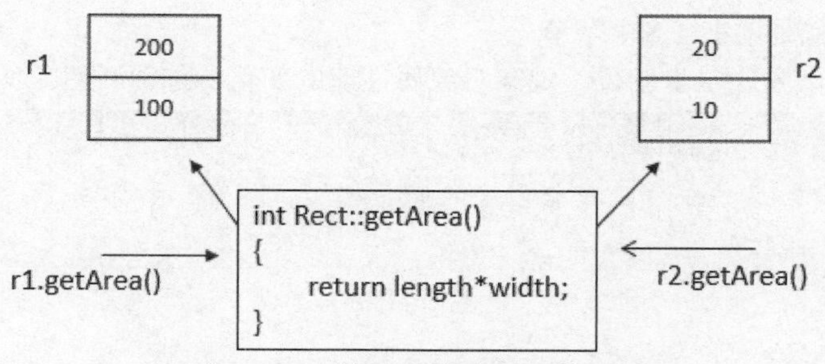

图 10-1　对象占用内存及函数调用

前面的章节所写的函数并不属于哪一个类，都是全局函数，直接使用函数名调用。而类中的成员函数需要用对象。当用r1 调用getArea函数时，访问的是对象r1 的数据；用r2 调用getArea函数时，访问的是对象r2 的数据。就像张三、李四都在银行开有账户，当张三取钱时，访问的是张三的账户；李四取钱时，访问的是李四的账户。

可以通过下面的例子来验证每个矩形对象所占的内存大小。

【例 10-4】矩形对象占用的内存

Rect类的代码与例 10-1 相同，不再重复给出，下面只给出主函数部分。

```
//文件:ex10_4.cpp
#include <iostream>
using namespace std;
……
int main()
{
    Rect r1, r2;                              //定义Rect类的对象r1,r2
    cout << "sizeof(Rect):" << sizeof(Rect) << endl;
    cout << "sizeof(r1):" << sizeof(r1) << endl;
    cout << "r1的地址:" << &r1 << endl;
    cout << "r2的地址:" << &r2 << endl;
    cout << "&r2+1:" << &r2+1 << endl;
    cout << "&r2+2:" << &r2+2 << endl;
    cout << "&r2+3:" << &r2+3 << endl;
  return 0;
}
```


程序运行结果如下：

```
sizeof(Rect):8
sizeof(r1):8
r1的地址:0x66ff20
r2的地址:0x66ff18
&r2+1:0x66ff20
&r2+2:0x66ff28
&r2+3:0x66ff30
```

分析：Rect类有两个int型数据成员，因此使用sizeof运算符求出Rect类的大小是8个字节，同样求r1 占用的字节数也是8。

后面几行输出的是地址，从&r2、&r2+1、&r2+2、&r2+3 的输出可以看出，r2加1，是下一个

Rect对象的地址，也就是增加了8个字节。

练习时，使用调试方式单步运行，观察对象属性值的变化，加深对对象的理解。

提示：

在后面的章节中，类的成员函数与方法的概念相同，既可以称为函数，也可以称为方法，而全局函数只能称为函数。

10.3 构造函数

类和对象的关系相当于简单数据类型与它的变量的关系，在定义变量时可以为变量提供初始值，即初始化，同样在定义对象时也可以为对象的属性提供初始值。在定义对象时为数据成员设置初值，称为对象初始化。C++提供了构造函数，可以为对象初始化。

与变量一样，在函数内部定义的对象为局部对象，当程序运行离开对象所在的函数后，该对象就消失。由于类中的数据成员可以有指针，对象中可能会有动态分配的内存，就需要在对象消失前将内存释放。C++提供了析构函数，可以进行内存释放等清理工作。

10.3.1 构造函数概述

1. 构造函数的特点

构造函数也是类的一个成员函数，除具有一般成员函数的特征之外，还有以下特殊的性质：

（1）构造函数的函数名与类名相同。

（2）不能定义构造函数的类型（即不能指明构造函数返回值的类型）。

（3）构造函数应声明为公有函数。

（4）构造函数不能在程序中调用，在对象创建时，构造函数被系统自动调用。

2. 构造函数的作用

构造函数的作用就是在创建对象时，利用特定的值构造对象，将对象初始化为一个特定的状态，使此对象具有区别于其他对象的特征。构造函数完成的是一个从一般到具体的过程，它在创建对象时由系统自动调用。

【例10-5】为Rect类添加构造函数

为了节省篇幅，先将暂时不用的两个set函数删除，加入构造函数。

```
1  //文件:ex10_5.cpp
2  #include <iostream>
3  using namespace std;
4  class Rect                                  //定义类Rect
5  {
6  private:                                    // 2个私有属性
7      int length;
8      int width;
```

```
 9  public:                                       //公有方法
10      Rect(int l, int w);
11      int getArea();
12      int getPerimeter();
13  };
14  Rect::Rect(int l, int w)                      //构造函数
15  {
16      length = l;
17      width = w;
18  }
19  int Rect::getArea()
20  {
21      return length*width;
22  }
23  int Rect::getPerimeter()
24  {
25      return 2*(length+width);
26  }
27  int main()
28  {
29      //Rect r1;                                //错误，没有匹配的构造函数
30      Rect r(100,50);                           //定义Rect类的对象r
31      cout << "矩形的面积:" << r.getArea() << endl;
32      cout << "矩形的周长:" << r.getPerimeter() << endl;
33      return 0;
34  }
```

程序运行结果如下：

```
矩形的面积:5000
矩形的周长:300
```

分析：第10行代码在类中给出构造函数的原型，注意不能指定函数类型。构造函数的主要作用就是为属性提供初始值，由于Rect类有两个int型数据成员，因此构造函数有两个整型参数。

第14~18行是构造函数的定义，功能就是用参数初始化属性。主函数中的第30行代码定义一个Rect类的对象，并提供两个整数作为参数，因此要调用有两个参数的构造函数，在构造函数中将r的属性length和width分别设置为100和50。

3. 初始化表

除了在构造函数体中为数据成员初始化，还可以使用初始化表对数据成员初始化。例如，例10–5中第14~18行代码所定义的构造函数，也可以改写成如下的形式：

```
Rect::Rect(int l, int w):length(l),width(w)
{
}
```

冒号后面的部分称为初始化表，其作用是用l初始化length，用w初始化width，与在函数体中赋值的效果是一样的。

如果类有常量的数据成员，则只能通过初始化表对其初始化；而一般的数据成员可以使用初

始化表初始化，也可以在函数体中初始化。

【例10-6】使用初始化表

将例10-3中的常量PI放在Circle类中，并增加构造函数，程序修改如下：

微信扫码

扫一扫,看视频讲解

```
 1  //文件:ex10_6.cpp
 2  #include <iostream>
 3  using namespace std;
 4  class Circle
 5  {
 6  private:
 7      const double PI;
 8      double radius;
 9  public:
10      Circle(int r):PI(3.14159)                    //常量成员必须用初始化表
11      {
12          radius = r;
13      }
14      double getArea()
15      {
16          return PI * radius * radius;
17      }
18      double getPerimeter()
19      {
20          return 2 * PI * radius;
21      }
22  };
23  int main()
24  {
25      Circle c(100);
26      cout << "圆面积:" << c.getArea() << endl;
27      cout << "圆周长:" << c.getPerimeter() << endl;
28      return 0;
29  }
```

程序运行结果如下：

```
圆面积:31415.9
圆周长:628.318
```

分析：第10~13行定义的构造函数，使用初始化表将常量成员PI初始化。因为常量是不能被赋值的，如果在构造函数体中为PI赋值（如下例代码）则产生错误。

```
Circle::Circle(int r)
{
    PI = 3.14159;                        //错误，不能给常量赋值
    radius = r;
}
```

如果像下面这样为PI赋初值仍然会产生错误（注意，新的C++标准允许这样赋值）。

```
class Circle
{
private:
```

```
const double PI=3.14159;      // C-Free中错误，Visual Studio 2019无错误
double radius;
……
```

10.3.2 默认构造函数

例10-5中的第29行代码，如果不注释掉就会有语法错误，是因为没有提供无参构造函数，但例10-1中同样的代码（例10-1中第33行）并没有产生错误。这是因为C++会给没有构造函数的类提供一个默认的构造函数，这个默认的构造函数没有参数，也不做任何事情，相当于程序中有一个如下所示的构造函数：

```
Rect::Rect()
{
}
```

因此在例10-1中，如下所示定义Rect对象，就会调用系统提供的默认构造函数：

```
Rect r1, r2;                              //调用没有参数的构造函数
```

而在例10-5中，由于已经定义了一个有两个int型参数的构造函数，因此系统不再提供默认的构造函数，此时再这样定义对象，当然就会因找不到合适的构造函数而产生错误。

不论以什么方式定义对象，都会调用类的构造函数，系统会根据提供参数的情况调用不同的构造函数，如果找不到与参数匹配的构造函数就产生编译错误。为了能够以不同的方式创建对象，往往需要提供多个构造函数，当然构造函数的名字都一样，参数不同，因此是重载关系。例10-7为Rect类添加了多个构造函数。

【例10-7】提供多个构造函数

在例10-5的基础上，再添加两个构造函数，在主函数中以不同的方式定义对象。

微信扫码 扫一扫,看视频讲解

```
 1  //文件:ex10_7.cpp
 2  #include <iostream>
 3  using namespace std;
 4  class Rect                                //定义类Rect
 5  {
 6  private:                                  // 2个私有属性
 7      int length;
 8      int width;
 9  public:                                   //公有方法
10      Rect();                               //无参构造函数
11      Rect(int l, int w);                   //两个int型参数的构造函数
12      Rect(int l);                          //一个int型参数的构造函数
13      int getArea();
14      int getPerimeter();
15  };
16  Rect::Rect()                              //将长、宽初始化为0
17  {
18      length = 0;
19      width = 0;
20  }
```

```
21  Rect::Rect(int l, int w)                //构造函数
22  {
23      length = l;
24      width = w;
25  }
26  Rect::Rect(int l)                       //构造一个正方形
27  {
28      length = l;
29      width = l;
30  }
31  int Rect::getArea()
32  {
33      return length*width;
34  }
35  int Rect::getPerimeter()
36  {
37      return 2*(length+width);
38  }
39  int main()
40  {
41      Rect r1;                            //调用构造函数 Rect()
42      Rect r2(100,50);                    //调用构造函数 Rect(int l, int w)
43      Rect r3(100);                       //调用构造函数 Rect(int l)
44      cout << "矩形r1的面积:" << r1.getArea() << endl;
45      cout << "矩形r2的面积:" << r2.getArea() << endl;
46      cout << "矩形r3的面积:" << r3.getArea() << endl;
47      return 0;
48  }
```

程序运行结果如下：

```
矩形r1的面积:0
矩形r2的面积:5000
矩形r3的面积:10000
```

分析：第41~43行代码以不同的方式定义Rect对象，分别调用三个构造方法来完成对象的初始化。不提供参数定义对象就调用没有参数的构造函数，提供一个参数定义对象就调用有一个参数的构造函数，提供两个参数定义对象就调用有两个参数的构造函数。具有一个参数的构造函数实际是构造一个正方形。

> 提示：
>
> 可以使用调试技术，在第41行添加断点，分步运行程序，单击“进入到函数中”按钮，观察在创建对象时调用的是哪一个构造函数，以及构造函数调用前后对象属性值的变化。

10.4 析构函数

与变量一样，在函数内部定义的对象为局部对象，当程序运行离开对象所在的函数后，该对象就消失，由于类中的数据成员可以有指针，对象中可能会有动态分配的内存，这就需要在对象

消失前将内存释放。C++提供了析构函数，可以进行内存释放等清理工作。

10.4.1　析构函数的特征

析构函数的特征如下：

（1）析构函数的名字为符号“~”加类名（符号“~”在键盘的左上角）。

（2）析构函数没有参数，也不能指定返回值类型。

（3）一个类中只能定义一个析构函数，所以析构函数不能重载。

（4）当一个对象消失时，系统自动调用析构函数。

例如，Rect类的析构函数的声明为：

```
~Rect();
```

定义为：

```
Rect::~Rect()
{
    ......
}
```

10.4.2　析构函数的作用

与构造函数相反，析构函数的作用是：在删除一个对象前被调用，释放该对象成员的内存空间以及其他一些清理工作。如在构造函数中使用new运算符申请内存，则应该在析构函数中使用delete运算符释放内存。

在前面的Rect类中，由于没有动态分配内存，因此Rect类的析构函数可以不做任何工作。

【例10-8】使用析构函数

设计一个Student类，有学号、姓名、年龄、成绩等属性，除了构造函数与析构函数外，有一个显示学生信息的函数，代码如下：

```
 1  //文件:ex10_8.cpp
 2  #include <iostream>
 3  using namespace std;
 4  class Student
 5  {
 6  private:
 7      int number;                 //学号
 8      char *name;                 //姓名
 9      int age;                    //年龄
10      float score;                //成绩
11  public:
12      Student();
13      Student(int no, char *n, int a, float s);
14      ~Student();                 //析构函数
15      void show();                //显示学生信息
16  };
17  Student::Student()
18  {
```

```
19      number = 0;
20      name = NULL;                //如果不提供参数，创建一个Student对象，将name设置为NULL
21      age  = 0;
22      score = 0;
23  }
24  Student::Student(int no, char *n, int a, float s)
25  {
26      number = no;
27      name = new char[strlen(n)+1];    //申请内存
28      strcpy(name, n);                 //字符串复制
29      age  = a;
30      score = s;
31  }
32  Student::~Student()
33  {
34      if(name!=NULL)                   //如果name不是NULL，则输出信息，释放内存
35      {
36          cout << name << "同学即将退学！ " << endl;
37          delete []name;
38      }
39      else                             //如果name是NULL，只输出信息
40      {
41          cout << "有一个同学即将退学！ " << endl;
42      }
43  }
44  void Student::show()
45  {
46      if(name!=NULL)                   // name不是NULL才显示
47      {
48          cout << "学号:" << number << "\t";
49          cout << "姓名:" << name << "\t";
50          cout << "年龄:" << age << "\t";
51          cout << "成绩:" << score << endl;
52      }
53  }
54  int main()
55  {
56      Student s1;
57      Student s2(20200101, "张三", 20, 95);
58      Student s3(20200102, "李四", 22, 90);
59      s1.show();
60      s2.show();
61      s3.show();
62      return 0;
63  }
```

程序运行结果如下：

```
学号: 20200101    姓名:张三        年龄:20        成绩:95
学号: 20200102    姓名:李四        年龄:22        成绩:90
李四同学即将退学!
张三同学即将退学!
有一个同学即将退学!
```

分析：为了说明析构函数的作用，将类中的姓名name定义为字符指针，实际简单的方法是使用字符数组。

第56行代码，未提供参数创建Student对象，调用无参构造方法，将name设置为NULL；第57~58行提供4个参数创建Student对象，调用4个参数的构造方法，为4个属性赋值。第27~28行代码，首先申请内存，其大小是参数字符串n的长度加1（用于保存字符串结束标志），然后再将参数字符串复制到属性name中。

方法show用于显示学生的信息，只有name不为NULL才显示，因此输出两个学生的信息。

当主函数运行结束时，函数中定义的对象将消失，会自动调用析构函数。在析构函数中，如果对象的name不是NULL，则先输出该学生信息，然后再释放name指向的内存；如果name是NULL，则只输出一行信息。

10.5　拷贝构造函数

拷贝构造函数可以实现用一个已经存在的对象初始化新对象，拷贝构造函数的参数为该类对象的引用。

【例10-9】为Student类添加拷贝构造函数

下面给出的代码，与例10-8完全相同的部分被省略，完整的代码请参考例10-8或查看本书资源源代码中对应的文件ex10_9.cpp。

```
1  //文件:ex10_9.cpp
2  #include <iostream>
3  using namespace std;
4  class Student
5  {
6  private:
7      int number;                          //学号
8      char *name;                          //姓名
9      int age;                             //年龄
10     float score;                         //成绩
11 public:
12     Student();
13     Student(int no, char *n, int a, float s);
14     Student(const Student &s);           //拷贝构造函数
15     ~Student();                          //析构函数
16     void show();                         //显示学生信息
17 };
   ……
33 Student::Student(const Student &s)  //新对象与参数s一样
34 {
35     number = s.number;
36     name = new char[strlen(s.name)+1];
37     strcpy(name, s.name);
38     age  = s.age;
39     score = s.score;
40 }
```

```
    ……
63  int main()
64  {
65      Student s1(20200101, "张三", 20, 95);
66      Student s2(s1);                           //调用拷贝构造函数
67      s1.show();
68      s2.show();
69      return 0;
70  }
```

程序运行结果如下：

```
学号: 20200101    姓名:张三         年龄:20 成绩:95
学号: 20200101    姓名:张三         年龄:20 成绩:95
张三同学即将退学!
张三同学即将退学!
```

分析：第33~40行是拷贝构造函数的定义，函数中使用参数对象s的各个属性为新对象的各对应的属性赋值，因此新创建的对象与参数对象完全一样。第66行代码用s1作为参数创建对象s2，调用拷贝构造函数，使s2与s1完全一样。

如果拷贝构造函数参数是一个对象，在创建对象的过程中将实参传递给形参时，需要创建形参对象，这在空间上和时间上都需要一定的开销。而如果参数使用引用，则形参只是实参的一个别名，不需要创建对象，提高了效率。但引用作为参数也会带来一定的风险，就是在函数中有能力改变实参的值，为了避免由于不小心而在函数中修改参数的值，将参数声明为常量，这样在函数中修改参数的行为就会被禁止。这就是我们将拷贝构造函数的参数声明为常引用对象的原因。

> 提示：
>
> 如果函数需要一个对象作为参数，一般都应该将该参数声明为常引用对象。

10.6 如何设计类

通过前面几节的学习，已经对类有了初步的认识。类有数据成员和成员函数(也称属性和方法，在后面的论述中，会更多地使用属性和方法)。为了实现数据的隐藏，属性一般是私有的，为了在类之外的地方访问这些私有属性，一般要为每个属性提供两个方法，一个方法用于获取属性的值(称为get方法)，另一个方法用于设置属性的值(称为set方法)。为了使对象在创建时有一个确定的值，应为类添加构造方法；为了能够在对象消失时做一些清理工作，要为类添加析构方法。

下面为Rect类添加get、set方法，拷贝构造方法等。

【例10-10】完整的Rect类

```
1  //文件:ex10_10.cpp
2  #include <iostream>
3  using namespace std;
4  class Rect
5  {
```

```
 6 private:
 7     int length;
 8     int width;
 9 public:
10     Rect();                                        //提供三个构造方法
11     Rect(int l, int w);
12     Rect(const Rect &r);
13     void setLength(int l);                         //提供一组get、set方法
14     int getLength();
15     void setWidth(int l);
16     int getWidth();
17     int getArea();
18     int getPerimeter();
19 };
20 Rect::Rect()
21 {
22     length = 0;
23     width = 0;
24 }
25 Rect::Rect(const Rect &r)
26 {
27     length = r.length;
28     width = r.width;
29 }
30 Rect::Rect(int l, int w)
31 {
32     length = l;
33     width = w;
34 }
35 void Rect::setLength(int l)
36 {
37     length = l;
38 }
39 int Rect::getLength()
40 {
41     return length;
42 }
43 void Rect::setWidth(int w)
44 {
45     width = w;
46 }
47 int Rect::getWidth()
48 {
49     return width;
50 }
51 int Rect::getArea()
52 {
53     return length*width;
54 }
55 int Rect::getPerimeter()
56 {
57     return 2*(length+width);
58 }
```

```
59  int main()
60  {
61      Rect r1(100,50);
62      Rect r2(r1);
63      cout << "r1的长:" << r1.getLength() << " 宽:" << r1.getWidth() << endl;
64      cout << "r2的长:" << r2.getLength() << " 宽:" << r2.getWidth() << endl;
65      cout << "- - - - - - - - - - - - - - - - - - - - - - - - - - - - - -\n";
66      r2.setLength(200);
67      r2.setWidth(100);
68      cout << "r1的长:" << r1.getLength() << " 宽:" << r1.getWidth() << endl;
69      cout << "r2的长:" << r2.getLength() << " 宽:" << r2.getWidth() << endl;
70      return 0;
71  }
```

程序运行结果如下：

```
r1的长:100       宽:50
r2的长:100       宽:50
- - - - - - - - - - - - - - - - - - - - - - - - - - - - - -
r1的长:100       宽:50
r2的长:200       宽:100
```

分析：类Rect为每个属性提供了set和get方法，这样就可以在类的外面访问这些属性，如在主函数中可以调用set方法改变属性的值，调用get方法获取属性的值。

外界只有通过这些公有方法访问类属性，也称为类Rect的对外接口。不需要外界访问的属性或方法应该定义为私有方法。

10.7 综合实例

【例10-11】设计复数类

设计一个复数类，有两个数据成员分别表示复数的实部（real）和虚部（imag），两个构造函数分别在不同的情况下初始化对象，函数print输出复数，函数add和函数sub分别实现复数的加、减运算。两个复数相加的规则是两个复数的实部与实部相加，虚部与虚部相加。

```
1   //文件:ex10_11.cpp
2   #include <iostream>
3   using namespace std;
4   class  Complex
5   {
6   private:
7       double real;
8       double imag;
9   public:
10      Complex(double r=0, double i=0);          //有默认参数值的构造函数
11      Complex(const Complex &c);
12      void print();
```

```
13      Complex add(const Complex &c);                    //复数加法
14      Complex sub(const Complex c);                     //复数减法
15  };
16  Complex::Complex (double  r, double i)
17  {
18      real = r;
19      imag = i;
20  }
21  Complex::Complex (const Complex &c)
22  {
23      real = c.real;
24      imag = c.imag;
25  }
26  void Complex::print()
27  {
28      cout << "(" << real << "," << imag << ")" << endl;
29  }
30  Complex Complex::add(const Complex &c)            //返回两个复数相加的结果
31  {
32      Complex temp;
33      temp.real = real + c.real;
34      temp.imag = imag + c.imag;
35      return temp;
36  }
37  Complex Complex::sub(const Complex c)             //返回两个复数相减的结果
38  {
39      Complex temp;
40      temp.real = real - c.real;
41      temp.imag = imag - c.imag;
42      return temp;
43  }
44  int main()
45  {
46      Complex  a(5,10), b(3.0,4.0), c,d;
47      cout << "a = ";
48      a.print();
49      cout << "b = ";
50      b.print();
51      cout << "c = ";
52      c.print();
53      cout << "- - - - - - - - - -\n";
54      c = a.add(b);                                     //复数a加复数b
55      d = a.sub(b);                                     //复数a减复数b
56      cout << "c = ";
57      c.print();
58      cout << "d = ";
59      d.print();
60      return 0;
61  }
```

10

程序运行结果如下：

```
a = (5,10)
b = (3,4)
c = (0,0)
- - - - - - - - - -
c = (8,14)
d = (2,6)
```

分析：由于第10行的构造函数原型的参数具有默认参数值，可以不提供参数创建Complex对象（如第46行的c、d），对象c、d的实部和虚部都是0。

第30~36行代码定义的add函数实现两个复数的加法运算，add函数必须通过复数对象调用，如“c = a.add(b);”调用函数的对象a是一个运算对象，另一个运算对象是通过参数提供的c。由于对象a调用add函数，因此在add函数中，real就是a的real，imag就是a的imag。首先定义一个临时复数对象temp，再将real与c.real相加，赋给temp的实部；将imag与c.imag相加，赋给temp的虚部，最后将temp作为返回值赋给主函数中的对象c。

复数相减函数sub与复数相加函数add的原理相同。

【例10-12】设计时间类

设计一个时间类，属性有时、分、秒，方法有构造方法和显示时间的方法、将整数表示的秒数加到时间对象上的方法、计算两个时间对象的时间间隔的方法。

扫一扫，看视频讲解

```
1  //文件:ex10_12.cpp
2  #include <iostream>
3  using namespace std;
4  class  Time
5  {
6  private:
7      int hour;
8      int minute;
9      int second;
10 public:
11     Time(int h=0, int m=0, int s=0);         //有默认参数值的构造函数
12     void showTime();
13     Time add(int s);                         //加若干秒
14     int interval(const Time &t);             //与参数的时间间隔(秒)
15 };
16 Time::Time(int h, int m, int s)
17 {
18     hour = h;
19     minute = m;
20     second = s;
21 }
22 void Time::showTime()
23 {
24     cout << hour << ":" << minute << ":" << second << endl;
25 }
26 Time Time::add(int s)
27 {
28     Time temp;
```

```
29      temp.second = second + s;
30      if(temp.second >=60)                    //将整分钟加到minute
31      {
32          temp.minute = minute + temp.second/60;
33          temp.second = temp.second%60;
34      }
35      if(temp.minute >= 60)                   //将整小时加到hour
36      {
37          temp.hour = hour + temp.minute/60;
38          temp.minute = temp.minute%60;
39      }
40      if(temp.hour >=24)                      //超过24时，将24减掉
41      {
42          temp.hour -= 24;
43      }
44      return temp;
45  }
46  int Time::interval(const Time &t)           //返回两个时间之差（秒）
47  {
48      int s;
49      s = hour*3600 + minute*60 + second - t.hour*3600 -t.minute*60 - t.second;
50      return s;
51  }
52  int main()
53  {
54      Time t1(10,30,40);
55      Time t2(16,50,20);
56      Time t3;
57      cout << t2.interval(t1) << endl;
58      t3 = t2.add(35000);
59      t1.showTime();
60      t2.showTime();
61      t3.showTime();
62      return 0;
63  }
```

程序运行结果如下：

```
22780
10:30:40
16:50:20
2:33:40
```

分析: Time类的构造函数提供了默认参数。因此创建对象时可以提供参数，也可以不提供参数。interval函数比较简单，就是计算两个时间间隔的秒数。

add函数是在当前时间的基础上加上若干秒，定义临时的时间对象temp保存相加后的时间。首先将当前时间的秒数与参数表示的秒数相加赋给temp的秒数second，如果相加结果达到60，则将其分解为分钟和秒；将分钟数再与当前时间的分钟数相加赋给temp的分钟数minute，temp.second保留剩下的秒数。同样也要将分钟数分解为小时和分钟，将小时与当前时间的小时相加赋给temp的hour，temp.minute保留剩下的分钟数。最后如果小时超过24，则将小时减去24，剩下的小时数赋给temp.hour（相当于第二天的时间，本题只涉及时间，不涉及日期）。

10

10.8 小结

数据抽象与封装、继承、多态是面向对象程序设计的主要特征。将数据与处理数据的方法封装在一起形成类，在类中定义构造方法初始化对象的属性；也可以定义析构方法，在对象消失时做最后的清理工作。

类中的属性一般不希望被任意访问，通常被定义为私有访问权限，为了在类的外面访问类的私有成员，可以为每个属性提供一对公有访问权限的set和get方法。当然有些方法也是在类的内部实现一些功能，并不允许被任意访问，则也定义为私有的。

一般每个类应对应两个文件，头文件用于类的声明，方法的定义则放在源文件中。

10.9 习题十

10–1 在面向对象程序设计中，有属性和方法两个重要的概念，分别对应C++类中的什么成员？

10–2 在C++类中，成员的访问权限有哪几种？用什么关键字指定？

10–3 编程创建一个立方体类Box，属性包括立方体的长、宽和高，方法包括构造方法、一组get和set方法、求立方体体积的方法、求立方体表面积的方法。编写主函数对Box类进行测试。

10–4 设计一个图书类Book，属性有书名、作者、出版社、单价和简介。书名、作者、出版社可以用字符数组保存，单价用float型变量保存，由于简介的大小不确定，因此需要使用字符指针。需要提供构造函数、析构函数。编写主函数对Book类进行测试。

第 11 章　类的高级主题

主要内容

◎ 深复制与浅复制
◎ 类的组合
◎ 友元函数
◎ 友元类
◎ 常对象
◎ 对象数组
◎ 对象指针
◎ this指针

11.1 深复制与浅复制

在第10章的例10-9中，使用拷贝构造函数实现用一个对象初始化一个新的对象，事实上，即使不提供拷贝构造函数，也能实现用对象s初始化对象，这是因为C++为类提供了默认的拷贝构造函数。当类中没有定义拷贝构造函数时，系统会提供一个默认的拷贝构造函数，默认的拷贝构造函数就是将参数对象的属性值赋给新对象对应的属性。默认的拷贝构造函数可以实现浅复制，要实现深复制需要自己定义拷贝构造函数。

11.1.1 浅复制

为简化起见，将例10-9中的拷贝构造函数和一些暂时用不到的属性和方法删除，使用默认的拷贝构造函数完成用对象初始化对象。

【例11-1】使用默认的拷贝构造函数

微信扫码

扫一扫，看视频讲解

```
1  //文件:ex11_1.cpp
2  #include <iostream>
3  using namespace std;
4  class Student
5  {
6  private:
7      int number;                                    //学号
8      char *name;                                    //姓名
9  public:
10     Student(int no, char *n);
11     void show();                                   //显示学生信息
12     void setNumber(int no);
13     void setName(char *n);
14 };
15 Student::Student(int no, char *n)
16 {
17     number = no;
18     name = new char[strlen(n)+1];                  //申请内存
19     strcpy(name, n);                               //字符串赋值
20 }
21 void Student::setNumber(int no)
22 {
23     number = no;
24 }
25 void Student::setName(char *n)
26 {
27     if(name!=NULL)
28     {
29         delete []name;
30         name = new char[strlen(n)+1];
31         strcpy(name,n);
32     }
33 }
```

```
34  void Student::show()
35  {
36      if(name!=NULL)                                 //name不是NULL才显示
37      {
38          cout << "学号:" << number << "\t";
39          cout << "姓名:" << name << "\n";
40      }
41  }
42  int main()
43  {
44      Student s1(20200101, "张三");
45      Student s2(s1);                                //使用默认的拷贝构造函数
46      s1.show();
47      s2.show();
48  }
```

程序运行结果如下：

```
学号: 20200101    姓名:张三
学号: 20200101    姓名:张三
```

分析：本程序并没有为Student提供拷贝构造方法，但第45行的代码能够成功地使用对象s1初始化对象s2，这就是默认拷贝构造函数的功能。

可以认为系统提供的默认拷贝构造函数就是下面这个函数的样子，将参数对象的属性值简单地赋给新对象的属性。

```
Student::Student(const Student &s)                    //新对象与参数s一样
{
    number = s.number;
    name = s.name;
}
```

虽然上面的程序也完成了对象的复制，但是如果完成对象复制后再修改李四的名字，就会出现问题。例如，将主函数改成下面的形式：

```
 1  int main()
 2  {
 3      Student s1(20200101, "张三");
 4      Student s2(s1);
 5      s1.show();
 6      s2.show();
 7      cout << "- - - - - - - - - - - - - -\n";
 8      s2.setNumber(20200102);
 9      s2.setName("李四");
10      s1.show();
11      s2.show();
12     return 0;
13  }
```

程序运行结果如下：

```
学号: 20200101    姓名:张三
学号: 20200101    姓名:张三
```

```
---------------
学号: 20200101    姓名:李四
学号: 20200102    姓名:李四
```

分析： 复制对象后，第8~9行代码将新对象s2的学号和姓名分别改为“20200102”和“李四”，再输出时，发现第一个学生的姓名也被修改为“李四”。下面借助于图11-1分析两个对象属性的变化情况。

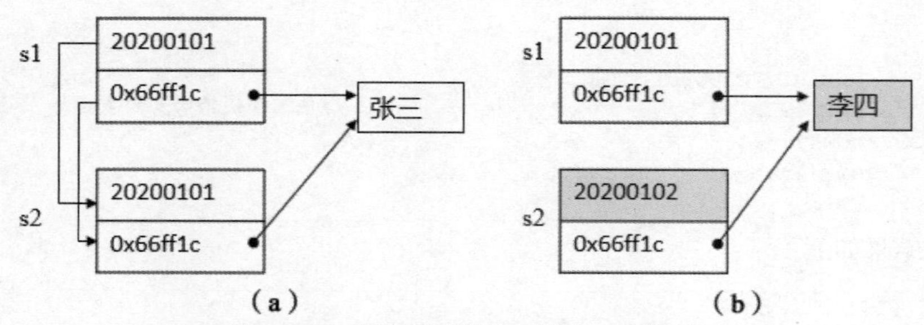

图11-1　默认拷贝构造函数实现浅复制

假设字符串“张三”的地址是“0x66ff1c”（只是假设，我们并不知道它在哪儿）。

首先默认的拷贝构造函数完成对象s2的创建，此时s2与s1完全一样，因为name是一个指针，保存的是地址，两个对象的name指向同一个位置，如图11-1（a）所示；然后s2调用函数setNumber和setName修改学号和姓名，此时s2的学号被修改为“20200102”，姓名被修改为“李四”，同时s1的name指向的内容也就变成了“李四”。

使用默认拷贝构造函数只是简单地将参数的属性值赋给新建对象对应的属性，这种复制称为浅复制。对于这种含有指针属性的类，使用默认拷贝构造函数通常不能满足需要。

11.1.2　深复制

默认拷贝构造函数只能实现浅复制。要实现深复制，需要自己定义拷贝构造函数。

【例11-2】使用拷贝构造函数实现深复制

在例11-1的基础上，添加如下的拷贝构造函数，实现深复制，下面只给出改变的代码，其他代码请参考例11-1或资源文件ex11_2.cpp。

```
1  //文件:ex11_2.cpp
2  #include <iostream>
3  using namespace std;
4  class Student
5  {
6  private:
7      int number;                              //学号
8      char *name;                              //姓名
9  public:
10     Student(int no, char *n);
11     Student(const Student &s);
12     void show();                             //显示学生信息
13     void setNumber(int no);
```

微信扫码

扫一扫，看视频讲解

```
14      void setName(char *n);
15  };
    ……
23  Student::Student(const Student &s)            //新对象与参数s一样
24  {
25      number = s.number;
26      name = new char[strlen(s.name)+1];
27      strcpy(name, s.name);
28  }
    ……
50  int main()
51  {
52      Student s1(20200101, "张三");
53      Student s2(s1);
54      s1.show();
55      s2.show();
56      cout << "- - - - - - - - - - - - - -\n";
57      s2.setNumber(20200102);
58      s2.setName("李四");
59      s1.show();
60      s2.show();
61      return 0;
62  }
```

程序运行结果如下：

```
学号: 20200101    姓名:张三
学号: 20200101    姓名:张三
- - - - - - - - - - - - - -
学号: 20200101    姓名:张三
学号: 20200102    姓名:李四
```

分析：从运行结果可以看出，将s2的姓名改为“李四”后并没有影响到s1的姓名，这是因为第23~28行代码定义的拷贝构造函数，不是简单地为新对象的属性name赋值，而是为新对象的name分配新的内存，再将参数对象的属性name指向的字符串复制到新对象的属性name指向的内存空间，实现了深复制，如图11-2所示。

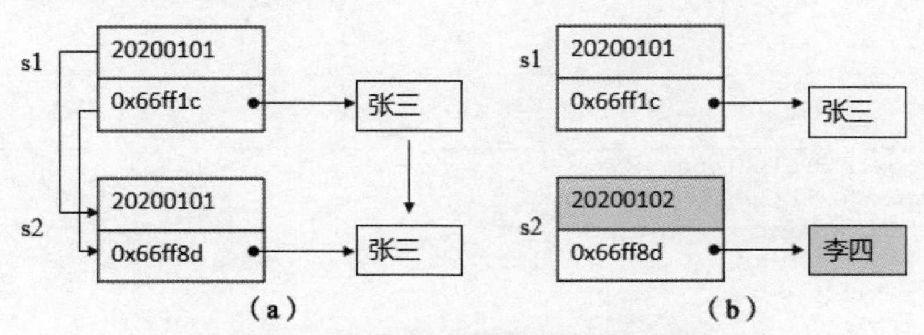

图 11-2 使用拷贝构造函数实现深复制

假设字符串“张三”的地址是“0x66ff1c”，新对象为name分配的内存地址是“0x66ff8d”（这两个地址也只是假设的值）。在拷贝构造方法中，为新对象的name属性申请空间后，将原对象的name所指向的字符串“张三”复制到新对象的name所指向的内存，如图11-2（a）所示。对象s2创建后，使用setName方法设置name所指向内存的值，将其改为“李四”，由于两个对象的name指向的不是同一个内存，因此不会相互影响。

11.2 类的组合

11.2.1 什么是类的组合

类的属性不仅可以是基本的数据类型，也可以是类的对象。类的组合就是在一个类中内嵌其他类的对象作为成员，因为内嵌对象是该类对象的组成部分，当创建该对象时，其内嵌对象也被自动创建。因此会调用内嵌对象类的构造函数，如果内嵌对象所属类的构造函数有参数，就必须为其内嵌对象提供参数。

例如，圆类包含圆心和半径，其中圆心是一个点类的对象，这就是类的组合，圆类也称为组合类。

【例11-3】类的组合

设计点类Point和圆类Circle，圆类的圆心使用点类的对象表示。创建工程ex11_3，然后添加以下文件：

```
1  //文件:ex11_3Point.h
2  #ifndef EX11_3POINT_H
3  #define EX11_3POINT_H
4  class Point
5  {
6  private:
7      int x;
8      int y;
9  public:
10     Point(int x1=0, int y1=0);
11     Point(const Point &p);
12     int getX();
13     int getY();
14 };
15 #endif
```

微信扫扫

扫一扫，看视频讲解

```
1  //文件:ex11_3Point.cpp
2  #include "ex11_3Point.h"
3  Point::Point(int x1, int y1)
4  {
5      x = x1;
6      y = y1;
7  }
8  Point::Point(const Point &p)
9  {
10     x = p.x;
11     y = p.y;
```

```
12 }
13 int Point::getX()
14 {
15     return x;
16 }
17 int Point::getY()
18 {
19     return y;
20 }
```

```
1  //文件:ex11_3Circle.h
2  #ifndef EX11_3CIRCLE_H
3  #define EX11_3CIRCLE_H
4  #include "ex11_3Point.h"
5  class Circle
6  {
7  private:
8      const double PI;
9      Point center;
10     double radius;
11 public:
12     Circle(const Point &p, double r);
13     Circle(const Circle &c);
14     void show();
15 };
16 #endif
```

```
1  //文件:ex11_3Circle.cpp
2  #include <iostream>
3  using namespace std;
4  #include "ex11_3Circle.h"
5  Circle::Circle(const Point &p, double r):PI(3.14159),center(p)
6  {
7      radius = r;
8  }
9  Circle::Circle(const Circle &c):PI(c.PI)
10 {
11     center = c.center;
12     radius = c.radius;;
13 }
14 void Circle::show()
15 {
16     cout << "center:(" << center.getX() << "," << center.getY() << ")\n";
17     cout << "radius:" << radius << endl;;
18 }
```

```
1  //文件:ex11_3Main.cpp
2  #include <iostream>
```

```
 3  using namespace std;
 4  #include "ex11_3Circle.h"
 5  int main()
 6  {
 7      Point p(20,30);
 8      Circle c(p,100);
 9      c.show();
10  }
```

程序运行结果如下：

```
center:(20,30)
radius:100
```

分析：内嵌对象center是Circle类的组成部分，在创建Circle对象时，也要创建圆心center对象，并对圆心对象初始化，因此在Circle类的构造函数中要有一个调用内嵌类构造方法的机制。

C++通过构造函数的初始化表为内嵌对象初始化。ex11_3Circle.cpp文件中第5~8行代码所定义的构造函数，就是通过初始化表为常量成员PI和内嵌对象center初始化的。

组合类带有初始化表的构造函数的定义格式为：

```
类名::构造函数(参数表):内嵌对象1(参数表1),内嵌对象2(参数表2),…
{
  构造函数体
}
```

如果类中有多个内嵌对象，则在初始化表中用逗号分隔。

11.2.2 组合类的构造过程

如果内嵌对象的类有无参的构造函数，则在组合类构造函数的初始化表中可以不提供对该内嵌对象的初始化参数，系统会自动调用其无参构造函数创建内嵌对象；如果内嵌对象的类没有无参的构造函数，则在组合类构造函数的初始化表中必须提供对该内嵌对象初始化。

如果类中有多个内嵌对象，则组合类构造函数的执行顺序如下：

（1）按内嵌对象的声明顺序依次调用内嵌对象的构造函数。

（2）执行组合类本身的构造函数。

在例11-3的基础上，添加三角形类，用三个Point对象表示三角形的三个点。

【例11-4】三角形类

创建工程ex11_4，将例11-3中的点类复制过来加到工程ex11_4中，添加三角形类，下面给出变化的代码，其他代码请参考例11-3或资源ex11_4工程。

在Point类的拷贝构造函数中加入一行输出，代码如下：

```
Point::Point(const Point &p)
{
    x = p.x;
    y = p.y;
    cout << "point的拷贝构造方法:" << x << "," << y << endl;
}
```

添加三角形类Triangle，程序代码如下：

```
1  //文件:ex11_4Triangle.h
2  #ifndef EX11_4TRIANGLE_H
3  #define EX11_4TRIANGLE_H
4  #include "ex11_4Point.h"
5  class Triangle
6  {
7  private:
8      Point point1;
9      Point point2;
10     Point point3;
11 public:
12     Triangle(const Point &p1,const Point &p2,const Point &p3);
13     void show();
14 };
15 #endif
```

```
1  //文件:ex11_4Triangle.cpp
2  #include <iostream>
3  using namespace std;
4  #include "ex11_4Triangle.h"
5  Triangle::Triangle(const Point &p1, const Point &p2,const Point &p3)
6                      :point2(p2),point3(p3),point1(p1)
7  {
8      cout << "Triangle对象构造完毕! \n";
9  }
10 void Triangle::show()
11 {
12     cout << "point1:(" << point1.getX() << "," << point1.getY() << ")\n";
13     cout << "point2:(" << point2.getX() << "," << point2.getY() << ")\n";
14     cout << "point3:(" << point3.getX() << "," << point3.getY() << ")\n";
15 }
```

添加主函数，程序代码如下：

```
1  /文件:ex11_4Main.cpp
2  #include <iostream>
3  using namespace std;
4  #include "ex11_4Triangle.h"
5  int main()
6  {
7      Point p1(20,30);
8      Point p2(20,60);
9      Point p3(50,40);
10     Triangle t(p1,p2,p3);
11     t.show();
12 }
```

程序运行结果如下：

```
point的拷贝构造方法:20,30
point的拷贝构造方法:20,60
point的拷贝构造方法:50,40
Triangle对象构造完毕!
point1:(20,30)
point2:(20,60)
point3:(50,40)
```

分析：运行结果的前三行的输出，是在构造Triangle对象时构造三个内嵌对象，第1行输出的是point1的坐标(20，30)，说明首先构造的是point1；同样可以看到第二个创建的是point2；最后创建的是point3。这与三个内嵌对象在类中的声明顺序是一致的，而与它们在构造函数的初始化表中的顺序无关。三个内嵌对象创建后，最后执行Triangle的构造函数体。

11.3 友元

类的主要特点是数据的封装与隐藏，类之外的任何函数都不能对这个类的private部分进行存取。如果某个类之外的函数需要访问该类的私有成员，只能通过类中的公有成员函数访问，非常不方便。为了解决这个问题，在C++中提供了友元。

友元提供了在不同类的成员函数之间、类的成员函数与一般函数之间进行数据共享的机制，友元包括友元函数和友元类。

在一个类中，可以利用关键字friend将其他函数或类声明为类的友元。如果友元是一般函数或类的成员函数，称为友元函数；如果友元是一个类，则称为友元类。友元类的所有成员函数都自动成为友元函数。

11.3.1 友元函数

定义友元函数时，只要在函数原型前加入关键字friend，并将函数原型放在类中，格式为：

```
friend 类型标识符 友元函数名(参数列表);
```

友元函数可以是一个普通函数，也可以是其他类的成员函数，在其函数体中可以通过对象名直接访问这个类的私有成员。

【例11-5】求两点之间的距离

定义点类CPoint，写一个全局函数计算两点之间的距离。

```
1  //文件:ex11_5.cpp
2  #include <iostream>
3  #include <cmath>
4  using namespace std;
5  class Point
6  {
7  public:
8      Point(int xx=0, int yy=0);
9      int getX();
10     int getY();
```

```
11  private:
12      int x,y;
13  };
14
15  Point::Point(int xx, int yy)
16  {
17      x=xx;
18      y=yy;
19  };
20  int Point::getX()
21  {
22      return x;
23  }
24  int Point::getY()
25  {
26      return y;
27  }
28  double getDistance(Point start, Point end)
29  {
30      int x1,y1,x2,y2;
31      double d;
32      x1 = start.getX();                          //起点x坐标
33      y1 = start.getY();                          //起点y坐标
34      x2 = end.getX();                            //终点x坐标
35      y2 = end.getY();                            //终点y坐标
36      d = sqrt( (x2-x1)*(x2-x1) + (y2-y1)*(y2-y1) );
37      return d;
38  }
39  int main()
40  {
41     Point p1(1,1), p2(4,5);
42     double d;
43     d = getDistance(p1,p2);
44     cout << "The distance is :" << d << endl;
45     return 0;
46  }
```

程序运行结果如下：

```
The distance is :5
```

分析：由于x和y是Point类的私有成员，在函数getDistance中不能通过对象直接访问，只能通过类的公有函数getX和getY访问。如果需要经常计算两个点之间的距离，就要频繁地调用函数getX和getY，会降低程序的效率。为此可以将函数getDistance声明为Point类的友元。将CPoint类修改如下：

```
class Point
{
public:
   Point(int xx=0, int yy=0);
   int getX();
   int getY();
```

```
    friend double getDistance(Point start, Point end);
private:
    int x,y;
};
```

将函数getDistance声明为Point类的友元函数之后，就可以在函数getDistance中直接通过Point类的对象访问它的私有成员x和y。函数getDistance可以写成如下形式：

```
double getDistance(Point start, Point end)
{
    double d;
    d = sqrt( (end.x-start.x)*(end.x-start.x) + (end.y-start.y)*(end.y-start.y) );
    return d;
}
```

程序运行结果与前面相同。

将A类的成员函数fun声明为B类的友元函数，只需在B类中添加如下声明：

```
class A;
class B
{
    friend  A::fun();
}
```

因为在B类中用到了A类，编译器需要知道A是一个类，这就需要A类的定义出现在B类之前，如果做不到，就在前面加一句声明“class A;”，这也称为向前引用声明。

11.3.2 友元类

如果一个类（如A类）的很多成员函数都需要经常访问另一个类（如B类）的私有成员，就需要逐个将A类中的这些成员函数声明为B类的友元，这样做起来比较麻烦，为此可以将A类声明为B类的友元。

若A类为B类的友元类，则A类的所有成员函数都是B类的友元函数，都可以访问B类的私有成员。声明友元类的语法形式为：

```
Class B
{
  ......
  friend class A;                    //声明A为B的友元类
  ......
};
```

【例11-6】友元类的使用

```
1  //文件:ex11_6.cpp
2  #include <iostream>
3  using namespace std;
4  class A
5  {
6  private:
7      int x;
```

```
 8  public:
 9      friend class B;
10  };
11  class B
12  {
13  private:
14      A a;
15  public:
16      void set(int i)
17      {
18          a.x=i;
19      }
20      void display()
21      {
22          cout << "B: display: " << a.x << endl;
23      }
24  };
25  int main()
26  {
27      B b;
28      b.set(10);
29      b.display();
30      return 0;
31  }
```

程序运行结果如下：

```
B: display: 10
```

分析：B类中有一个成员是A类的对象，因此在构造B类的对象时，也同时构造了这个内嵌对象，为了能够在B类的成员函数中直接访问A类的私有数据成员，将B类声明为A类的友元类。

因为将B类声明为A类的友元，所以在B类的成员函数set和display中，可以访问A类的私有成员x。

友元关系是单向的，在例11-6中，B类是A类的友元，所以B类的成员函数可以访问A类的私有成员；但A类不是B类的友元，A类的成员函数不能访问B类的私有成员。

友元关系是不能传递的，如果A类是B类的友元，B类是C类的友元，并不能推断A类是C类的友元。

11.4　静态成员

类相当于一个数据类型，当创建一个类的对象时，系统就为该对象分配一块内存单元来存放类中的所有数据成员，所以类的每个对象都有自己独立的存储空间。若在类中增加一个数据成员用于存放创建该类对象的总数，必然在每一个对象中都存储一副本，不仅冗余，而且每个对象分别维护这样一个“总数”，容易造成数据的不一致性。因此，比较理想的方法是类的所有对象共同拥有一个用于存放总数的数据成员，这就是下面要介绍的静态数据成员。

11.4.1 静态数据成员

类的普通数据成员在类的每一个对象中都拥有一个拷贝，也就是说每个对象的同名数据成员可以分别存储不同的数值，这也是保证对象拥有自身区别于其他对象的特征的需要。但是静态数据成员则不同，每个类只有一个拷贝，由该类的所有对象共同维护和使用，从而实现了同一类的不同对象之间的数据共享。

在定义类时，若在某个数据成员前加了关键字static，则这个数据成员就是静态数据成员，静态数据成员的定义格式如下：

```
static 类型标识符 静态数据成员名;
```

在类的声明中仅仅对静态数据成员进行引用性说明，必须在文件作用域的某个地方用类名限定进行定义，这时也可以进行初始化，格式如下：

```
类型标识符 类名::静态数据成员名 = 初始值;
```

静态数据成员不属于任何一个对象，如果静态数据成员是公有的，可以通过类名直接对它进行访问，一般的用法是：

```
类名::静态数据成员名
```

【例11-7】使用静态数据成员

设计学生类，属性有学号、姓名、年龄和一个用于记录对象个数的静态属性count，利用属性count的值实现学号的自动增加。

```
1  //文件:ex11_7.cpp
2  #include <iostream>
3  using namespace std;
4  class Student {
5  private:
6      static int count;
7      int number;
8      char name[10];
9      int age;
10 public:
11     Student(char *n, int a) {
12         count++;
13         number = 202000 + count;
14         strcpy(name, n);
15         age = a;
16     }
17     int getNumber() {
18         return number;
19     }
20     char *getName() {
21         return name;
22     }
23     int getAge() {
24         return age;
25     }
```

```
26      int getCount()
27      {
28          return count;
29      }
30  };
31  int Student::count = 0;
32  int main()
33  {
34      Student s1("张三", 18);
35      Student s2("李四", 19);
36      Student s3("王五",17);
37      cout << s1.getNumber() << "\t" << s1.getName() << "\t" << s1.getAge() << endl;
38      cout << s2.getNumber() << "\t" << s2.getName() << "\t" << s2.getAge() << endl;
39      cout << s3.getNumber() << "\t" << s3.getName() << "\t" << s3.getAge() << endl;
40      cout << "s1.getCount(): " << s1.getCount() << endl;
41      cout << "s2.getCount(): " << s2.getCount() << endl;
42      cout << "s3.getCount(): " << s3.getCount() << endl;
43      return 0;
44  }
```

程序运行结果如下：

```
202001  张三    18
202002  李四    19
202003  王五    17
s1.getCount(): 3
s2.getCount(): 3
s3.getCount(): 3
```

分析：在Student类中将count声明为静态成员，第31行代码在类的外面将其定义并初始化为0。

在构造函数中使count的值加1，即当创建一个Student类的对象时，count值就加1；然后将count与202000相加作为学号，因此第一个学生的学号是202001，第二个学生的学号是202002，第三个学生的学号是202003。由于学号是自动生成的，在创建对象时只需提供姓名和年龄两个值。

运行结果中最后三行的输出是分别用三个对象调用getCount函数的结果，发现它们的值是一样的，也证明类中的静态属性为所有对象共享。

用图11-3表示Student对象的存储空间，每个对象都有自己的学号、姓名和年龄，但静态数据成员count只有一个，它不属于某个对象，而是所有对象共享的。

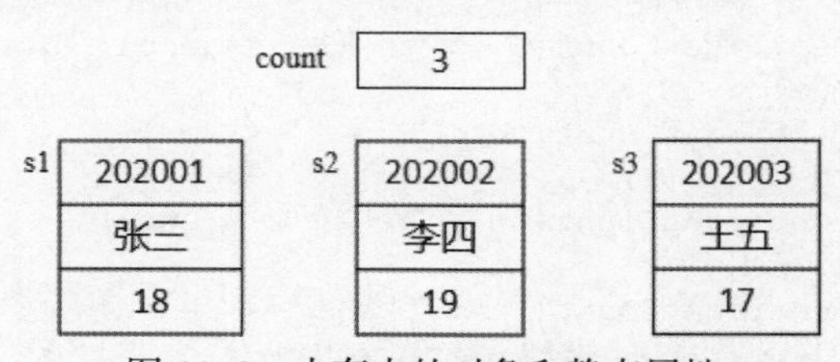

图11-3　内存中的对象和静态属性

静态属性是属于类的，不依赖于具体对象，因此静态属性可以通过类名访问，格式是“类名::静态属性”，如“Student::count”。但由于count是Student类的私有成员，在另一个类中是不能访问的，如果将count改为公有成员，则可以这样访问。但是为了类的封装性和数据隐藏，通常属性都是私有的，为了访问这些私有的静态属性，通常的做法是定义公有的静态方法，通过类名调用静态方法实现对私有静态属性的访问。

11.4.2 静态成员函数

在定义类时，若在某个成员函数声明的前面加上关键字static，则这个函数就成为静态成员函数。

静态成员函数有以下特点：

(1)对于公有的静态成员函数，可以通过类名或对象名来调用，而一般的非静态成员函数只能通过对象名来调用。

(2)静态成员函数可以访问该类的静态数据成员和静态成员函数，不能访问非静态数据成员和非静态成员函数。

(3)静态成员函数可以由类名通过符号“::”直接调用。

【例11-8】在Student类中添加静态成员函数

将例11-7的getCount定义为静态函数，在主函数中使用类名调用。这里只给出变化的代码，其他代码请参考例11-7或资源文件ex11_8.cpp。

```
1  //文件:ex11_8.cpp
2  #include <iostream>
3  using namespace std;
4  class Student {
5  private:
   ……
10 public:
   ……
26     static int getCount()
27     {
28         return count;
29     }
30 };
31 int Student::count = 0;
32 int main()
33 {
34     cout << Student::getCount() << "个学生" << endl;
35     Student s1("张三", 18);
36     cout << Student::getCount() << "个学生" << endl;
37     Student s2("李四", 19);
38     cout << Student::getCount() << "个学生" << endl;
39     Student s3("王五",17);
40     cout << Student::getCount() << "个学生" << endl;
41     cout << s1.getNumber() << "\t" << s1.getName() << "\t" << s1.getAge() << endl;
42     cout << s2.getNumber() << "\t" << s2.getName() << "\t" << s2.getAge() << endl;
43     cout << s3.getNumber() << "\t" << s3.getName() << "\t" << s3.getAge() << endl;
```

微信扫码

扫一扫，看视频讲解

```
44      return 0;
45  }
```

程序运行结果如下：

```
0个学生
1个学生
2个学生
3个学生
202001   张三     18
202002   李四     19
202003   王五     17
```

分析： 将函数getCount声明为静态成员函数，就可以使用Student::getCount的方式直接调用，这样即使未定义Student类的对象，也可以访问静态数据成员count。

> **注意：**
>
> 如果将成员函数的定义放在类的外面，将其声明为静态函数是在成员函数声明时加上static关键字；而在类外函数的定义处不能加static关键字。

另外，如果试图在静态成员函数中访问非静态数据成员或非静态成员函数，都会产生语法错误。

例如，将函数getCount改写为下面的形式就会出错：

```
int Student::getCount()
{
    cout << number;                 //语法错误，不能在静态成员函数中访问非静态数据成员
    return count;
}
```

因为可以使用类名调用静态成员函数，而在静态成员函数中又访问了非静态数据成员，相当于使用类名间接地访问了非静态数据成员，用类名访问非静态数据成员是没有意义的。

> **提示：**
>
> 虽然对象和类都可以访问静态方法，但为了表明调用的是静态方法，一般提倡使用类访问静态方法。

11.5　常对象与常成员函数

在C++中，可以定义基本数据类型的常量，如整型常量、实型常量等；也可以定义常对象，常对象的属性值不能被修改。

为了确保常对象的属性不被修改，C++禁止用常对象调用普通的成员函数（因为普通的成员函数可能会修改对象的属性）。为了能够访问常对象的属性，C++引入了常成员函数。

11.5.1 常对象

定义常对象格式如下：

```
const 类名 对象名;
```

例11-9演示了常对象调用普通成员函数产生的语法错误。

【例11-9】常对象调用普通成员函数产生的错误

```
 1  //文件:ex11_9.cpp
 2  #include <iostream>
 3  using namespace std;
 4  class A
 5  {
 6  private:
 7      float x, y;
 8  public:
 9      A(float a, float b)
10      {
11          x = a;
12          y = b;
13      }
14      void output()
15      {
16          cout << x << "," << y << endl;
17      }
18  };
19  int main()
20  {
21      const A a(20, 30);
22      A b(50, 60);
23      //a.output();               //错误，常对象不能调用普通成员函数
24      b.output();
25      return 0;
26  }
```

程序运行结果如下：

```
50,60
```

分析：在主函数中定义常对象a和一般的对象b，使用a调用成员函数output输出成员x和y的值，编译时产生语法错误，因为常对象不能调用普通成员函数；而使用普通对象b可以调用成员函数output。

为了能够让常对象访问其数据成员，C++引入了常成员函数。

11.5.2 常成员函数

常成员函数是在成员函数的函数头的最后加const关键字，格式是：

```
函数类型 函数名(参数列表) const;
```

例如：

```
void output() const;
```

如果在类的外部定义成员函数，在定义处也要加关键字const，格式是：

```
函数类型  函数名(参数列表) const
{
  ……
}
```

【例11-10】使用常成员函数

```
//文件:ex11_10.cpp
#include <iostream>
using namespace std;
class A
{
private:
    float x, y;
public:
    A(float a, float b);
    void output();
    void output() const;
};
A::A( float a, float b)
{
    x = a;
    y = b;
}
void A::output()
{
    cout << "普通成员函数" << endl;
    cout << x << "," << y << endl;
}
void A::output() const
{
    cout << "常成员函数" << endl;
    cout << x << "," << y << endl;
}
int main()
{
    const A  a(20, 30);
    A  b(50, 60);
    a.output();                              //调用常成员函数
    b.output();                              //调用普通成员函数
    return 0;
}
```

程序运行结果如下：

```
常成员函数
20,30
普通成员函数
50,60
```

分析：在A类中，有两个output函数，一个是普通成员函数，一个是常成员函数。从程序运行结果，可以发现使用普通对象调用的是普通成员函数output，使用常对象调用的是常成员函数output。

使用常成员函数，应注意以下几点：

（1）const是函数的一部分，在说明部分和实现部分都要加上关键字const。

（2）在常成员函数中，不能修改对象的属性值，也不能调用该类的普通成员函数。

（3）常对象只能调用常成员函数，不能调用该类的普通成员函数。普通对象既可以调用普通成员函数，也可以调用常成员函数，但会优先调用普通成员函数。

11.6 对象数组与对象指针

11.6.1 对象数组

数组的元素不仅可以是基本数据类型，也可以是对象。例如，要存储和处理全体学生的信息，就可以建立一个学生类的对象数组。对象数组的每个元素是一个对象。

声明一个一维对象数组的语法形式如下：

```
类名 数组名[常量表达式];
```

与基本类型数组一样，在使用对象数组时也只能引用单个数组元素。每个数组元素都是一个对象，通过这个对象，便可以访问到它的公有成员，一般形式如下：

```
数组名[下标].成员名;
```

对象数组的初始化过程实际上就是调用构造函数对每一个元素对象进行初始化的过程。如果在声明数组时给每一个数组元素指定初始值，在数组初始化过程中就会调用与形参类型相匹配的构造函数，例如：

```
Student s[3] = { Student(10001, "张三", 20),
                 Student(10002, "李四", 22),
                 Student(10003, "王五", 30),
               };
```

在运行时会先后三次调用带形参的构造函数分别初始化s[0]、s[1]和s[2]。上面的代码是以Student(10001, "张三", 20)的形式为s[0]初始化，以Student(10002, "李四",22)的形式为s[1]初始化，以Student(10003, "王五",30)的形式为s[2]初始化。下面利用对象数组求学生的平均年龄。

【例11-11】对象数组的应用

```
1  //文件:ex11_11.cpp
2  #include <iostream>
3  using namespace std;
4  class Student
5  {
6  private:
7      int number;
```

```
 8        char name[10];
 9        int age;
10    public:
11        Student(int xh, char *xm, int a);
12        int getAge();
13        void show();
14    };
15    Student::Student(int xh, char *xm, int a)
16    {
17        number = xh;
18        strcpy(name, xm);
19        age = a;
20    }
21    int Student::getAge()
22    {
23        return age;
24    }
25    void Student::show()
26    {
27        cout << number << "\t" << name << "\t" << age << endl;
28    }
29    int main()
30    {
31        int sum=0;
32        Student s[3] = { Student(10001, "张三", 20),
33                         Student(10002, "李四", 22 ),
34                         Student(10003, "王五", 30 ),
35                       };
36        for(int i=0; i<3; i++)
37        {
38            s[i].show();
39            sum += s[i].getAge();
40        }
41        cout << "平均年龄:" << sum/3 << endl;
42        return 0;
43    }
```

程序运行结果如下：

```
10001   张三    20
10002   李四    22
10003   王五    30
平均年龄:24
```

分析：程序定义了具有3个元素的Student对象数组，并且所有元素都已初始化，在循环中调用show函数显示各元素的信息，调用getAge函数取得每一个数组元素的年龄，并累加到变量sum中，最后输出3个学生的平均年龄sum/3。

11.6.2 对象指针

和基本数据类型的变量一样，每一个对象在创建之后都会在内存中占有一定的存储空间。因此，既可以通过对象名，也可以通过对象的地址来访问一个对象。对象指针就是用于存放对象地址的变量。对象指针遵循一般变量指针的各种规则，声明对象指针的一般语法形式为：

```
类名 *对象指针名;
```

例如：

```
Student  *p;
Student  s(1001,"AAAAAA", 20);
p = &s;
```

通过对象指针访问成员的方法为：

```
对象指针名->成员名
```

【例11-12】使用对象指针

改写例11-11的主函数，使用对象指针访问成员，其他代码不变，下面只给出主函数，其他的代码请参考例11-11或资源文件ex11_12.cpp。

```
 1  //文件:ex11_12.cpp
    ……
29  int main()
30  {
31      int sum=0;
32      Student *p[3];
33      p[0] = new Student(10001, "张三", 20);
34      p[1] = new Student(10002, "李四", 22);
35      p[2] = new Student(10003, "王五", 30);
36      for(int i=0; i<3; i++)
37      {
38          p[i]->show();
39          sum += p[i]->getAge();
40      }
41      cout << "平均年龄:" << sum/3 << endl;
42      for(int i=0; i<3; i++)
43      {
44          delete p[i];
45      }
46      return 0;
47  }
```

程序运行结果和例11-11相同。

第32行代码定义一个对象指针数组，每个元素就是一个对象指针。第33~35行代码分别使用new创建Student对象并初始化，将对象的地址分别赋给p[0]、p[1]和p[2]。程序结束前，使用delete释放由new分配的内存。

11.7 this指针

11.7.1 什么是this指针

类有两种类型的成员函数，即普通成员函数和静态成员函数，普通成员函数比静态成员函数多了一个隐含参数this，隐含参数this是普通成员函数的第一个参数，该参数的类型为指向此类对象的const指针（指针常量）。

当一个对象调用普通成员函数时，对象的地址作为函数的第一个实参首先压栈，通过压栈将实参传递给函数的隐含参数this。

普通成员函数的this指针参数是隐含的，不需要显式说明。使用this指针可以方便地访问调用该成员函数的对象、对象的地址和对象的引用。

回顾一下前面的Point类，如果它的数据成员声明为小写的x和y，而构造函数的参数也是小写的x和y，就会出现问题；如果没有隐含参数this指针，则没有办法将参数的值赋给类的数据成员x和y。

```
class Point
{
private:
    int x, y;
public:
    Point(int x=0, int y=0);
    int GetX();
    int GetY();
};
Point::Point(int x, int y)
{
    x=x;                          //赋值运算符前后的x都是参数中的x
    y=y;                          //赋值运算符前后的y都是参数中的y
};
```

在上面的构造函数中，因为函数的参数是函数的局部变量，在函数中优先访问，函数中的x都是参数x，因此并不能将参数x的值赋给属性x。

通过this指针可以很容易解决这个问题，将构造函数修改如下：

```
CPoint::CPoint(int x, int y)
{
    this->x=x;
    this->y=y;
};
```

将赋值运算符的左边改写为this->x，表示类中的数据成员x。this是指向Point类对象的，this到底是指向哪个对象呢？答案是谁调用这个函数，this就指向谁。如下面的定义：

```
Point  p(10,20);
```

这是对象p调用构造函数，因此此时this指向的是对象p。

注意：

静态成员函数没有this指针。

11.7.2　this 指针的应用

【例11-13】使用this指针

在例11-11的基础上，为Student类添加一个成员函数max，参数是Student对象，返回年龄较大的对象。下面给出改变的代码，其他代码请参考例11-11或资源文件ex11_13.cpp。

```
 1  //文件:ex11_13.cpp
    ......
30  Student Student::max(const Student &s)
31  {
32      if(this->age > s.age)
33          return *this;
34      else
35          return s;
36  }
37  int main()
38  {
39      int sum=0;
40      Student s1(10001, "张三", 20);
41      Student s2(10002, "李四", 22);
42      Student s3 = s1.max(s2);
43      s3.show();
44      return 0;
45  }
```

扫一扫，看视频讲解

程序运行结果如下：

```
10002   李四   22
```

分析： 函数max返回两个Student对象中年龄较大的Student对象，这两个对象一个是调用函数的对象，一个是参数，如果调用函数的对象年龄大，则返回*this，这就是调用函数的对象。

11.8 小结

如果类的属性有指针，默认的构造方法可实现浅拷贝。要实现深拷贝，应自己定义拷贝构造方法。

一个复杂的类通常由若干简单的类组成，称为类的组合。创建组合类的对象时，同时要创建包含的内嵌对象，一般使用构造方法的初始化表为内嵌对象提供初始化参数。

通常在类的外面是不能访问类的私有成员的，而作为类的友元，则拥有访问类中私有成员的权限，友元有友元函数和友元类。

类的静态属性为类的所有对象共享，公有的静态成员可以通过类访问。静态方法只能访问静态属性和调用静态方法，不能访问非静态属性或调用非静态方法。常对象是指属性值不能改变的对象，常对象不能调用普通的方法，只能调用常成员函数。

和普通的数据类型一样，也可以定义对象数组和对象指针。类的非静态方法有一个隐含的this指针，它指向调用方法的对象。使用this指针，可以方便地获取调用方法的对象，以及对象的地址。

11.9 习题十一

11-1 类的静态数据成员与静态成员函数各有什么特点？

11-2 友元函数有什么特点？它与类的成员函数有什么异同？

11-3 写出程序运行结果，总结组合类的构造过程和析构过程。

```
//文件:hw11_3.cpp
#include <iostream>
using namespace std;
class  A
{
private:
    int  a;
public:
    A(int  x):a(x)
    {
        cout<<"构造A, a="<<a<<endl;
    }
    ~A()
    {
        cout<<"析构A, a="<<a<<endl;
    }
};
class  B
{
    int  b;
    A  a1;
    A  a2;
public:
    B(int  x,int  y):a2(x),a1(y)
    {
        b=y;
        cout<<"构造B, b="<<b<<endl;
    }
    ~B()
    {
        cout<<"析构B, b="<<b<<endl;
    }
};
int  main()
{
    B  b1(2,3);
    return 0;
}
```

11-4 写出程序运行结果。

```
//文件:hw11_4.cpp
#include <iostream>
using namespace std;
```

```
class  Test
{
private:
    static int count;
public:
    Test(){count++;}
    ~Test(){count--;}
    static int getcount(){return count;}
};
int Test::count=0;
int  main()
{
    cout<<Test::getcount()<<" objects exist\n";
    Test test1;
    cout<<Test::getcount()<<" objects exist\n";
    Test *test2=new Test;
    cout<<Test::getcount()<<" objects exist\n";
    delete test2;
    cout<<Test::getcount()<<" objects exist\n";
    return 0;
}
```

11-5 定义一个圆类，属性有半径，除了构造方法和set、get方法外，还有一个计算面积和周长的方法；再定义一个圆柱体类，圆柱体类包含一个圆类对象的属性(表示圆柱体底面)，还有一个圆柱体高度属性，方法包括计算圆柱体的体积和计算圆柱体的表面积。

11-6 定义一个Student类，属性包括学号、姓名和成绩；方法有构造方法、设置属性值的方法、读取属性值的方法。在主函数中定义对象数组，再编写一个Student类的友元函数，计算平均成绩，查找最高成绩和最低成绩。

第 12 章　类的继承

主要内容

◎ 继承与派生
◎ 类的继承方式
◎ 派生类的构造过程
◎ 派生类的析构过程
◎ 多继承

继承是面向对象程序设计的重要特性之一，通过继承与派生实现代码的重用。本章介绍继承与派生的有关内容，包括继承方式、派生类的构造与析构过程、多重继承与虚基类等。

12.1 继承的概念与派生类的声明

12.1.1 继承的概念

继承是面向对象程序设计的重要特性之一，在原有类的基础上派生出新的类，新类继承原有类的属性和方法，原有的类称为**基类**，新类称为**派生类**。这样就可以实现代码的重用，在派生类中不需要重复定义基类中已有的属性和方法，只需定义基类没有而派生类新增加的成员。

例如，人类的属性有姓名、性别、年龄、身高、体重等，而教师类除了具有人类的所有属性之外，还有一些特殊的属性，如专业、职称等；管理人员除了具有人类的所有属性外，还有职务等特有的属性；学生除了具有人类的所有属性之外，还有学号、班级、专业等特殊属性；在职工中还有一类人员，就是教师管理人员，具有教师和管理人员二者的属性，既有职称、专业属性，又有职务属性，这样就可以将人类作为基类，教师类、管理人员类和学生类作为人类的派生类，而教师管理人员类可以将教师类和管理人员类共同作为自己的基类。这样继承就形成一个层次结构，如图12–1所示。

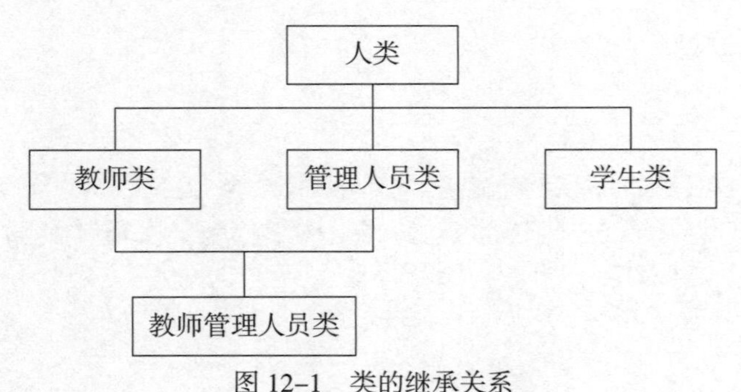

图12–1　类的继承关系

在图12–1中，教师类、管理人员类和学生类都只有一个基类，称为**单继承**；而教师管理人员类有两个基类，称有多于一个基类的派生类为**多继承**。

教师类作为派生类从人类继承了姓名、性别、年龄等属性，同时教师类又是教师管理人员类的基类，教师管理人员类除了从教师类继承专业、职称等属性外，还间接地从人类继承了姓名、性别、年龄等属性，称教师类是教师管理人员类的**直接基类**，人类是教师管理人员类的**间接基类**。

12.1.2 派生类的声明

首先介绍单继承派生类的声明，有关多继承的内容在后面介绍。在C++中，单继承派生类的声明语法为：

```
class 派生类名 : 继承方式 基类名
{
```

```
    派生类新增成员的声明;
}
```

其中派生类是新定义的类，基类是原来已经定义的类，派生类除了继承基类的成员外，又声明了自己的新成员，继承方式有三种，在下一节中详细介绍。

【例12-1】类的继承案例

要求：定义形状类Shape，属性有形状名称、颜色，除了构造方法和set方法，还有一个画出图形的方法draw；然后以Shape类为基类，定义派生类Circle。Circle类除了继承父类的属性外，增加一个半径属性，一个计算圆形的面积的方法。

说明：由于本章的大部分程序都有多个文件，所以每个例题都创建一个工程，将程序中的所有文件都放在工程文件夹中，工程的名字与例题序号相关联，文件名不再与例题序号关联。每个文件的第1行为文件所在文件夹和文件名，如"//文件:ex12_1\Shape.h"表示ex12_1文件夹中的文件Shape.h。

实现：首先创建工程ex12_1，并分别在工程ex12_1中添加文件Shape.h、Shape.cpp、Circle.h、Circle.cpp和main.cpp；然后分别编写各文件的程序代码，最后运行显示结果。

在Shape.h文件中定义基类Shape，包含名称name和颜色color属性，以及setName、setColor、draw方法，程序代码如下：

```
 1  //文件:ex12_1\Shape.h
 2  #ifndef SHAPE_H
 3  #define SHAPE_H
 4  #include <iostream>
 5  class Shape
 6  {
 7  private:
 8      char name[8];
 9      char color[8];
10  public:
11      Shape(char *name="none", char *color="none");
12      void setName(char *name);
13      void setColor(char *color);
14      void draw();
15  };
16  #endif
```

文件Shape.cpp中给出Shape方法的实现，程序代码如下：

```
 1  //文件:ex12_1\Shape.cpp
 2  #include <iostream>
 3  #include "Shape.h"
 4  using namespace std;
 5  Shape::Shape(char *name, char *color)
 6  {
 7      strcpy(this->name, name);
 8      strcpy(this->color, color);
 9  }
10  void Shape::setName(char *name)
11  {
```

```
12      strcpy(this->name,name);
13  }
14  void Shape::setColor(char *color)
15  {
16      strcpy(this->color,color);
17  }
18  void Shape::draw()                              //输出图形的信息
19  {
20      cout << "Draw  " << name << " with color " << color << endl;
21  }
```

在文件Circle.h中定义Circle类，除了继承基类的属性和方法，增加了属性圆周率PI和半径radius，以及求面积的方法area，程序代码如下：

```
1  //文件:ex12_1\Circle.h
2  #ifndef CIRCLE_H
3  #define CIRCLE_H
4  #include "Shape.h"
5  class Circle:public Shape                        // Circle从Shape继承
6  {
7  private:
8      static const double PI = 3.14159;
9      double radius;
10 public:
11     Circle(char *name, char *color, double radius);
12     double area();
13 };
14 #endif
```

文件Circle.cpp给出Circle类方法的定义，程序代码如下：

```
1  //文件:ex12_1\Circle.cpp
2  #include <iostream>
3  #include "Circle.h"
4  using namespace std;
5  //派生类的构造函数使用初始化表调用基类的构造函数
6  Circle::Circle(char *name, char *color, double radius):Shape(name,color)
7  {
8      this->radius = radius;
9  }
10 double Circle::area()
11 {
12     return PI * radius * radius;
13 }
```

文件main.cpp包含了主方法，程序代码如下：

```
1  //文件:ex12_1\main.cpp
2  #include <iostream>
3  #include "Shape.h"
4  #include "Circle.h"
5  using namespace std;
6  int main()
7  {
```

```
 8      Shape s("Shape1","Red");
 9      Circle c("Circle1", "Blue", 10 );
10      s.draw();
11      c.draw ();                                      //调用基类Shape的draw方法
12      cout << "圆的面积:" << c.area() << endl;
13      c.setName("C1");                                //调用基类Shape的setName方法
14      c.setColor("Greeen");                           //调用基类Shape的setColor方法
15      c.draw ();                                      //调用基类Shape的draw方法
16      cout << "sizeof(Shape)" << sizeof(Shape) << endl;
17      cout << "sizeof(Circle)" << sizeof(Circle) << endl;
18      return 0;
19  }
```

程序运行结果如下：

```
Draw Shape1 with color Red
Draw Circle1 with color Blue
圆的面积:314.159
Draw C1 with color Greeen
sizeof(Shape): 16
sizeof(Circle): 24
```

分析：到目前为止我们还没有学习图形的输出，Shape类的draw方法使用文字输出形状的有关信息。

派生类Circle以public的继承方式继承Shape类，有关继承方式的内容在下节介绍。

在Circle类中，继承了基类Shape的属性name、color和方法setName、setColor、draw，又添加了属性radius和方法area。

主函数中定义的Shape对象s和Circle对象c的属性构成如图12-2所示。

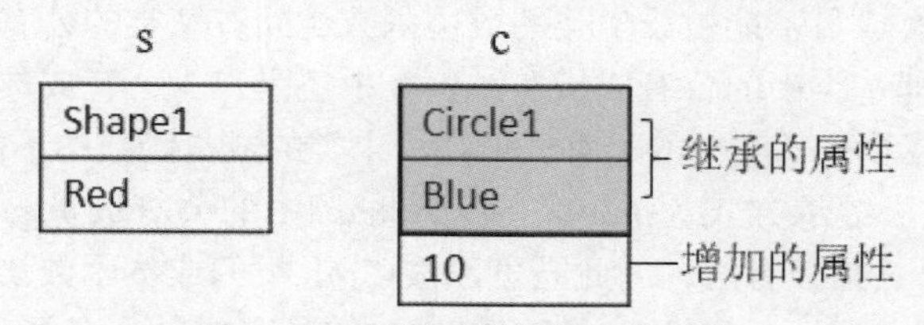

图12-2　基类对象与派生类对象

派生类Circle的构造方法以初始化表的方式调用基类的构造方法为基类成员初始化（ex12_1\Circle.cpp的第6行代码）。

由于基类是派生类的组成部分，因此在创建派生类时总是要调用基类的构造方法创建基类部分。如果在派生类中不提供初始化表，则调用基类的默认构造方法（没有参数的构造方法）。例如，将Circle类构造方法的初始化表删除，变成下面的代码：

```
6  Circle::Circle(char *name, char *color, double radius)
7  {
8      this->radius = radius;
9  }
```

则构造出的Circle对象的name和color的值都是“none”，这是由Shape构造方法参数的默认值提供的。如果再将Shape类的构造方法的参数默认值删除，则产生语法错误，因为Shape类没有提供默认构造方法，而Circle的构造方法又需要调用Shape类的默认构造方法。

在主方法中，Circle对象调用的方法setName、setColor、draw都是从基类Shape继承的。

最后两行输出的是Shape类和Circle类的大小，Circle类使用24个字节，其中16个字节用于存储继承的基类部分，另外8个字节用于存储新增加的属性radius。

12.2 类的继承方式

在第11章已经了解了类成员的私有访问权限和公有访问权限，其中类的私有成员可以被类本身的成员和友元访问，但不能被包括派生类在内的其他任何类和任何普通函数访问；类的公有成员可以被任何普通函数和任何类的成员函数访问。

为了使某些基类的成员能被派生类的成员函数访问，而不能被任何普通函数和其他类的成员函数访问，在C++中还有一种保护（protected）访问权限。

派生类的成员函数可以访问基类的保护成员和公有成员。除非将成员函数定义为基类的友元函数，否则派生类的成员函数不能访问基类的私有成员。类的保护成员除了可以被类本身的成员和友元访问外，还可以被派生类的成员函数访问，但是类的保护成员不能被任何非友元的普通函数访问。

类的继承方式有三种：公有继承（public）、保护继承（protected）和私有继承（private）。

12.2.1 公有继承

基类中的成员被继承到派生类时，其访问权限的变化同继承方式有关。如果类的继承方式为公有继承，基类中的私有成员不能被派生类的成员函数访问，基类的公有成员和保护成员在派生类中的访问权限不变，即基类中的公有成员在派生类中还是作为公有成员，基类中的保护成员在派生类中还是作为保护成员，基类中的私有成员在派生类的成员函数中不能访问。

例如，在例12-1中，继承方式为public，基类Shape中的公有成员getName、getColor在派生类Circle中的访问权限仍然是公有的，因此既可以被Circle类的成员函数访问，也可以在主函数中通过Circle类的对象访问。而name和color是基类Shape的私有成员，在派生类Circle的成员函数中不能访问。如果在Circle类的成员函数area中添加如下语句，则编译时会产生语法错误，不能访问类Shape中的私有成员。

```
cout << name << endl;
```

也就是说，虽然Circle类继承了基类Shape的私有成员，但在其成员函数中不能访问，只能调用Shape类的公有函数访问。

如果将Shape类的私有成员name和color改为保护成员，即：

```
class Shape
{
protected:
    char name[8];
    char color[8];
```

```
public:
    ……
};
```

通过公有继承后，name和color在派生类Circle中仍然是保护成员，就可以在Circle类的成员函数中直接访问了。这样Circle类的area函数就可以访问从基类继承的name和color。

12.2.2　保护继承

如果类的继承方式为保护继承，基类中的私有成员不能被派生类的成员函数访问，基类的公有成员和保护成员在派生类中都变成保护成员。

【例12-2】保护继承案例

将例12-1的继承方式改为保护继承。首先创建工程ex12_2，将工程ex12_1中的文件Shape.h、Shape.cpp、Circle.h、Circle.cpp和main.cpp复制过来。然后修改Shape.h文件，将其改为保护继承。

下面只写出派生类的定义以及主方法，其他文件及完整的代码请参考资源ex12_2。

```
1  //文件:ex12_2\Circle.h
2  #ifndef CIRCLE_H
3  #define CIRCLE_H
4  #include "Shape.h"
5  class Circle:protected Shape //继承方式为保护protected
6  {
7  private:
8      static const double PI = 3.14159;
9      double radius;
10 public:
11     Circle(char *name, char *color, double radius);
12     double area();
13  };
14 #endif
```

将继承方式改为保护继承后，基类Shape的公有成员在派生类Circle中成为保护成员，只有该类的成员函数或其派生类(将Circle作为基类，再派生新的派生类)的成员函数才能访问，在其他函数中是不能访问的。因此在主函数中用对象c调用成员函数draw、setName、setColor将出现语法错误，如下面的主函数：

```
1  //文件:ex12_2\main.cpp
2  #include <iostream>
3  #include "Shape.h"
4  #include "Circle.h"
5  using namespace std;
6  int main()
7  {
8      Shape s("Shape1","Red");
9      Circle c("Circle1", "Blue", 10 );
10     s.draw();
11     //c.draw ();                         //错误，Circle类中draw为保护访问权限
12     cout << "圆的面积:" << c.area() << endl;
```

```
13      //c.setName("C1");                    //错误，Circle类中setName为保护访问权限
14      //c.setColor("Greeen");               //错误，Circle类中setColor为保护访问权限
15      //c.draw ();                          //错误，Circle类中draw为保护访问权限
16      return 0;
17  }
```

如果需要访问基类Shape中的draw方法，可以在Circle类中添加一个公有的draw方法（当然也可以使用其他的名字），在Circle的draw方法中调用基类Shape的draw方法。

```
void  Circle::draw()
{
    Shape::draw();
}
```

这样就可以在主函数中访问Circle类的公有方法draw，而在Circle类的draw方法中又调用基类Shape的draw方法。

在面向对象的作用域中，标识符的作用范围按从小到大的顺序可分为：成员函数作用域（如函数内部定义的局部变量及函数参数）、类或派生类作用域（如类中定义的属性或方法）、基类作用域（如基类中定义的属性或方法）、全局作用域（如定义的全局变量、全局函数，即普通函数）。

如果在某一程序段中有一个以上的同名标识符都有效，则标识符的作用范围越小，被访问到的优先级越高。如果希望访问作用范围更大的标识符，则可以用类名和作用域运算符进行限定。

Circle类加入draw方法后，相当于Circle类有两个draw方法，一个是从Shape类继承的（继承后为保护访问权限），一个是自己定义的（公有访问权限）。由于派生类的作用域小于基类的作用域，如果在派生类Circle中直接调用draw方法，则调用的是自己的draw方法，为了访问基类Shape的draw方法，在方法名前用基类名和域运算符“::”限定，如“Shape::draw();”。

同样可以在Circle类加入公有访问权限的setName和setColor方法，这样就可以在主函数中修改圆的名字和颜色。

12.2.3 私有继承

如果类的继承方式为私有继承，基类的私有成员不能被派生类的成员函数访问，基类的公有成员和保护成员在派生类中都变成私有成员。

如果将例12-2的继承方式改为私有继承，修改Circle.h文件的代码如下：

```
//文件:ex12_2\Circle.h
#ifndef CIRCLE_H
#define CIRCLE_H
#include "Shape.h"
class Circle:private Shape                           //继承方式为私有private
{
private:
    static const double PI = 3.14159;
    double radius;
public:
```

```
    Circle(char *name, char *color, double radius);
    double area();
};
#endif
```

则基类Shape中的draw、setName、setColor方法在派生类Circle中访问权限都变成私有的。

对于派生类继承的基类成员，其访问权限的变化情况如表12-1所示。

表12-1 派生类继承基类成员访问权限的变化

基类成员	派生控制		
	private	protected	public
private	不能访问	不能访问	不能访问
protected	private	protected	protected
public	private	protected	public

基类的私有成员不能被派生类的成员函数访问，其他所有成员都可以被派生类的成员函数访问。

可以用一个简单的办法记忆表12-1，假定访问权限和派生控制满足private<protected< public，则派生后，基类成员在派生类中的访问权限是基类访问权限和派生控制较小的一个。

12.2.4 综合实例

【例12-3】设计钟表类与闹表类

要求：定义一个钟表类，数据成员有时、分、秒，成员函数包括设置时间和显示时间。再从钟表类派生出闹表类，新增数据成员有响铃时间，成员函数包括响铃、显示响铃时间和设置响铃时间。

实现：创建工程ex\2_3，添加文件Clock.h、Clock.cpp、AlermClock.h、AlermClock.cpp、main.cpp，然后在各文件中分别编写程序代码。

在文件Clock.h中定义钟表类Clock，代码如下：

```
1  //文件:ex12_3\Clock.h
2  #ifndef CLOCK_H
3  #define CLOCK_H
4  #include <iostream>
5  class Clock
6  {
7  private:
8      int hour;
9      int minute;
10     int second;
11 public:
12     Clock(int hour=0, int minute=0, int second=0);
13     Clock(const Clock &c);                     //拷贝构造函数
14     void setTime(int h, int m, int s);         //设置钟表对象的时间
15     void showTime();                           //显示钟表对象的当前时间
16 };
17 #endif
```

在文件Clock.cpp中，给出Clock类的方法定义，代码如下：

```
1  //文件:ex12_3\Clock.cpp
2  #include <iostream>
3  #include "Clock.h"
4  using namespace std;
5  Clock::Clock(int hour, int minute, int second)
6  {
7      this->hour = hour;
8      this->minute = minute;
9      this->second = second;
10 }
11 Clock::Clock(const Clock &c)
12 {
13     hour = c.hour;
14     minute = c.minute;
15     second = c.second;
16 }
17 void Clock::setTime(int hour, int minute, int second)
18 {
19     this->hour = hour;
20     this->minute = minute;
21     this->second = second;
22 }
23 void Clock::showTime()
24 {
25     cout << hour << ":" << minute << ":" << second << endl;
26 }
```

将Clock类作为基类，派生出AlermClock类，继承方式为公有继承。在AlermClock类中新增数据成员alermHour、alermMinute、alermSecond，分别表示响铃时间的时、分、秒；新增成员函数alerm、setAlermTime、showAlermTime分别为响铃、设置响铃时间和显示响铃时间。

在文件AlermClock.h中，给出AlermClock类的定义，代码如下：

```
1  //文件:ex12_3\AlermClock.h
2  #ifndef ALERMCLOCK_H
3  #define ALERMCLOCK_H
4  #include "Clock.h"
5  class AlermClock : public Clock
6  {
7  private:
8      int alermHour;
9      int alermMinute;
10     int alermSecond;
11 public:
12     AlermClock(int hour=12, int minute=0, int second=0,
13            int alermHour=0, int alermMinute=0, int alermSecond=0);
14     void alerm();
15     void setAlermTime(int alermHour, int alermMinute, int alermSecond);
16     void showAlermTime();
17 };
18 #endif
```

在文件AlermClock.cpp中，给出AlermClock类的方法的定义，代码如下：

```
1  //文件:ex12_3\AlermClock.cpp
2  #include <iostream>
3  #include "AlermClock.h"
4  #include <windows.h>
5  using namespace std;
6  AlermClock::AlermClock(int hour, int minute, int second, int  alermHour,
7                  int alermMinute, int alermSecond):Clock(hour,minute,second)
8  {
9      this->alermHour = alermHour;
10     this->alermMinute = alermSecond;
11     this->alermSecond = alermSecond;
12 }
13 void AlermClock::alerm()                          //使用转义字符'\a'完成响铃
14 {
15     for(int i= 0; i<4; i++)
16     {
17         cout << '\a';
18         Sleep(1000);
19     }
20 }
21 void AlermClock::setAlermTime(int alermHour,int alermMinute,int alermSecond)
22 {
23     this->alermHour = alermHour;
24     this->alermMinute = alermMinute;
25     this->alermSecond = alermSecond;
26 }
27 void AlermClock::showAlermTime()
28 {
29     cout << alermHour << ":" << alermMinute << ":" << alermSecond << endl;
30 }
```

第13~20行代码定义的响铃方法alerm，使用转义字符'\a'实现响铃，循环4次模仿4次响铃。由于计算机循环太快，只能听到一声铃声，为了能够听到连续的铃声，这里使用Sleep函数，函数Sleep的功能是使程序暂停若干时间，参数的单位是毫秒。Sleep函数的原型是在windows.h中定义的，因此要包含该头文件。

文件main.cpp中包含了主方法，代码如下：

```
1  /文件:ex12_3\main.cpp
2  #include <iostream>
3  #include "AlermClock.h"
4  using namespace std;
5  int main()
6  {
7      AlermClock c(13,30,30,17,20,10);
8      c.showTime();
9      c.showAlermTime();
10     c.alerm();
11     c.setTime(10,30,40);
12     c.setAlermTime(6,30,0);
```

```
13      c.showTime();
14      c.showAlermTime();
15      return 0;
16  }
```

程序运行结果如下：

```
13:30:30
17:10:10
10:30:40
6:30:0
```

如果打开音响，会在输出前两行后，听到4声铃声，然后再输出后两行；如果没有打开音响，则在输出前两行后暂停4秒，然后输出后两行。

主函数的第1行定义一个AlermClock类的对象c，在构造AlermClock类的对象时，同时要构造它的基类Clock，通过构造函数的初始化表将从基类继承的数据成员初始化为(13，30，30)，将AlermClock类自己定义的数据成员响铃时间置为(17，20，10)。第8行和第9行分别显示时钟的当前时间和响铃时间。第10行响铃，第11行和第12行分别重新设置时钟时间(10，30，40)和响铃时间(6，30，0)，第13行和第14行再次显示时钟的当前时间和响铃时间。

如果希望控制响铃时长，可以为AlermClock再增加一个表示响铃次数的属性，在alerm函数中用这个属性作为循环次数。

12.3 派生类的构造过程和析构过程

由于派生类继承了基类的成员，派生类的对象既含有派生类本身定义的数据成员，又包含从基类继承的数据成员，因此在构造派生类的对象时，也同时要创建从基类继承的部分。而构造函数是不能被继承的，C++在创建派生类的对象时能够调用基类的构造函数为基类的数据成员初始化。派生类的析构过程和构造过程类似，在删除派生类对象时能够自动调用基类的析构函数。

构造函数确定对象的初始状态，构造函数的执行顺序不同，对象的初始化状态就不同，因此了解构造函数的执行顺序非常重要。

12.3.1 派生类的构造过程

如果派生类中还包含内嵌对象，则派生类构造函数的执行顺序如下：

(1)调用基类的构造函数。

(2)按照数据成员(包括内嵌对象、常量、引用等)的声明顺序依次调用数据成员的构造函数或初始化数据成员。

(3)执行派生类构造函数的函数体。

派生类构造函数定义的一般格式为：

```
派生类名::构造函数名(参数表):基类名(参数表),嵌对象1(参数表1), 内嵌对象2(参数表2),…,
常量1(初值1),常量2(初值2),…,引用1(变量1),引用2(变量2)…
{
   派生类构造函数体;
}
```

注意：

构造函数的执行顺序只与成员声明的顺序有关，而与初始化表中各项的排列顺序无关。

【例12-4】演示派生类的构造过程的案例

由于两个类都比较简单，本例不创建工程，将所有程序放在一个文件中，代码如下：

```
 1  //文件:ex12_4.cpp
 2  #include <iostream>
 3  using namespace std;
 4  class A
 5  {
 6      int a;
 7  public:
 8      A(int x):a(x)
 9      {
10          cout << "construct A " << a << endl;
11      }
12  };
13  class B : public A
14  {
15  private:
16      int   b,c;
17      const int d;
18      A   x,y;
19  public:
20
21      B(int v) : b(v), y(b+2), x(b+1), d(b), A(v)
22      {
23          c = v;
24          cout << "construct B " << b <<" " << c << " " << d << endl;
25      }
26  };
27  int main()
28  {
29      B b1(10);
30      return 0;
31  }
```

程序运行结果如下：

```
construct A 10
construct A 11
construct A 12
construct B 10 10 10
```

分析：其中A类的构造方法使用初始化表的方式为属性a赋初值，与下面的写法完全相同。

```
A(int x)
{
    a=x;
    cout << "construct A " << a << endl;
}
```

B类是从A类派生出的派生类，并增加属性b、c、d、x、y，因为d是常量，x、y是内嵌对象，使用初始化表对其初始化。而b和c是普通的数据成员，既可以利用初始化表的方式初始化，也可以在构造函数的函数体中赋值。

在主函数中，定义了一个B类的对象b1，参数为10。下面分析一下B类构造函数的执行过程。

```
B(int v) : b(v), y(b+2), x(b+1), d(b), A(v)
{
    c = v;
    cout << "construct B " << b <<" "  << c << " " << d << endl;
}
```

在构造对象b1时，将10传递给构造函数的参数v，首先调用基类的构造函数，参数为10（即v），因此基类的成员a的值是10，输出“construct A 10”。

其次按照成员声明的先后顺序，应首先初始化b，值为10（用v初始化b），第二个声明的成员是c，但由于c没有出现在初始化表中，所以初始化第三个声明的成员d，值为10（用b初始化d）。

再次构造内嵌对象x，调用A类的构造函数，构造函数的参数是11（b+1），输出“construct A 11”。再构造内嵌对象y，调用A类的构造函数，构造函数的参数是12（b+2），输出“construct A 12”。

最后执行B类自己的构造函数体，将c赋值为10（v的值是10），因为b、c、d的值都是10，输出“construct B 10 10 10”。

通过本例可以看出，构造函数的执行顺序是由成员的声明顺序决定的，而与初始化表的排列顺序无关。

12.3.2 派生类的析构过程

派生类的析构过程与构造过程的顺序正好相反，派生类的析构顺序如下：

（1）执行派生类的析构函数。

（2）按照内嵌对象声明的相反顺序依次调用内嵌对象的析构函数。

（3）调用基类的析构函数。

例如，可以为例12-4中的基类和派生类增加析构函数。

【例12-5】演示派生类的析构过程的案例

本例不创建工程，将所有程序放在一个文件中，代码如下：

```
 1  //文件:ex12_5.cpp
 2  #include <iostream>
 3  using namespace std;
 4  class A
 5  {
 6      int a;
 7  public:
 8      A(int x):a(x)
 9      {
10          cout << "construct A " << a << endl;
11      }
12      ~A()
13      {
```

```
14          cout <<  "destruct A " << a << endl;
15      }
16  };
17  class B : public A
18  {
19  private:
20      int   b,c;
21      const int d;
22      A   x,y;
23  public:
24      B(int v) : b(v), y(b+2), x(b+1), d(b), A(v)
25      {
26          c = v;
27          cout << "construct B" << b <<" " << c << " " << d << endl;
28      }
29      ~B()
30      {
31          cout << "destruct B" << b <<" " << c << " " << d << endl;
32      }
33  };
34  int main()
35  {
36      B b1(10);
37      return 0;
38  }
```

程序运行结果如下：

```
construct A 10
construct A 11
construct A 12
construct B10 10 10
destruct B10 10 10
destruct A 12
destruct A 11
destruct A 10
```

分析：运行结果前半部分是由构造函数输出的，与例12-4完全相同，下面分析析构过程。

当主函数结束时，局部对象b1要被销毁，首先执行派生类本身的析构函数，输出“destruct B 10 10 10”。其次按内嵌对象声明的相反顺序，一是调用内嵌对象y的析构函数，因为对象y的数据成员a是12，输出destruct A 12；二是调用内嵌对象x的析构函数，因为对象x的数据成员a是11，输出“destruct A 11”；三是调用基类的析构函数，基类中a的值是10，因此输出“destruct A 10”。

12.3.3 综合实例

【例12-6】设计图形的相关类

要求：定义一个点类Point，数据成员有点的坐标；再定义一个几何形状类Shape，数据成员只有颜色；以Shape类为基类派生出线段类Line和圆类Circle，其中线段类Line的数据成员包括起点和终点（为Point类的内嵌对象），圆类Circle的

数据成员包括圆心（为Point类的内嵌对象）和半径。

实现： 创建工程ex12_6，并分别添加文件Point.h、Point.cpp、Shape.h、Shape.cpp、Line.h、Line.cpp、Circle.h、Circle.cpp、main.cpp，然后在各文件中编写程序代码，最后显示运行。

文件Point.h中给出了Point类的定义，代码如下：

```
1  //文件:ex12_6\Point.h
2  #ifndef POINT_H
3  #define POINT_H
4  class Point
5  {
6      int x;                                    //点的x坐标
7      int y;                                    //点的y坐标
8  public:
9      Point(int x=0, int y=0);
10     Point(const Point &p);
11     int getX();
12     int getY();
13 };
14 #endif
```

在文件Point.cpp中，给出Point类的方法的定义，代码如下：

```
1  //文件:ex12_6\Point.cpp
2  #include "Point.h"
3  Point::Point(int x, int y)
4  {
5      this->x = x;
6      this->y = y;
7  }
8  Point::Point(const Point &p)
9  {
10     x=p.x;
11     y=p.y;
12 }
13 int Point::getX()
14 {
15     return x;
16 }
17 int Point::getY()
18 {
19     return y;
20 }
```

在文件Shape.h中定义Shape类，代码如下：

```
1  //文件:ex12_6\Shape.h
2  #ifndef SHAPE_H
3  #define SHAPE_H
4  class Shape
5  {
6  private:
7      char Color[10];                                   //图形的颜色
```

```
8  public:
9      Shape(char *c);
10     void draw();                                //输出图形的相关信息
11     void outputColor();                         //输出图形的颜色
12 };
13 #endif
```

在文件Shape.cpp中，给出Shape类的方法的定义，代码如下：

```
1  //文件:ex12_6\Shape.cpp
2  #include <iostream>
3  #include "Shape.h"
4  using namespace std;
5  Shape::Shape(char *c)
6  {
7      strcpy(Color,c);
8  }
9  void Shape::draw()
10 {
11     cout << "Draw a shape. The color is " << Color << endl;
12 }
13 void Shape::outputColor()
14 {
15     cout << Color << endl;
16 }
```

在文件Line.h中定义Line类，代码如下：

```
1  //文件:ex12_6\Line.h
2  #ifndef LINE_H
3  #define LINE_H
4  #include "Shape.h"
5  #include "Point.h"
6  class Line:public Shape
7  {
8  private:
9      Point start;                                //线段的起点
10     Point end;                                  //线段的终点
11 public:
12     Line(const Point &s, const Point &e, char *c);
13     void draw();                                //输出线段的相关信息
14 };
15 #endif
```

在文件Line.cpp中，给出Line类的方法的定义，代码如下：

```
1  //文件:ex12_6\Line.cpp
2  #include <iostream>
3  #include "Line.h"
4  using namespace std;
5  Line::Line(const Point &s, const Point &e, char *c):Shape(c),start(s),end(e)
6      {}
7  void Line::draw()
8  {
```

```
 9      cout << "Draw a Line from (" << start.getX() << "," << start.getY();
10      cout << ") to ("<< end.getX() << "," << end.getY() << "), with color ";
11      outputColor();                                   //调用基类Shape的方法
12  }
```

在文件Circle.h中定义Circle类，代码如下：

```
 1  //文件:ex12_6\Circle.h
 2  #ifndef CIRCLE_H
 3  #define CIRCLE_H
 4  #include "Shape.h"
 5  #include "Point.h"
 6  class Circle:public Shape
 7  {
 8  private:
 9      Point center;                                    //圆心
10      int radius;                                      //半径
11  public:
12      Circle(const Point &ct, int radius, char *color);
13      void draw();                                     //输出圆的相关信息
14  };
15  #endif
```

在文件Circle.cpp中，给出Circle类的方法的定义，代码如下：

```
 1  //文件:ex12_6\Circle.cpp
 2  #include <iostream>
 3  #include "Circle.h"
 4  using namespace std;
 5  Circle::Circle(const Point &ct, int radius, char *color):Shape(color),center(ct)
 6  {
 7      this->radius = radius;
 8  }
 9  void Circle::draw()
10  {
11      cout << "Draw a circle at center (" << center.getX() << "," ;
12      cout << center.getY()<< ") with radius " << radius << " and color ";
13      outputColor();                                   //调用基类Shape的方法
14  }
```

在文件main.cpp中，定义了主函数，代码如下：

```
 1  //文件:ex12_6\main.cpp
 2  #include "Line.h"
 3  #include "Circle.h"
 4  int main()
 5  {
 6      Shape s("Red");
 7      Point p1(10,10), p2(100,100),p3(50,50);
 8      Line  l(p1,p2,"Green");
 9      Circle c(p3, 20, "Black");
10      s.draw();
11      l.draw();
12      c.draw();
```

```
13      return 0;
14  }
```

程序运行结果如下：

```
Draw a shape. The color is Red
Draw a Line from (10,10) to (100,100), with color Green
Draw a circle at center (50,50) with radius 20 and color Black
```


分析：Line类从Shape类继承，有两个Point类的内嵌对象表示线段的起点和终点，都必须使用初始化表进行初始化，在方法draw中输出线段的起点、终点坐标，并调用基类的outputColor方法输出线段的颜色。

Circle类从Shape类继承，有一个Point类的内嵌对象表示圆心，一个double型属性表示半径，基类部分和圆心必须使用初始化表进行初始化，在方法draw中输出圆的圆心和半径，并调用基类的outputColor方法输出圆的颜色。

主函数中分别定义了Shape、Line和Circle类的对象，然后分别调用函数draw输出各自的信息。

如果派生类的派生控制为public，则这样的派生类称为基类的子类，而相应的基类则称为派生类的父类。C++允许父类指针直接指向子类对象，也允许父类引用直接引用子类对象，也就是说可以将子类当成父类使用。

例如，将例12-6中的主函数换成如下的主函数：

```
int main()
{
    Shape *ps[3];
    Shape s("Red");
    Point p1(10,10), p2(100,100),p3(50,50);
    Line  l(p1,p2,"Green");
    Circle c(p3, 20, "Black");
    ps[0] = &s;
    ps[1] = &l;
    ps[2] = &c;
    for(int i=0; i<3; i++)
        ps[i]->draw();
    return 0;
}
```

程序运行结果如下：

```
Draw a Shape. The color is Red
Draw a Shape. The color is Green
Draw a Shape. The color is Black
```

从运行结果可以看出，虽然父类的指针可以指向子类的对象，但调用的draw方法都是父类Shape的方法。也就是说，因为指针ps[i]定义为父类的指针，在编译时只能把父类指针指向的对象当作父类对象。因此，在通过父类指针访问这些对象的属性或方法时，只能访问父类的成员。

如果希望使用父类的指针访问子类的成员，可以通过第13章介绍的虚函数方法。

12.4 多继承简介

一个派生类可以有多于一个的基类，称为多继承。多继承是复杂烦琐的，一般都会尽量避免使用多继承。下面仅通过一个具体实例介绍多继承的基本知识，完整的内容请参考拓展阅读。

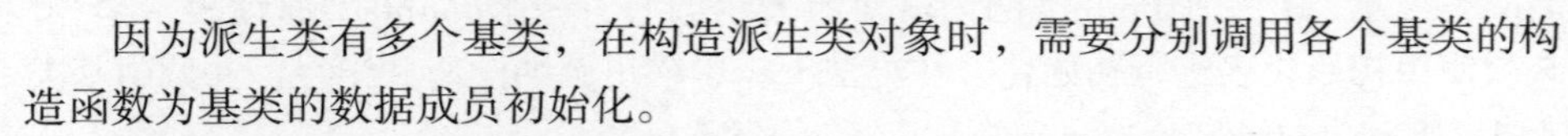

因为派生类有多个基类，在构造派生类对象时，需要分别调用各个基类的构造函数为基类的数据成员初始化。

如果多继承的派生类中还包含内嵌对象，则派生类构造函数的执行顺序如下：

(1)按照声明的顺序(从左至右)依次调用各基类的构造函数。

(2)按照数据成员(包括内嵌对象、常量、引用等)的声明顺序依次调用数据成员的构造函数或初始化数据成员。

(3)执行派生类构造函数的函数体。

派生类的析构过程与构造过程的顺序正好相反，派生类析构的顺序如下：

(1)执行派生类的析构函数。

(2)按照内嵌对象声明的相反顺序依次调用内嵌对象的析构函数。

(3)按基类声明的相反顺序调用各基类的析构函数。

【例12-7】多继承派生类的构造过程与析构过程

定义两个基类Base1和Base2，都分别只有一个属性、一个构造方法和一个析构方法；派生类Derived有两个内嵌对象和一个int型属性，方法有构造方法和析构方法。

```
1   //文件:ex12_7.cpp
2   #include <iostream>
3   using namespace std;
4   class Base1
5   {
6   protected:
7       int b;
8   public:
9       Base1(int x=0)
10      {
11          b=x;
12          cout << "Construct Base1!  " << b <<endl;
13      }
14      ~Base1()
15      {
16          cout << "Destruct  Base1!  " << b <<endl;
```

```
17        }
18    };
19    class Base2
20    {
21    protected:
22        int b;
23    public:
24        Base2(int x=0)
25        {
26            b=x;
27            cout << "Construct Base2!  " << b <<endl;
28        }
29        ~Base2()
30        {
31            cout << "Destruct  Base2!  " << b <<endl;
32        }
33    };
34    class Derived : public Base1,private Base2          //两个基类的多继承
35    {
36    protected:
37        Base1 b1;                                        //类中有两个内嵌对象
38        Base2 b2;
39        int d;
40    public:
41        Derived(int x,int y, int z): b1(y),Base2(y),b2(z),Base1(x)
42        {
43            d=z;
44            cout << "Construct Derived! " << d <<endl;
45        }
46        ~Derived()
47        {
48            cout << "Destruct  Derived! " << d <<endl;
49        }
50    };
51    int main()
52    {
53        Derived d1(1,2,3);
54        return 0;
55    }
```

程序运行结果如下：

```
Construct Base1!  1
Construct Base2!  2
Construct Base1!  2
Construct Base2!  3
Construct Derived! 3
Destruct  Derived! 3
Destruct  Base2!  3
```

```
Destruct  Base1!  2
Destruct  Base2!  2
Destruct  Base1!  1
```

分析：程序中设计的三个类，都没有具体的功能，只提供了构造方法和析构方法，有助于我们分析构造过程和析构过程，这里主要分析一下第41~45行所定义的派生类的构造方法。

在声明派生类时，基类Base1在基类Base2之前，一是调用基类Base1的构造方法（参数为x=1），因此输出第1行；二是调用基类Base2的构造方法（参数y=2），输出第2行；三是调用内嵌对象b1的构造方法（参数y=2）；四是调用内嵌对象b2的构造方法（参数z=3），输出第3行和第4行；五是执行派生类Derived本身的构造方法，输出第5行。在离开主函数时，销毁对象d1，调用析构方法，析构过程正好与构造过程相反。

12.5 小结

继承是实现代码重用的重要手段之一。派生类继承基类的属性和方法，并可以增加新的属性和方法，使派生类的功能在基类的基础上得到扩展。

继承分为单继承和多继承，只有一个基类的继承是单继承，多于一个基类的继承是多继承。继承方式有public、protected和private，通常使用public继承方式。

除了继承，组合也可以实现代码的重用，什么时候使用继承，什么时候使用组合，要根据问题的本质来选择。继承是一种“is a”关系，组合是一种“has a”关系。

例如，圆形是图形、矩形是图形，这就是一种“is a”关系，应设计成继承关系，图形是基类，圆和矩形是从图形继承的派生类，也就是说派生类是基类的一种类型；而反过来并不成立，不能说图形是一种圆形或矩形。

圆心（是一个点）是圆的组成部分，圆和点是一种“has a”关系，应设计为组合关系，在圆类中嵌入点类对象作为圆心。

由于派生类包含基类部分，因此创建派生类对象时，都会调用基类的构造方法创建基类部分，可以通过派生类构造方法的初始化表为基类的构造方法提供参数，如果没有提供初始化表，则调用基类的默认构造方法。

12.6 习题十二

12-1 比较类的继承与类的组合，什么情况应该使用组合？什么情况应该使用继承？

12-2 通过三种不同的继承方式，基类中三种访问权限的成员在派生类的访问权限分别是什么？

12-3　派生类的构造方法及析构方法的执行顺序是怎样的?

12-4　设计一个基类Person，包括姓名、性别和年龄及相关的方法，由它派生出学生类Student和教师类Teacher，学生类增加学号、年级、专业等属性及必要的方法，教师类增加教师号、职称、工资等属性和相关的方法。编写一个主函数，对设计的类进行测试。

第 13 章　多　态

主要内容

◎ 运算符重载
◎ 运算符重载为成员函数
◎ 运算符重载为友元函数
◎ 虚函数
◎ 纯虚函数与抽象类

多态性是面向对象程序设计的另一个重要特征。多态是指类（或一组类）中具有相似功能的函数使用同一个函数名称，用同样的调用方式来调用这些同名函数，而系统会根据当时的具体情况调用适当的函数。多态的实现方式分为两种。一种称为编译时多态，即在编译时就确定了应该调用哪一个函数，也就是在运行之前就已经确定了，因此也称为静态多态。在前面章节中介绍的函数重载就是一种静态多态，本章将介绍的运算符重载也是实现静态多态的一种方法。另一种多态称为运行时多态，即在程序运行时根据当时的具体情况确定调用哪一个函数，也称为动态多态。动态多态可以使用本章后面介绍的虚函数方法实现。

13.1 运算符重载

13.1.1 问题的提出

回顾一下例10-11中，实现复数加减运算的函数。

```
Complex Complex::add(const Complex &c)              //返回两个复数相加的结果
{
    Complex temp;
    temp.real = real + c.real;
    temp.imag = imag + c.imag;
    return temp;
}
Complex Complex::sub(const Complex c)               //返回两个复数相减的结果
{
    Complex temp;
    temp.real = real - c.real;
    temp.imag = imag - c.imag;
    return temp;
}
```

在主函数中的调用方式是：

```
c = a.add(b);
d = a.sub(b);
```

函数add和sub，分别实现复数的加法和减法运算。实现复数a与复数b加法运算的调用方式为c = a.add(b)，与在数学中的计算方式c = a + b不一样，不符合平时的习惯。

由于C++只对整型、实型和字符型等基本数据类型定义了加法“+”运算，而对自己定义的类型Complex没有给出加法运算符的定义，所以不能立刻使用运算符“+”实现两个复数的加法运算。但C++提供了让程序员自己为新的数据类型重新定义运算符含义的方法，即运算符重载。运算符重载的实质就是对已有的运算符赋予多重含义，使同一个运算符作用于不同类型的数据时产生不同的行为。

运算符重载的实质就是函数重载。下面将例10-11的复数加减函数改为运算符的形式。

【例13-1】用运算符实现复数的加减运算

```
 1  //文件:ex13_1.cpp
 2  #include <iostream>
 3  using namespace std;
 4  class  Complex
 5  {
 6  private:
 7      double real;
 8      double imag;
 9  public:
10      Complex(double r=0, double i=0);         //有默认参数值的构造函数
11      void print();
```

微信扫码
扫一扫,看视频讲解

```
12      Complex operator +(const Complex &c);           //重载运算符+
13      Complex operator -(const Complex &c);           //重载运算符-
14  };
15  Complex::Complex(double  r, double i)
16  {
17      real = r;
18      imag = i;
19  }
20  void Complex::print()
21  {
22      cout << real << "+" << imag << "i" << endl;
23  }
24  Complex Complex::operator +(const Complex &c)       //重载运算符+
25  {
26      Complex temp;
27      temp.real = real + c.real;
28      temp.imag = imag + c.imag;
29      return temp;
30  }
31  Complex Complex::operator -(const Complex &c)       //重载运算符-
32  {
33      Complex temp;
34      temp.real = real - c.real;
35      temp.imag = imag - c.imag;
36      return temp;
37  }
38  int main()
39  {
40      Complex  a(5,10), b(3.0,4.0), c,d;
41      c = a+b;                                        //复数a加复数b
42      d = a-b;                                        //复数a减复数b
43      cout << "c = ";
44      c.print();
45      cout << "d = ";
46      d.print();
47      return 0;
48  }
```

程序运行结果如下：

```
c = 8+14i
d = 2+6i
```

分析：程序为Complex类定义了重载运算符“+”和“-”。主函数中的语句“c=a+b;”相当于对函数operator +(Complex c)的调用“c=a.operator +(b);”（可以用这样的调用代替主函数中对应的代码，看看结果是否一致），实现两个复数的加法运算。

13.1.2 运算符重载的格式与规则

1. 运算符重载的格式

运算符的重载方式有两种：一种是将运算符重载为类的成员函数，就像例13-1中的加号运算符和减号运算符一样；另一种方法是将运算符重载为类的友元函数，有关内容将在13.3节讨论。

将运算符重载为类的成员函数，在类中的声明格式为：

```
函数类型 operator 运算符(参数表);
```

例如，复数类"+"运算符的声明为：

```
Complex operator +(const Complex &c);
```

定义该函数的格式为：

```
函数类型 类名::operator 运算符(参数表)
{
  函数体;
}
```

例如，上面复数类"+"运算符的定义为：

```
Complex Complex::operator +(const Complex &c)          //重载运算符+
{
    Complex temp;
    temp.real = real + c.real;
    temp.imag = imag + c.imag;
    return temp;
}
```

当然也可以将重载运算符函数的定义直接写在类中。

2. 运算符重载的规则

运算符重载的规则如下：

(1) C++中几乎所有的运算符都可以重载，只有少数几个不可以重载，如"."、"*"（这里的*指的是与指针相关的运算，算数运算的乘法是可以重载的）、"::"、"?:"和"sizeof"等。

(2)运算符被重载后，其优先级和结合性不会改变。

(3)不能改变运算符操作对象的个数。

运算符的重载是为解决实际问题的需要而引入的，在进行运算符重载时不应改变运算符的基本功能，否则只会降低程序的可读性，为程序的维护带来困难。

13.2 运算符重载为类的成员函数

13.2.1 双目运算符重载

在13.1节中，已经将复数的加减运算符重载为类的成员函数。对于双目运算符，如果重载为类的成员函数，其参数为一个，即比运算对象少一个。下面再将乘法运算符重载为复数类的成员函数。

【例13-2】复数的乘法运算与关系运算

本例在例13-1的基础上添加乘法运算符（*）和关系运算符（>）的重载。复数类乘法运算的定义如下：

```
(a+bi)*(x+yi)= a*x-b*y + (a*y + b*x)i
```

复数的关系运算符，我们将其定义为两个复数模的比较，复数的模就是复数实部与虚部的平方和，再求平方根。例如，复数a+bi的模的算法如下：

```
z=sqrt(a*a+b*b)                                    //sqrt表示求平方根
```

下面给出新增加的方法代码，其他方法的代码请参考例13-1或资源文件ex13_2.cpp。

```
 1  //文件:ex13_2.cpp
 2  #include <iostream>
 3  #include <cmath>
 4  using namespace std;
 5  class  Complex
 6  {
 7  private:
 8      double real;
 9      double imag;
10  public:
11      Complex(double r=0, double i=0);                   //有默认参数值的构造函数
12      void print();
13      Complex operator +(const Complex &c);              //重载运算符+
14      Complex operator -(const Complex &c);              //重载运算符-
15      Complex operator *(const Complex &c);              //重载运算符*
16      bool operator >(const Complex &c);                 //重载运算符>
17  };
   ……
42  Complex Complex::operator *(const Complex &c)
43  {
44      Complex temp;
45      temp.real = real * c.real - imag * c.imag;
46      temp.imag = real * c.imag + imag * c.real;
47      return temp;
48  }
49  bool Complex::operator >(const Complex &c)
50  {
51      double z1,z2;
52      z1 = sqrt(real * real + imag * imag);
53      z2 = sqrt(c.real * c.real + c.imag * c.imag);
54      if(z1>z2)
55          return true;
56      else
57          return false;
58  }
59  int main()
60  {
61      Complex  a(5,10), b(3.0,4.0), c,d;
62      c = a*b;                                           //复数a乘复数b
63      d = a + 10;
64      a.print();
65      b.print();
66      c.print();
67      d.print();
```

```
68      cout << "a>b? " << (a>b) << endl;
69      cout << "b>a? " << (b>a) << endl;
70      return 0;
71  }
```

程序运行结果如下：

```
5+10i
3+4i
-25+50i
15+10i
a>b? 1
b>a? 0
```


分析：将运算符重载后，复数的各种数学运算与实际数学的形式就一样了，当然还可以实现除法以及其他关系运算符的重载。

注意语句“d=a+10;”的值，复数a的值是5+10i，加10后为15+10i。在进行加法运算时，将10看成是实部为10、虚部为0的复数，即根据运算符左边运算对象的类型，将运算符右边的对象进行适当的转换。

设有双目运算符B，如果要重载B为类的成员函数，使之能够实现表达式oprd1 B oprd2，其中oprd1为A类对象，则B应被重载为A类的成员函数，形参类型应该是oprd2所属的类型。

经重载后，表达式oprd1 B oprd2相当于oprd1.operator B(oprd2)，注意重载双目运算符只需要一个参数，其中运算符前面的运算对象调用运算符重载函数，因此必须是对应类的对象，运算符后面的运算对象作为运算符重载函数的参数，应与参数的类型一致，如果不一致，将做相应的转换，如果不能转换，则编译出错。

13.2.2 单目运算符重载

对于单目运算符，如果重载为类的成员函数，则不需要参数。下面以自增运算符“++”为例介绍单目运算符的重载。为了区分前置运算和后置运算，C++规定：对于前置单目运算符，重载函数没有参数，对于后置单目运算符，重载函数有一个整型参数，这个整型参数没有其他用途，只是用于区分前置运算和后置运算，即如果运算符前置，调用没有参数的函数；如果运算符后置，调用有一个整型参数的函数。

【例13-3】重载自增运算符++

定义一个Int类，类中只有一个数据成员i和两个运算符“++”的重载函数，一个没有参数，实现的是前置运算符重载；另一个有一个整型参数，实现后置运算符重载。

```
1  //文件:ex13_3.cpp
2  #include <iostream>
3  using namespace std;
4  class  Int
5  {
6  private:
7      int i;
8  public:
9      Int(int a=0);
```

```
10      void print();
11      Int operator ++();
12      Int operator ++(int);
13  };
14  Int::Int (int  a)
15  {
16      i = a;
17  }
18  void Int::print()
19  {
20      cout << "i=" << i << endl;
21  }
22  Int Int::operator ++()
23  {
24      Int temp;
25      temp.i = ++i;
26      return temp;
27  }
28  Int Int::operator ++(int)
29  {
30      Int temp;
31      temp.i = i++;
32      return temp;
33  }
34  int main()
35  {
36      Int  a(5), b(5), c, d;
37      c = a++;
38      d = ++b;
39      cout << "a: ";
40      a.print();
41      cout << "b: ";
42      b.print();
43      cout << "c: ";
44      c.print();
45      cout << "d: ";
46      d.print();
47      return 0;
48  }
```

程序运行结果如下：

```
a: i=6
b: i=6
c: i=5
d: i=6
```

分析：主函数中第37行代码为对象c赋值，由于自增运算符后置，调用有一个整型参数的函数，在该函数中，temp.i = i++，即先将i的值5赋给temp.i，然后i的值增加1，所以对象c的数据成员i的值为5，对象a的数据成员i的值为6；第38行代码为对象d赋值时，由于自增运算符前置，调用无参数的函数，在该函数中，temp.i = ++i，即先将i的值增加1，然后再将i的值6赋给temp.i，所以对象d的数据成员i的值为6，对象b的数据成员i的值也是6。

13.2.3　赋值运算符重载

如果类中只包含简单数据类型的数据成员，则使用C++提供的默认赋值运算符“=”就可以实现将一个对象赋给另一个对象。如前面复数类的对象，就可以将一个对象直接赋给另一个对象。但如果类的数据成员比较复杂(如含有指针)，这样直接赋值就会产生问题，必须重载赋值运算符“=”才能正确使用“=”。下面以例13-4进行说明。

【例13-4】默认赋值运算符的缺陷

设计A类只有一个数据成员str，是一个字符指针，在构造函数中为str申请存储空间并赋值，在析构函数中释放内存。

```
1  //文件:ex13_4.cpp
2  #include <iostream>
3  #include <String>
4  using namespace std;
5  class  A
6  {
7  private:
8      char *str;
9  public:
10     A(char *s="no data");
11     ~A();
12     void print();
13 };
14 A::A (char *s)
15 {
16     int len = strlen(s);
17     str = new char[len+1];
18     strcpy(str,s);
19 }
20 A::~A ()
21 {
22     if(str!=NULL)
23         delete []str;
24 }
25 void A::print()
26 {
27     cout << str << endl;
28 }
29 int main()
30 {
31     A *p = new A("A String");
32     A a1;
33     a1=*p;
34     a1.print();
35     delete p;
36     a1.print();
37     return 0;
38 }
```

程序运行结果如下：

```
A String
0_x0016_
```

分析：在主函数中定义一个A类的指针p，并创建对象，然后定义一个对象a1，并将p所指向的对象赋给a1，在第一次调用函数print时，输出“A String”；然后删除p所指向的对象，调用析构函数，将str指向的内存释放；第二次调用函数print时，出现错误（第二行的输出不一定与上面运行结果相同）。下面分析一下程序中所创建对象的内存占用情况，如图13-1所示。

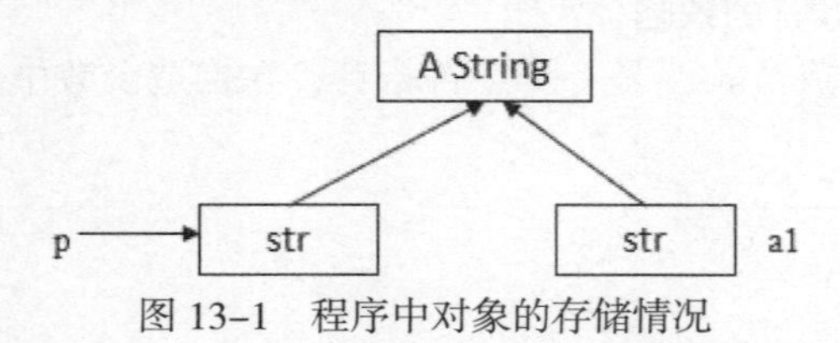

图 13-1　程序中对象的存储情况

在使用new创建p所指向的对象时，调用构造函数为其数据成员str申请内存，并赋值为“A String”，当将p所指向的对象赋给a1时，只是将p所指向的对象数据成员str赋给对象a1的数据成员str，即两个对象的str指向了同一个单元；当销毁p所指向的对象时，调用析构函数，将str所指向的单元释放了，这样在存取a1的成员str时，就会出现问题。当程序要离开该函数时，对象a1也要被销毁，还要释放同一块内存，同一块内存被释放两次，产生运行错误。为解决这个问题，可以对赋值运算符重载。下面为例13-4添加赋值运算符的重载函数。

【例13-5】赋值运算符的重载

为例13-4中的A类添加重载赋值运算符，使其能够将一个对象赋值给另一个变量。

```
1   //文件:ex13_5.cpp
2   #include <iostream>
3   #include <String>
4   using namespace std;
5   class  A
6   {
7   private:
8       char *str;
9   public:
10      A(char *s="no data");
11      ~A();
12      void print();
13      A &operator =(const A &a);
14  };
15  A::A (char *s)
16  {
17      int len = strlen(s);
18      str = new char[len+1];
19      strcpy(str,s);
20  }
21  A::~A ()
22  {
23      if(str!=NULL)
24          delete []str;
```

```
25  }
26  void A::print()
27  {
28      cout << str << endl;
29  }
30  A &A::operator =(const A &a)
31  {
32      int len = strlen(a.str);
33      if(str)
34          delete []str;          //先释放，再根据实际需要重新申请
35      str = new char[len+1];
36      strcpy(str, a.str);
37      return *this;
38  }
39  int main()
40  {
41      A *p = new A("A String");
42      A a1;
43      a1 = a2 = *p;
44      a1.print();
45      delete p;
46      a1.print();
47      a2.print();
48      return 0;
49  }
```

程序运行结果如下：

```
A String
A String
A String
```

分析：在赋值运算符重载函数中，不是将指针str简单地赋值，而是申请内存后将str所指向的字符串复制一份。这样在销毁p所指向的对象时，对a1就没有影响了。图13-2是两个对象占用的内存情况。

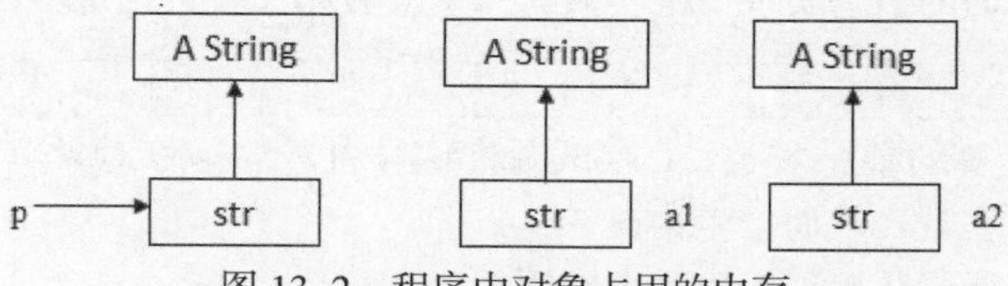

图 13-2　程序中对象占用的内存

注意赋值运算符重载函数的返回值是一个A类对象的引用，假如它的返回值是A类的对象，就会出现问题。因为语句“a1=*p;”调用赋值运算符的重载函数，返回一个A类的对象，这时就要创建一个临时的匿名对象，需要调用拷贝构造函数，而在A类中没有定义拷贝构造函数，默认的拷贝构造函数不能实现深拷贝，而如果返回值是引用就不需要创建匿名对象，因此赋值运算符的重载函数的返回值应该定义为对象的引用，而不是对象。当然如果类中已经定义了拷贝构造函数，两者就都没有问题了。

另外在赋值运算符的重载函数中，已经为对象赋值了，返回值有什么作用呢？如果只是将一

个对象的值赋给另外一个对象，例如：

```
a2=a1;
```

赋值运算符的重载函数是可以没有返回值的，但有时在程序中会出现下面的语句：

```
a3=a2=a1;
```

或

```
a3=(a2=a1);
```

如果赋值运算符的重载函数没有返回值就出问题了，上述语句首先将对象a1赋值给a2，但由于函数没有返回值，即表达式(a2=a1)是没有值的，在将它赋给a3时就出现错误。实际上在编译时就会发现错误。

13.3 运算符重载为类的友元函数

13.3.1 运算符重载为成员函数的局限性

运算符不仅可以重载为类的成员函数，还可以重载为类的友元函数。

回顾例13-2，定义了复数类的加法运算符“+”之后，就可以实现两个复数的加法运算，如c1、c2、c3是复数类的对象，则可以用下面的语句实现两个复数的加法运算。

```
c3=c1+c2;
```

也可以实现一个复数与一个实数的加法运算，例如：

```
c3=c1+10.8;
```

C++会把10.8作为实部为10.8、虚部为0的复数与c1进行加法运算，即C++可以根据加号左边的运算对象来解释加号的具体意义。

但是如果试图用下面的语句实现一个实数与一个复数相加就会出现错误。

```
c3= 10.8+c1;
```

因为加号左边的运算对象是实数，C++试图将加号右边的运算对象解释为实数，但C++无法将一个复数转换为一个实数，从而产生错误。

将运算符重载为友元函数可以解决这个问题。

13.3.2 运算符重载为友元函数

若将运算符重载为类的友元函数，在类中应有下面的声明语句：

```
friend 函数类型 operator 运算符(参数表);
```

运算符重载函数的定义形式为：

函数类型 operator 运算符(参数表)
{
  函数体;
}

【例 13-6】复数类加减运算符重载为类的友元函数

```
1  //文件:ex13_6.cpp
2  #include <iostream>
3  using namespace std;
4  class  Complex
5  {
6  private:
7     double real;
8     double imag;
9  public:
10     Complex(double r=0, double i=0);//有默认参数值的构造函数
11     void print();
12     friend Complex operator +(const Complex &c1,const Complex &c2);
13     friend Complex operator -(const Complex &c1,const Complex &c2);
14 };
15 Complex::Complex(double  r, double i)
16 {
17     real = r;
18     imag = i;
19 }
20 void Complex::print()
21 {
22     cout << real << "+" << imag << "i" << endl;
23 }
24 Complex operator +(const Complex &c1, const Complex &c2)
25 {
26     Complex temp;
27     temp.real = c1.real + c2.real;
28     temp.imag = c1.imag + c2.imag;
29     return temp;
30 }
31
32 Complex operator -(const Complex &c1,const Complex &c2)
33 {
34     Complex temp;
35     temp.real = c1.real - c2.real;
36     temp.imag = c1.imag - c2.imag;
37     return temp;
38 }
39 int main()
40 {
41     Complex  a(1, 2), b(3.0, 4.0), c, d, e;
42     c = a+b;
43     d = b-10;
44     e = 20+a;
45     cout << "c = ";
46     c.print();
```

微信扫码

扫一扫，看视频讲解

13

```
47      cout << "d = ";
48      d.print();
49      cout << "e = ";
50      e.print();
51      return 0;
52  }
```

程序运行结果如下：

```
c = 4+6i
d = -7+4i
e = 21+2i
```

分析：将“+”重载为类的友元函数，主函数中的语句“c=a+b;”相当于函数调用“c=operator+(a,b)”。

设有双目运算符B，如果要重载B为类的友元函数，则该友元函数应有两个参数，分别为运算符的两个运算对象。重载后，表达式oprd1 B oprd2 等同于调用函数operator B(oprd1,oprd2)。

将“+”重载为类的友元函数即可实现实数与复数的加法运算，例如：

```
e = 20+a;
```

对于单目运算符，也可以重载为类的友元函数，该友元函数有一个参数。前置自增和自减运算符重载为类的友元函数时，该函数有一个参数，即该类的对象；后置自增和自减运算符重载为类的友元函数时，有两个参数，第一个参数为该类的对象，第二个是一个整型参数。

13.4 虚函数

13.4.1 用虚函数实现动态多态

在例12-6中，以Shape类为基类派生出线段类Line和圆类Circle。下面再看一下该例题的主函数，其他代码请查看例12-6。

```
1  int main()
2  {
3      Shape *ps[3];
4      Shape s("Red");
5      Point p1(10,10), p2(100,100),p3(50,50);
6      Line  l(p1,p2,"Green");
7      Circle c(p3, 20, "Black");
8      ps[0] = &s;
9      ps[1] = &l;
10     ps[2] = &c;
11     for(int i=0; i<3; i++)
12         ps[i]->draw();
13     return 0;
14 }
```

程序运行结果如下：

```
Draw a Shape. The color is Red
Draw a Shape. The color is Green
Draw a Shape. The color is Black
```

在主函数中，先定义基类Shape的指针数组ps，它有三个元素，然后分别定义Shape类、Line类和Circle类的对象s、l和c。将对象s的地址赋给ps[0]，将对象l的地址赋给ps[1]，将对象c的地址赋给ps[2]，基类的指针ps[1]和ps[2]指向了派生类的对象。但在用指针调用函数draw输出时，输出的全是“Draw a Shape.”，因此调用的都是基类的成员函数draw，不能调用派生类的成员函数draw。

为了能通过基类的指针调用派生类的成员函数，可以使用虚函数的方法，即在类中把成员函数draw声明为虚函数。

成员函数声明为虚函数的格式是：

```
virtual 函数类型 函数名(参数表);
```

当然也可以将函数的定义直接写在类中，如下所示：

```
virtual 函数类型 函数名(参数表)
{
  函数体
}
```

如果函数的定义写在类的外部，则只需在类中的声明加virtual，类外函数定义处不能加virtual。

【例13-7】使用虚函数实现动态多态

创建工程ex13_7，添加文件Point.h、Point.cpp、Shape.h、Shape.cpp、Line.h、Line.cpp、Circle.h、Circle.cpp、main.cpp，然后输入对应的代码，运行程序。

Point.h文件定义了Point类，代码如下：

```
 1  //文件:ex13_7\Point.h
 2  #ifndef POINT_H
 3  #define POINT_H
 4  class Point
 5  {
 6      int x;                      //点的x坐标
 7      int y;                      //点的y坐标
 8  public:
 9      Point(int x=0, int y=0);
10      Point(const Point &p);
11      int getX();
12      int getY();
13  };
14  #endif
```

扫一扫，看视频讲解

Point.cpp文件给出了Point类成员函数的定义，代码如下：

```
 1  //文件:ex13_7\Point.cpp
 2  #include "Point.h"
 3  Point::Point(int x, int y)
```

```
4  {
5      this->x = x;
6      this->y = y;
7  }
8  Point::Point(const Point &p)
9  {
10     x=p.x;
11     y=p.y;
12 }
13 int Point::getX()
14 {
15     return x;
16 }
17 int Point::getY()
18 {
19     return y;
20 }
```

Shape.h文件定义了Shape类，代码如下：

```
1  //文件:ex13_7\Shape.h
2  #ifndef SHAPE_H
3  #define SHAPE_H
4  class Shape
5  {
6  private:
7      char Color[10];                              //图形的颜色
8  public:
9      Shape(char *c);
10     virtual void draw();                         //输出图形的相关信息
11     void outputColor();                          //输出图形的颜色
12 };
13 #endif
```

Shape.cpp文件给出了Shape类成员函数的定义，代码如下：

```
1  //文件:ex13_7\Shape.cpp
2  #include <iostream>
3  #include "Shape.h"
4  using namespace std;
5  Shape::Shape(char *c)
6  {
7      strcpy(Color,c);
8  }
9  void Shape::draw()
10 {
11     cout << "Draw a shape. The color is " << Color << endl;
12 }
13 void Shape::outputColor()
14 {
15     cout << Color << endl;
16 }
```

Line.h文件定义了Line类，代码如下：

```
1  //文件:ex13_7\Line.h
2  #ifndef LINE_H
3  #define LINE_H
4  #include "Shape.h"
5  #include "Point.h"
6  class Line:public Shape
7  {
8  private:
9      Point start;                                    //线段的起点
10     Point end;                                      //线段的终点
11 public:
12     Line(const Point &s, const Point &e, char *c);
13     virtual void draw();                            //输出线段的相关信息
14 };
15 #endif
```

Line.cpp文件给出了Line类成员函数的定义，代码如下：

```
1  //文件:ex13_7\Line.cpp
2  #include <iostream>
3  #include "Line.h"
4  using namespace std;
5  Line::Line(const Point &s, const Point &e, char *c):Shape(c),start(s),end(e)
6      {}
7  void Line::draw()
8  {
9      cout << "Draw a Line from (" << start.getX() << "," << start.getY();
10     cout << ") to ("<< end.getX() << "," << end.getY() << "), with color ";
11     outputColor();                                  //调用基类Shape的方法
12 }
```

Circle.h文件定义了Circle类，代码如下：

```
1  //文件:ex13_7\Circle.h
2  #ifndef CIRCLE_H
3  #define CIRCLE_H
4  #include "Shape.h"v
5  #include "Point.h"
6  class Circle:public Shape
7  {
8  private:
9      Point center;                                   //圆心
10     int radius;                                     //半径
11 public:
12     Circle(const Point &ct, int radius, char *color);
13     virtual void draw();                            //输出圆的相关信息
14 };
15 #endif
```

Circle.cpp文件给出了Circle类成员函数的定义，代码如下：

```
1  //文件:ex13_7\Circle.cpp
2  #include <iostream>
3  #include "Circle.h"
```

```
 4  using namespace std;
 5  Circle::Circle(const Point &ct, int radius, char *color):Shape(color),center(ct)
 6  {
 7      this->radius = radius;
 8  }
 9  void Circle::draw()
10  {
11      cout << "Draw a circle at center (" << center.getX() << "," ;
12      cout << center.getY()<< ") with radius " << radius << " and color ";
13      outputColor();                              //调用基类Shape的方法
14  }
```

main.cpp文件给出了主函数，代码如下：

```
 1  //文件:ex13_7\main.cpp
 2  #include "Line.h"
 3  #include "Circle.h"
 4  int main()
 5  {
 6      Shape *ps[3];
 7      Shape s("Red");
 8      Point p1(10,10), p2(100,100),p3(50,50);
 9      Line l(p1,p2,"Green");
10      Circle c(p3, 20, "Black");
11      ps[0] = &s;
12      ps[1] = &l;
13      ps[2] = &c;
14      for(int i=0; i<3; i++)
15          ps[i]->draw();
16      return 0;
17  }
```

程序运行结果如下：

```
Draw a shape. The color is Red
Draw a Line from (10,10) to (100,100), with color Green
Draw a circle at center (50,50) with radius 20 and color Black
```

分析：将成员函数声明为虚函数，在函数原型前加关键字virtual，如果成员函数的定义直接写在类中，也在前面加关键字virtual。将类的成员函数声明为虚函数，再将基类指针指向派生类对象，在程序运行时，就会根据指针指向的具体对象来调用各自的虚函数，称为动态多态。如例13-7中ps[0]指向对象s，用ps[0]调用函数draw时，调用的是Shape类的成员函数；ps[1]指向对象l，用ps[1]调用函数draw时，调用的是Line类的成员函数；ps[2]指向对象c，用ps[2]调用函数draw时，调用的是Circle类的成员函数。

派生类Line和Circle中的成员函数draw可以不加关键字virtual限定，因为基类Shape的成员函数draw是虚函数，在其派生类中，原型相同的函数自动成为虚函数。

13.4.2 虚函数实现动态多态的机制

为了实现动态多态，编译器为每个包含虚函数的类创建一个虚函数地址表，并为每个对象设置一个虚函数地址指针，指向这个类的虚函数地址表。使用基类指针对虚函数调用时，通过这个虚函数地址指针，在虚函数地址表中查找虚函数的地址，从而调用不同类的虚函数。

将例13-7中的指针、对象以及虚函数地址表的关系用图13-3来描述，每个类都有自己的虚函数地址表，如图13-3右侧从上到下分别是Shape类、Line类和Circle类的虚函数地址表，因为每个类只有一个虚函数，地址表中只有一项；如果有多个虚函数，则地址表中有多项。由于ps[0]指向了Shape类的对象s，因此通过ps[0]调用虚函数draw，调用的是Shape类的成员函数；同样，由于ps[1]指向了Line类的对象l，通过ps[1]调用虚函数draw，调用的是Line类的成员函数；由于ps[2]指向了Circle类的对象c，通过ps[2]调用虚函数draw，调用的是Circle类的成员函数。

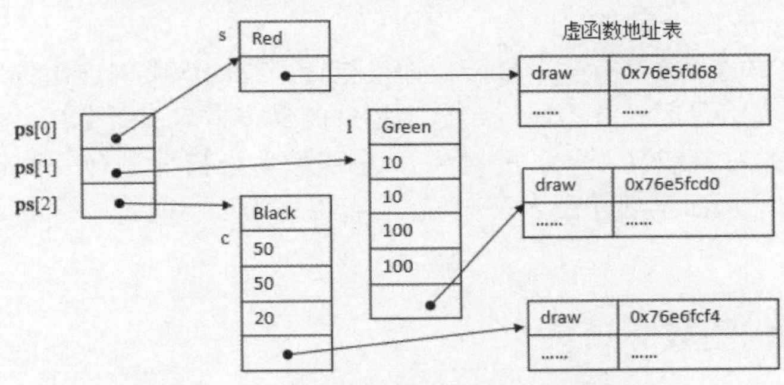

图 13-3　虚函数实现动态多态的机制

由于包含虚函数类的对象有一个虚函数地址指针，与没有虚函数类的对象相比，含有虚函数类的对象所占用的存储空间要多一个指针所占用的内存，通过下面的例子可以得到验证。

【例13-8】含有虚函数类的对象所占用的存储空间

```
1  //文件:ex13_8.cpp
2  #include <iostream>
3  using namespace std;
4  class A
5  {
6  private:
7      int a;
8  public:
9      virtual void func(){}
10 };
11 class B : public A
12 {
13 private:
14     int b;
15 public:
16     virtual void func(){}
17     virtual void func1(){}
18 };
19 int main()
20 {
21     cout << "sizeof(A)=" << sizeof(A) << endl;
22     cout << "sizeof(B)=" << sizeof(B) << endl;
23 }
```

程序运行结果如下:

```
sizeof(A)=8
sizeof(B)=12
```

分析:在C-Free环境下,整型数据占4个字节,由于A类包含虚函数,有一个虚函数地址指针,指针也占4个字节,因此A类的大小为8个字节。

在B类中除了继承基类A的成员外,又增加了数据成员b,因此B类的大小为12个字节,即B类的对象含有两个整型数据成员和一个虚函数地址指针(注意只有一个虚函数地址指针,而不是两个)。如果将A类的成员函数func的关键字virtual去掉,重新编译运行,会发现A类的大小为4个字节,B类的大小仍然是12个字节。

每个含有虚函数类的对象都有一个虚函数地址指针,指向该类的虚函数地址表,如果用基类的指针调用虚函数,在编译时,并不能确定这个指针的具体指向;而是在运行时,根据指针所指向的具体对象(基类的对象或其派生类的对象),虚函数地址指针才有一个确定的值,即相应类的这个虚函数的地址,从而实现动态多态(动态多态也称为运行时多态,静态多态也称为编译时多态)。

13.4.3 虚析构函数

像其他普通成员函数一样,析构函数也可以定义为虚函数。如果基类的析构函数定义为虚析构函数,则派生类的析构函数就会自动成为虚析构函数。

如果基类的指针指向派生类对象,当用delete删除这个对象时,若析构函数不是虚函数,就要调用基类的析构函数,而不会调用派生类的析构函数。如果为基类和派生类的对象分配了动态内存,或者为派生类的对象成员分配了动态内存,这时释放的只是基类中动态分配的内存,而派生类中动态分配的内存未被释放,因此一般应将析构函数定义为虚析构函数。

【例13-9】应用虚析构函数

定义职员类Employee,数据成员有姓名(字符指针型数据)和年龄,由Employee类派生出教师类Teacher,增加数据成员教学简历(字符指针型数据)。

```
1  //文件:ex13_9.cpp
2  #include <iostream>
3  using namespace std;
4  class Employee
5  {
6  private:
7      char *name;
8      int age;
9  public:
10     Employee(char *n, int a);
11     virtual ~Employee();
12 };
13 Employee::Employee(char *n, int a)
14 {
15     name=new char[strlen(n)+ 1 ];
16     strcpy(name, n);
```

```
17     age = a;
18 }
19 Employee::~Employee()
20 {
21     cout << "Destruct Employee" << name << endl;
22     if(name)
23     {
24         delete []name;
25     }
26 }
27 class Teacher : public Employee
28 {
29 private:
30     char *mainCourse;
31 public:
32     Teacher(char *n, char *course, int a);
33     virtual ~Teacher();
34 };
35 Teacher::Teacher(char *n, char * course, int a) : Employee(n,a)
36 {
37     mainCourse = new char[strlen(course)+1];
38     strcpy(mainCourse, course);
39 }
40 Teacher::~Teacher()
41 {
42     cout << "Destruct Teacher" << mainCourse << endl;
43     if(mainCourse)
44         delete []mainCourse;
45 }
46 int  main()
47 {
48     Employee *p[3];
49     p[0] = new Employee("Zhangsan", 20);
50     p[1] = new Teacher("Lisi","C for 2 years,C++ 3 years",26);
51     p[2] = new Teacher("Wangwu","Data structure for 2 years,C++ 3 years",30);
52     for(int i=0; i<3; i++)
53         delete p[i];
54     return 0;
55 }
```

程序运行结果如下：

```
Destruct Employee: Zhangsan
Destruct Teacher C for 2 years,C++ 3 years
Destruct Employee: Lisi
Destruct Teacher Data structure for 2 years,C++ 3 years
Destruct Employee: Wangwu
```

分析：在主函数中，定义了基类Employee的指针数组，其中p[0]指向基类Employee的对象，p[1]和p[2]指向派生类Teacher的对象。最后在用delete释放内存时，p[0]指向基类Employee的对象，因此调用基类的析构函数，输出运行结果的第1行；p[1]指向派生类Teacher的对象，由于析构函数是虚函数，因此要调用派生类的析构函数，根据第12章所介绍的派生类析构过程，先执行派生类本身的析构函数，输出运行结果的第2行，然后再调用基类的析构函数，输出运行结果的第3行；同样在释放p[3]所指向的对象时，输出运行结果的第4行和第5行。

如果不将析构函数定义为虚函数，在释放对象所占用的内存时，只能调用基类Employee的析构函数，输出结果为下面的三行：

```
Destruct Employee: Zhangsan
Destruct Employee: Lisi
Destruct Employee: Wangwu
```

因为没有调用派生类Teacher的析构函数，其数据成员教学简历mainCourse所占用的内存未被释放。

如果基类的析构函数被声明为虚函数，则其派生类的析构函数自动成为虚函数。在例13-9中即使派生类的析构函数没有virtual关键字的限定，因为基类Employee的析构函数是虚函数，它仍然是虚析构函数。

13.4.4　纯虚函数与抽象类

纯虚函数是不必定义函数体的特殊虚函数，纯虚函数的声明格式为：

```
virtual 函数类型 函数名(参数表)= 0;
```

声明为纯虚函数后，可以不写出函数的定义，纯虚函数的具体实现是在其派生类中定义的。

含有纯虚函数的类称为抽象类，抽象类常常用作派生类的基类，如果派生类继承了抽象类的纯虚函数，却没有给出定义，或者派生类定义了新的纯虚函数，则派生类仍然是抽象类。在多层派生的过程中，如果到某个派生类为止，所有纯虚函数都已全部定义，则该派生类就成为非抽象类。

由于抽象类中有纯虚函数，也就是有尚未给出定义的函数，因此不能定义抽象类的对象，即不能实例化。假设可以定义抽象类的对象，如果这个对象要调用这些没有定义的纯虚函数就会产生问题。但可以声明抽象类的指针和引用，因为在声明指针或引用时，并不创建对象。

抽象类作为抽象级别最高的类，主要用于定义派生类共有的数据和成员函数。抽象类的纯虚函数没有函数体，意味着目前无法描述该函数的功能。例如，图形类可以看作点、线和圆等类的抽象类，那么抽象类（图形类）的绘图函数就无法绘出具体的图形。

【例13-10】纯虚函数

将例13-7中Shape类的函数draw声明为纯虚函数，并删除draw的定义，其他类保持不变。下面只给出Shape类和main函数，其他代码请参考例13-7或资源ex13_10工程。

Shape类的定义如下：

```
1  //文件:ex13_10\Shape.h
2  #ifndef SHAPE_H
3  #define SHAPE_H
4  class Shape
5  {
6  private:
7      char Color[10];
```

```
 8  public:
 9      Shape(char *c);
10      virtual void draw()=0;
11      void outputColor();
12  };
13  #endif
```

主函数定义在main.cpp中，代码如下：

```
//文件:ex13_10\main.cpp
#include "Line.h"
#include "Circle.h"
int main()
{
    Shape *ps[3];
    Point p1(10,10), p2(100,100),p3(50,50);
    Line  l(p1,p2,"Green");
    Circle c(p3, 20, "Black");
    ps[1] = &l;
    ps[2] = &c;
    for(int i=1; i<3; i++)
        ps[i]->draw();
    return 0;
}
```

程序运行结果如下：

```
Draw a Line from (10,10) to (100,100), with color Green
Draw a circle at center (50,50) with radius 20 and color Black
```

分析：由于Shape类的函数draw声明为纯虚函数，Shape类为抽象类，不能再定义Shape类的对象，但可以声明Shape类的指针。

13.5 小结

多态是面向对象程序设计的主要特征之一，多态分为静态多态（编译时多态）和动态多态（运行时多态）两种。函数重载和运算符重载实现静态多态，虚函数实现动态多态。

C++提供的运算符只对基本的数据类型有意义，要想将运算符应用于构造类型，就要给运算符赋予新的意义，运算符重载提供了让程序员自己为新的数据类型重新定义运算符含义的方法。运算符的重载方式有两种，一种是将运算符重载为类的成员函数，另一种是将运算符重载为类的友元函数。如果将运算符重载为类的成员函数，其参数比运算对象少一个；如果将运算符重载为类的友元函数，其参数个数与运算对象个数相同。

在函数原型前加关键字virtual，可以将成员函数声明为虚函数。将成员函数声明为虚函数后，再将父类指针指向子类对象，在程序运行时，就会根据指针指向的具体对象来调用各自的虚函数，实现动态多态。

纯虚函数是不需要给出函数定义的虚函数，含有纯虚函数的类称为抽象类，抽象类常常用作派生类的基类。由于抽象类中有纯虚函数，因此不能定义抽象类的对象。

13.6 习题十三

13-1 什么是多态？ C++有几种多态？多态是通过什么方法实现的？

13-2 什么是纯虚函数？有什么特点？

13-3 什么是抽象类？有什么特点？

13-4 在例13-6的基础上，实现复数除法运算符“/”重载和关系运算符“==”重载（两个复数相等是指它们的实部和虚部分别相等）。在主函数中验证这两个运算符。

13-5 定义字符串类String如下：

```
class String
{
private:
    char *str;
public:
    String(char *s = "none");                  //使用字符串初始化对象
    String(const String &st);                  //拷贝构造方法
    ~String();
    int length() const;                        //返回字符串的长度
    String operator +(const String &s);
    String &operator =(const String &s);
    bool operator ==(const String &s);
    const char *getStr();                      //返回常量指针，防止str在其他地方被修改
};
```

请完成其成员函数的定义，其中运算符“+”的含义是返回两个字符串连接起来的字符串（原来的两个字符串保持不变）；运算符“==”判断两个字符串是否相等；运算符“=”将一个String对象的属性值赋给另一个String对象（参考例13-5）。

13-6 编写程序，定义Shape类，其中包括两个纯虚函数，分别用于计算面积和周长，派生出两个派生类:Rectangle和Circle，在派生类中实现两个计算面积和周长的函数。在主函数中测试这几个类，并实现多态。

第 14 章　模　板

主要内容

◎ 函数模板
◎ 函数模板的重载
◎ 类模板
◎ 折半查找函数模板
◎ 集合类模板

在程序设计中经常会遇到某些问题具有相同的算法或相同的处理方法，只是处理对象的数据类型不同。C++提供的模板机制可以用一个模板实现对不同数据类型对象的处理。C++的模板包括函数模板和类模板。

14.1 函数模板

14.1.1 函数模板的定义

重载函数可以解决功能相同或相似的函数使用同一个函数名的问题。例如，交换两个变量值的函数，根据变量的类型不同，可以定义多个同名的函数。下面的几个重载函数分别实现了交换两个字符型变量、两个整型变量、两个实型变量值的功能。

```
void swap(char &x, char &y)
{
    char t =x;
    x = y;
    y = t;
}
void swap(int &x, int &y)
{
    int t =x;
    x = y;
    y = t;
}
void swap(float &x, float &y)
{
    float t =x;
    x = y;
    y = t;
}
```

虽然重载函数可以实现多个函数使用同一个函数名，但仍然需要写出每个函数的定义，程序的代码数量并没有减少。

使用C++函数模板可以避免书写大量的代码，只要写一个函数模板，而不需要写出多个功能相同但参数不同的重载函数。可以定义一般的函数模板，也可以定义类成员函数模板。

函数模板的定义形式如下：

```
template <class T>
类型名 函数名(参数表)
{
  函数体
}
```

或

```
template <typename T>
类型名 函数名(参数表)
{
  函数体
}
```

【例14-1】定义用于变量交换的函数模板

```
1  //文件:ex14_1.cpp
2  #include <iostream>
3  template <typename T> void swap(T &x, T &y);             //函数模板的声明
4  int main()
5  {
6      char a='A', b='B';
7      int c=123, d=456;
8      double x=12.3, y=45.6;
9      swap(a, b);
10     swap(c, d);
11     swap(x, y);
12     std::cout << a << "," << b << std::endl;             //使用std::cout访问cout
13     std::cout << c << "," << d << std::endl;             //使用std::endl访问endl
14     std::cout << x << "," << y << std::endl;
15     return 0;
16 }
17 template <typename T>                                    //函数模板的定义
18 void swap(T &x, T &y)
19 {
20     T temp=x;
21     x=y;
22     y=temp;
23 }
```

扫一扫,看视频讲解

程序运行结果如下：

```
B,A
456,123
45.6,12.3
```

分析：函数模板就像是一个带有类型参数的函数，swap函数的两个参数类型是T类型，而T本身是一个类型参数，在调用函数swap时，编译程序会根据实际参数的类型确定T的类型。如swap(a, b)，因为a和b是字符型数据，就将参数T确定为char，将本次函数调用翻译为：

```
void swap(char x, char y)
{
    char temp=x;
    x=y;
    y=temp;
}
```

同样对于整型参数和实型实参的调用也做类似的处理。

由于C++标准库提供了swap函数模板，如果使用using编译指令“using namespace std;”，则在程序中与用户自己定义的swap函数产生冲突，因此本程序没有使用using编译指令，而是利用域运算符使用cout和endl（相关语法请查阅第9章的内容）。当然也可以把函数模板换个名字（如swap1），就不会与标准库的swap冲突了。

【例14-2】插入排序函数模板

使用插入排序函数模板可以为不同数据类型的数组排序，如整型、字符型、实型等，为了使

程序具有通用性，设计函数模板insertionSort。

插入排序的基本思想：每一步将一个待排序的元素按其关键字值的大小插入已排序序列的合适位置，直到待排序元素全部插入完为止。在程序的后面将用图形详细分析排序过程。

```
1  //文件:ex14_2.cpp
2  #include <iostream>
3  using namespace std;
4  template <typename T>                      //插入排序函数模板
5  void insertionSort(T A[], int n)
6  {
7      int i, j;
8      T temp;
9      for (i = 1; i < n; i++)
10     {
11         //从A[i-1]开始向A[0]方向扫描各元素，寻找适当位置插入A[i]
12         j = i;
13         temp = A[i];
14         while (j > 0 && temp < A[j-1])
15         {
16             //当遇到temp>=A[j-1]结束循环时，j便是应插入的位置
17             //当遇到j==0结束循环时，则0是应插入的位置
18             A[j] = A[j-1];             //将元素逐个后移，以便找到插入位置时可以立即插入
19             j--;
20         }
21         A[j] = temp;
22     }
23 }
24 int main()
25 {
26     int a[10]={2,4,1,8,7,9,0,3,5,6};
27     double b[10]={12.1, 24.2, 15.5, 81, 2.7, 5.9, 40, 33.3, 25.6, 4.6};
28     for(int i=0; i<10; i++)
29         cout << a[i] << "  ";
30     cout << endl;
31     for(int i=0; i<10; i++)
32         cout << b[i] << "  ";
33     cout << endl;
34     cout << "=====================================\n";
35     insertionSort(a,10);                //对int型数组排序
36     insertionSort(b,10);                //对double型数组排序
37     for(int i=0; i<10; i++)
38         cout << a[i] << "  ";
39     cout << endl;
40     for(int i=0; i<10; i++)
41         cout << b[i] << "  ";
42     cout << endl;
43     return 0;
44 }
```

程序运行结果如下：

```
2  4  1  8  7  9  0  3  5  6
12.1  24.2  15.5  81  2.7  5.9  40  33.3  25.6  4.6
====================================
0  1  2  3  4  5  6  7  8  9
2.7  4.6  5.9  12.1  15.5  24.2  25.6  33.3  40  81
```

分析：如果有n个数待排序，则外层循环n-1次，每循环一次将一个待排序的数插入合适的位置。图14-1以5个元素为例显示排序的过程。开始时，5个元素的顺序是:8、5、2、4、3。第一次循环将a[0]作为已排好序的，待排序的元素是a[1]，由于5小于8，a[1]应该插入8 的前面，此时5、8已经排好序；然后第二次循环将待排序的a[2]（值为2）插入5的前面；然后是a[3]，一直到将最后一个元素插入合适的位置，完成排序任务。内层循环的第一步是找到待排序元素的目标位置，然后将待排序元素插入目标位置。插入排序方法示意图如图14-1所示。

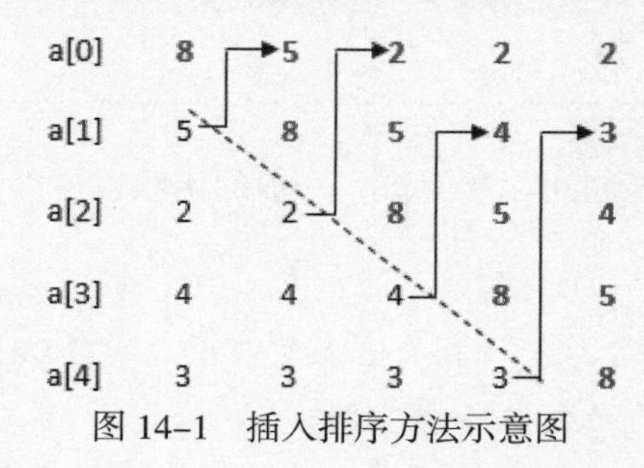

图 14-1 插入排序方法示意图

14.1.2 使用函数模板产生的歧义

调用函数模板时，如果参数传递不当会产生歧义。下面的程序展示了调用函数模板产生的歧义，以及解决的办法。

【例14-3】函数模板产生的歧义

```
1   //文件:ex14_3.cpp
2   #include <iostream>
3   using namespace std;
4   template <typename T>
5   T max(T a, T b)
6   {
7       return a>b?a:b;
8   }
9   int main()
10  {
11      //int a =max(10.5, 20);                    //错误，参数类型产生歧义
12      //double  b =max(30, 20.6);                //错误，参数类型产生歧义
13      int a =max<int>(40.5, 20);                 //警告，double-->int
14      double  b =max<double>(30, 20.6);          //正确
15      std::cout << a << std::endl;
16      std::cout << b << std::endl;
17      return 0;
18  }
```

扫一扫，看视频讲解

程序运行结果如下：

```
40
30
```

分析：函数模板max有一个类型参数T，在第11 ~ 12行代码调用max函数时，两个参数的类型不一样，无法与模板生成的函数匹配，产生错误。可以使用第13 ~ 14行代码的调用方式，指明模板参数的类型，避免产生类型不匹配的错误。虽然第13行代码也产生了一个警告，但这个警告是提醒将double型转换成int型，与函数模板没有关系。

max<double>(30, 20.6)的含义是，指定double为模板max的类型参数，而生成函数模板，这样自然会将第一个参数30转换为double型。

14.2 函数模板的重载

和普通函数一样，函数模板也可以被重载，一般的函数也可以与函数模板同名。下面的例子说明如何使用函数模板重载。

【例14-4】使用函数模板重载

定义函数模板add，返回两个参数之和；再定义另外一个函数模板add，将两个一维数组对应的元素相加，存放到第三个一维数组中。

扫一扫，看视频讲解

```
1  //文件:ex14_4.cpp
2  #include <iostream>
3  using namespace std;
4  template <typename T>                    //定义函数模板add
5  T add(T a, T b)
6  {
7      return a + b;
8  }
9  template <typename T>                    //再定义一个函数模板add，与前面的add参数不同
10 void add(T a[], T b[],T sum[],int n)
11 {
12     for(int i=0; i<n; i++)
13         sum[i] =a [i] + b[i];
14 }
15 int main()
16 {
17     int a[5]={2,  4, 1,  8, 7};
18     int b[5]={12, 2, 15, 1, 2};
19     int sum1[5];
20     double c[5] = {5.3, 4.5,  3.3, 6.3, 13};
21     double d[5] = {9.4, 10.5, 3.4, 5.7, 6.1};
22     double sum2[5];
23     cout << "10 + 20:\t" << add(10,20) << endl;
24     cout << "3.4+2.8:\t" << add(3.4,2.8) << endl;
25     add(a, b, sum1, 5);
26     add(c, d, sum2, 5);
27     for(int i=0; i<5; i++)
```

```
28          cout << sum1[i] << "\t";
29      cout << endl;
30      for(int i=0; i<5; i++)
31          cout << sum2[i] << "\t";
32      cout << endl;
33      return 0;
34  }
```

程序运行结果如下：

```
10 + 20:        30
3.4+2.8:        6.2
14      6       16      9       9
14.7  15        6.7     12      19.1
```

分析：程序中定义了两个相同名字为add的函数模板，它们之间也是重载关系。在主函数的第23、24行调用add函数使用的两个参数的模板生成的函数模板，第25、26行调用add函数使用的四个参数的模板生成的函数模板。

14

使用函数模板时，有时会出现一些特殊情况。例如，求两个数中最大的数，可以写出下列函数模板：

```
template <typename T>
T max(T a, T b)
{
    retum a>b?a:b;
}
```

对于简单的数据类型，如整型、实型、字符型数据，这个模板能够正常地工作，但是对于字符串，用上述模板就会出现问题，因为对于字符串，不能使用运算符“>”，要为其编写独立的max函数。

【例14-5】函数模板max与函数max

```
1   //文件:ex14_5.cpp
2   #include <iostream>
3   template < typename T>
4   T max(T a, T b)
5   {
6       return a>b?a:b;
7   }
8   char *max(char *x, char *y)
9   {
10      return strcmp(x, y) > 0 ? x :y;
11  }
12  int main()
13  {
14      char *p = "ABCD", *q="EFGH";
15      char *m = max(p, q);            //优先调用单独的函数
16      int a = max(10, 20);            //调用函数模板
17      float b = max(10.5, 20.6);      //调用函数模板
18      std::cout << m << std::endl;    // std中有max，为避免冲突，不用using指令
19      std::cout << a << std::endl;
```

微信扫码

扫一扫，看视频讲解

```
20      std::cout << b << std::endl;
21      return 0;
22  }
```

程序运行结果如下：

```
EFGH
20
20.6
```

分析：程序中，定义了函数模板T max(T a, T b)，也定义了函数char *max(char *x, char *y)，在调用函数max时，优先调用原型匹配max的函数，如果没有找到匹配的函数，再查找模板生成的函数。第15行代码调用的是函数char *max(char *x, char *y)，而第16、17行代码没有找到匹配的函数，因此会调用模板生成的函数。

如果没有定义单独的函数处理字符串，就只能使用如下的函数模板生成的函数：

```
char *max(char *x, char *y)
{
    return x > y ? x :y;
}
```

这个函数实际是比较两个指针的大小（即两个地址的大小），和题目的要求不符。

14.3 类模板

14.3.1 类模板的定义

如果有两个类（或多个类），它们的操作都相同，只是处理的数据类型不同，则可以定义一个类模板，而不需要定义多个类。如下面的两个类：

```
class A
{
    int i;
public:
    A(int a) {……}
    void set (int b)
        {…}
        …
};
class B
{
    double i;
public:
    B(double a) {……}
    void set (double b)
        {……}
        ……
};
```

这两个类的方法都一样，只是一个数据类型是整型，另一个数据类型是实型。可以使用类模板简化代码，不需要定义多个类，只要定义一个如下所示的类模板即可。

```
template <class T>
class A
{
    T i;
public:
    A(T a) {……}
    void set (T b)
        {……}
        ……
};
```

类模板也称为参数化的类，用于为功能相似的类定义一种通用模式。类模板定义的一般格式为：

```
template <模板参数表>
class 类模板名
{
  成员声明
}
```

如果需要在类模板外定义类模板的成员函数，格式如下：

```
template <模板参数表>
类型 类模板名<参数>::函数名(参数表)
{
  函数体
}
```

使用类模板建立对象的语法如下：

```
类模板 <实参表>  对象1,对象2,…;
```

系统会根据实参的类型生成一个类（称为模板类），然后建立该类的对象。即对类模板实例化生成类，再对类实例化生成对象。

【例14-6】定义数组类的类模板

定义数组类的类模板，利用构造函数指定数组的大小并对数组中的元素初始化，重载运算符[]，以方便访问数组中的元素。添加对数组元素排序的函数，以及显示所有数组元素值的函数。

```
1  //文件:ex14_6.cpp
2  #include <iostream>
3  using namespace std;
4  template< typename T>
5  class MyArray
6  {
7  public:
8      MyArray(int size,T initValue);          //指定数组的大小和初值
9      ~MyArray()
10      {
```

```
11          delete[] p;
12      }
13      T &operator[](int index)                        //重载运算符[]，以访问指定索引的元素
14      {
15          return p[index];
16      }
17      void show();                                    //显示数组中的所有元素
18      void sort();                                    //排序
19  private:
20      T *p;                                           //保存数组的起始地址
21      int size;                                       //数组的长度
22  };
//构造函数为size赋值，并为数组申请存储空间，将数组的每个元素都赋值为initValue
23  template<typename T>
24  MyArray< T >::MyArray(int size,T initValue)
25  {
26      this->size=(size>1)? size:1;                    //如果指定的size不大于1，将size值设为1
27      p=new T[size];                                  //分配内存
28      for(int i=0;i<size;i++)                         //为元素赋初值
29          p[i]=initValue;
30  }
//成员函数show显示所有数组元素的值
31  template< typename T>
32  void MyArray< T >::show()                           //显示所有元素
33  {
34      for(int i=0;i<size;i++)
35          cout << p[i] << " ";
36      cout << endl;
37  }
//成员函数sort使用插入排序法对数组元素排序(升序)
38  template< typename T>
39  void MyArray< T >::sort()                           //插入排序法升序排序
40  {
41      int i, j;
42      T temp;
43      for (i = 1; i < size; i++)
44      {
45          j = i;
46          temp = p[i];
47          while (j > 0 && temp < p[j-1])
48          {
49              p[j] = p[j-1];
50              j--;
51          }
52          p[j] = temp;
53      }
54  }
/* 在主函数中，定义类模板对象intArray和charArray，前者是int型，后者是char型，int型的数组元素
   都初始化为0，char型的数组元素都初始化为空格。然后对两个数组元素赋值，再调用函数show显示数组
   intArray元素的值，之后调用sort函数对数组intArray进行排序，再输出。对数组charArray也做相同
   的处理*/
55  int main()
56  {
```

```
57      int nArr[10]={89,34,32,47,15,81,78,36,63,83};
58      char cArr[10]={'C','W','r','Y','k','J','X','Z','y','s'};
59      MyArray<int> intArray(10,0);
60      MyArray<char> charArray(10,' ');
61      for(int i=0;i<10;i++)
62          intArray[i]=nArr[i];                //使用重载运算符[]
63      for(int i=0;i<10;i++)
64          charArray[i]=cArr[i];               //使用重载运算符[]
65      intArray.show();                        //排序前
66      intArray.sort();
67      intArray.show();                        //排序后
68      charArray.show();                       //排序前
69      charArray.sort();
70      charArray.show();                       //排序后
71      cout << endl;
72      return 0;
73  }
```

程序运行结果如下：

```
89 34 32 47 15 81 78 36 63 83
15 32 34 36 47 63 78 81 83 89
C W r Y k J X Z y s
C J W X Y Z k r s y
```

运行结果的第1行输出的是整型数组排序之前各元素的值，第2行输出的是整型数组排序之后各元素的值，第3、4行的输出是字符数组排序前后各元素的值。

14.3.2　类模板的默认参数值

函数模板不能定义默认类型参数，而类模板却可以定义默认类型参数。在定义对象时，如给出实际参数类型，则使用给出的参数类型；否则使用默认的参数类型。下面的实例展示类模板的默认参数类型。

【例14-7】使用默认参数定义数组的类模板

定义数组类模板，并指定类型参数的默认值。

```
 1  //文件:ex14_7.cpp
 2  #include <iostream>
 3  using namespace std;
 4  template <typename T=int>               //参数类型T的默认值为int
 5  class Array
 6  {
 7      T *data;
 8      int size;
 9  public:
10      Array(int);
11      ~Array();
12      T &operator[](int);
13  };
14  template < typename T>
15  Array <T>::Array(int n)
```

微信扫码

扫一扫，看视频讲解

```
16  {
17      data = new T[size=n];
18  }
19  template < typename T>
20  Array <T>::~Array()
21  {
22      delete data;
23  }
24  template < typename T>
25  T &Array <T>::operator[](int i)
26  {
27      return data[i];
28  }
29  int main()
30  {
31      int i;
32      Array <> L1(10);                    //等价于Array <int> L1(10)
33      Array <char> L2(20);
34      for(i=0; i<10; i++)
35          L1[i] = i;
36      for(i=0; i<20; i++)
37          L2[i] = 'A'+i;
38      for(i=0; i<10; i++)
39          cout << L1[i] << "  ";
40      cout << endl;
41      for(i=0; i<20; i++)
42          cout << L2[i] << "  ";
43      cout << endl;
44      return 0;
45  }
```

程序运行结果如下：

```
0  1  2  3  4  5  6  7  8  9
A  B  C  D  E  F  G  H  I  J  K  L  M  N  O  P  Q  R  S  T
```

由于在定义类模板时，提供了默认类型参数:template <class T=int>，在定义对象时，如果不指定参数类型，就使用默认的类型。因此在主函数中定义对象L1的语句“Array <> L1(10);”与“Array <int> L1(10);”是等价的。

14.4 综合实例

【例14-8】折半查找函数模板

折半查找的基本思想是：对于已按关键字排序的序列，经过一次比较，可将序列分割成两部分，然后只在有可能包含待查元素的一部分中继续查找，并根据试探结果继续分割，逐步缩小查找范围，直至找到或找不到为止。

```
//文件:ex14_8.cpp
#include <iostream>
```

```
using namespace std;
template <typename T>
int binSearch(T list[], int n, T key)
{
    int mid, low, high;
    T midvalue;
    low=0;
    high=n-1;
    while (low <= high)                        // low <= high表示整个数组尚未查找完
    {
        mid = (low+high)/2;                    // 求中间元素的下标
        midvalue = list[mid];                  // 取出中间元素的值
        if (key == midvalue)
            return mid;                        // 若找到，返回下标
        else if (key < midvalue)
            high = mid-1;                      // 若key<midvalue，将查找范围缩小到数组的前一半
        else
            low = mid+1;                       // 否则将查找范围缩小到数组的后一半
    }
    return -1;                                 // 没有找到则返回-1
}
int main()
{
    int a[10] = {2, 3, 7, 12, 16, 35, 67, 68,90, 98};
    char c[11] = "abcdhijklm";
    char c1='f';
    int i = binSearch(a, 10, 35);
    int j = binSearch(a, 10, 36);
    int k = binSearch(c, 10, 'f');
    int l = binSearch(c, 10, 'k');
    cout << i  <<"," << j  <<"," << k  <<"," << l  << endl;
    return 0;
}
```

程序运行结果如下：

```
5,-1,-1,7
```

分析： 变量low和high分别表示待查找范围的下限和上限，mid为查找范围中间元素的下标。折半查找的过程可以用图14-2显示（以10个元素为例）。

a[0]	a[1]	a[2]	a[3]	a[4]	a[5]	a[6]	a[7]	a[8]	a[9]
11	12	23	27	**35**	37	41	48	59	**70**

（a）

a[0]	a[1]	a[2]	a[3]	a[4]	a[5]	a[6]	a[7]	a[8]	a[9]
11	12	23	27	35	37	41	**48**	59	**70**

（b）

图14-2 折半查找过程示意图

如查找值为48的元素，开始时low=0，high=9，mid=4，如图14-2（a）所示。由于48>a[4]，修改low的值，low=mid+1=5，mid=(5+9)/2=7，如图14-2（b）所示。由于48=a[7]，已找到待查找的元素，返回该元素的下标mid=7。

【例14-9】集合类模板

集合是由一组无序的、相关联的，且不重复的元素组成的。设计集合类模板，实现集合的插入、删除、并集、交集和差集等运算。

扫一扫，看视频讲解

```
1  //文件:ex14_9.cpp
2  #include <iostream>
3  using namespace std;
4  template <typename T>
5  class Set
6  {
7  public:
8      Set();
9      Set(const Set &);                  //拷贝函数
10     bool find(T val)const;             //找到值为val的元素返回true，否则返回false
11     bool full()const;                  //集合满时返回true，否则返回false
12     bool empty()const;                 //集合空时返回true，否则返回false
13     void create(T a[], int n);         //创建集合，n是元素个数，a是各元素的值
14     void display() const;              //输出集合
15     int getlen() const;                //获取集合中的元素个数
16     void increase() ;                  //扩大元素中的最大个数
17     Set operator +(const Set &)const;       //集合的并集
18     Set operator -(const Set &)const;       //集合的差集
19     Set operator *(const Set &)const;       //集合的交集
20     Set operator +(T value);                //增加一个元素
21     Set operator -(T value);                //删除一个元素
22     Set &operator =(const Set &);           //对集合赋值
23     ~Set();
24 private:
25     T *data;                                //存放集合元素的动态内存
26     int count;                              //目前元素个数
27     int maxlen;                             //元素最大个数
28 };
29 template <typename T>
30 Set<T>::Set()                               //无参构造方法初始化属性
31 {
32     data=NULL;
33     count=0;
34     maxlen=0;
35 }
36 template <typename T>
37 Set<T>::Set(const Set& s)                   //拷贝构造方法，用s初始化新对象
38 {
39     maxlen = s.maxlen;
40     count = s.count ;
```

```
41      data = new T[maxlen];                          //分配内存
42      for(int i=0; i<count; i++)                     //赋值
43          data[i] = s.data[i];
44  }
45  template <typename T>
46  Set<T>::~Set()
47  {
48      if(data!=NULL)
49          delete []data;
50  }
51  template <typename T>
52  bool Set<T>::find(T val)const                     //在集合中查找值为val的元素
53  {
54      for(int i=0; i<count; i++)
55          if(val==data[i])
56              return true;
57      return false;
58  }
59  template <typename T>
60  bool Set<T>::full()const                          //判断元素个数是否达到集合的最大元素数
61  {
62      return (maxlen==count);
63  }
64  template <typename T>
65  bool Set<T>::empty ()const                        //判断集合中是否没有元素了
66  {
67     return (0==count);
68 }
69  template <typename T>
70  void Set<T>::create(T a[], int n)                 //创建指定元素个数的集合，并提供初值
71  {
72      count = n;                                     //初始元素个数
73      maxlen = count + 20;                           //初始大小为元素个数加20
74      data=new T[maxlen];
75      for(int i=0; i<count; i++)                     //输入各元素的值
76          data[i] = a[i];
77  }
78  template <typename T>                              //输出各元素的值
79  void Set<T>::display() const
80  {
81      for(int i=0;i<count; i++)
82          cout << data[i] << " ";
83      cout<<endl;
84  }
85  template <typename T>
86  void Set<T>::increase ()                           //增加集合最大的元素个数
87  {
88      T *temp= new T[count];                         //先将集合中各元素保存在temp中
```

14

```
 89      int i;
 90      for(i=0; i<count; i++)
 91          temp[i] = data[i];
 92      delete []data;                              //重新分配内存，最大元素数增加10
 93      maxlen+=10;
 94      data=new T[maxlen];
 95      for(i=0;i<count;++i)                        //将temp中的数据复制回来
 96          data[i]=temp[i];
 97      delete []temp;
 98  }
 99  template <typename T>
100  Set<T> Set<T>::operator +(T value)                   //增加一个元素，*this本身无变化
101  {
102     Set temp(*this);
103     if(!find(value))                                  //如果集合里没有这个元素
104     {
105         if(temp.maxlen==temp.count)                   // 如果元素已满，先增加最大元素数
106             temp.increase();
107         temp.data[count]=value;
108         temp.count++;
109     }
110     return temp;
111  }
112  template <typename T>
113  Set<T> Set<T>::operator -(T value)                   //减少一个元素，*this本身无变化
114  {
115      Set temp(*this);
116      if(!temp.empty())
117      {
118          for(int i=0; i<temp.count; ++i)
119              if(temp.data[i]==value)                  //找到要删除的元素
120              {
121                  for(int j=i; j<count-1; ++j)         //将后面的元素前移一位
122                      temp.data[j]=temp.data[j+1];
123                  temp.count--;
124                  break;
125              }
126      }
127      return temp;
128  }
129  template <typename T>
130  int Set<T>::getlen () const                           //返回集合中的元素个数
131  {
132      return count;
133  }
134  template <typename T>
135  Set<T> Set<T>::operator +(const Set &s)const         //两个集合的并集
136  {
```

```
137     Set temp(*this);
138     for(int i=0; i<s.count; i++)                    //将参数s中的每个元素加到temp中
139         temp= temp + s.data[i];
140     return temp;
141 }
142 template <typename T>
143 Set<T> Set<T>::operator -(const Set &s)const        //两个集合的差集
144 {
145     Set temp(*this);
146     for(int i=0; i<s.count; i++)
147         temp = temp - s.data[i];
148     return temp;
149 }
150 template <typename T>
151 Set<T> Set<T>::operator *(const Set &s)const        //两个集合的交集
152 {
153     Set temp;
154     for(int i=0; i<count; i++)
155         if(find(s.data[i]))                          //两个集合都有的元素
156             temp = temp + s.data[i];
157     return temp;
158 }
159 template <typename T>
160 Set<T>& Set<T>::operator =(const Set &s)
161 {
162     delete []data;
163     maxlen=s.maxlen ;
164     count=s.count ;
165     data=new T[maxlen];
166     for(int i=0; i<count; i++)
167         data[i]=s.data[i];
168     return *this;
169 }
170 int main()
171 {
172     int a1[] = {1,2,3,4};
173     int a2[] = {3,4,5,6,7,8};
174     Set<int> s1,s2,s3,s4,s5,s6,s7;
175     s1.create(a1,4);
176     s2.create(a2,6);
177     s3 = s1 + s2;
178     s4 = s1 + 10;
179     s5 = s1 * s2;
180     s6 = s2 - 3;
181     s7 = s2 - s1;
182     cout << "s1:    ";
183     s1.display();
184     cout << "s2:    ";
```

```
185         s2.display();
186         cout << "s1+s2: ";
187         s3.display();
188         cout << "s1+10: ";
189         s4.display();
190         cout << "s1*s2: ";
191         s5.display();
192         cout << "s2-3:  ";
193         s6.display();
194         cout << "s2-s1: ";
195         s7.display();
196         return 0;
197     }
```

程序运行结果如下：

```
s1:     1 2 3 4
s2:     3 4 5 6 7 8
s1+s2: 1 2 3 4 5 6 7 8
s1+10: 1 2 3 4 10
s1*s2: 3 4
s2-3:   4 5 6 7 8
s2-s1: 5 6 7 8
```

分析：集合的各种运算是通过重载运算符实现的，各种运算的逻辑并不太复杂，读者通过程序中的注释理解程序的逻辑应该没有多大问题。可以将主函数中的集合由整型改为其他类型，如实型、字符型等，测试程序是否可以处理其他类型的数据。

14.5 小结

模板包括函数模板和类模板，函数模板的定义形式是：

```
template <typename T>
类型名 函数名(参数表)
{
  函数体
}
```

函数模板就像是一个带有类型参数的函数，在进行函数调用时根据实际的数据类型生成对应的函数模板。函数模板也可以重载，既可以定义多个名字相同、参数不同的函数模板，也可以定义与函数模板同名的函数。

类模板也称为参数化的类，类模板定义的一般格式为：

```
template <模板参数表>
class 类模板名
{
  成员声明
}
```

使用类模板建立对象时，系统会根据实参的类型，生成一个类(称为模板类)，然后建立该类的对象，即对模板实例化生成类，再对类实例化生成对象。

14.6 习题十四

14–1 函数模板与函数重载各有什么特点?

14–2 编写一个函数模板，求两个值中的较小者。

14–3 编写一个函数模板，将三个数按由小到大的顺序排序。

14–4 写出程序运行结果。

```
1  //文件:hw14_4.cpp
2  #include <iostream>
3  using namespace std;
4  template <typename T>
5  class Array
6  {
7  private:
8      T *elems;
9      int size;
10 public:
11     Array(int s);
12     ~Array();
13     T& operator[](int index);
14     void operator=(T temp);
15 };
16 template <class T>
17 Array<T>::Array(int s)
18 {
19     size = s;
20     elems = new T[size];
21     for(int i=0; i<size; i++)
22         elems[i] = 0;
23 }
24 template <class T>
25 Array<T>::~Array()
26 {
27     delete elems;
28 }
29 template <class T>
30 T& Array<T>::operator[](int index)
31 {
32     return elems[index];
33 }
34 template <class T>
35 void Array<T>::operator=(T temp)
36 {
37     for(int i=0; i<size; i++)
```

```
38          elems[i] = temp;
39  }
40  int main()
41  {
42      int i, n=10;
43      Array<int> arr1(n);
44      Array<char> arr2(n);
45      for(i=0; i<n; i++)
46      {
47          arr1[i] = 'a'+i;
48          arr2[i] = 'a'+i;
49      }
50      cout << " ASCII码    字符" << endl;
51      for(i=0; i<n; i++)
52          cout << "       " << arr1[i] <<"\t" << arr2[i] << endl;
53      return 0;
54  }
```

第 15 章　输入 / 输出

主要内容

◎ 输入/输出流
◎ 使用cout输出
◎ 使用cin输入
◎ 格式化输入/输出
◎ 文件的输入/输出

为支持C++面向对象的输入/输出功能，C++标准类库提供了一组输入/输出类，通常称为I/O流类库（iostream library）。它是一个利用多继承机制实现的面向对象的类层次结构，是作为C++标准库的一个组件而提供的。

15.1 输入 / 输出流概述

C++完全支持C的I/O系统，C中的printf和scanf函数也可以在C++编译器中正确编译。同时为了使C++完全支持面向对象的程序设计，有必要建立一个面向对象的I/O系统，也就是I/O流类。“流”是C++中输入/输出系统的核心概念。

15.1.1 流的概念

在日常生活中，也经常在某些词语中看到“流”，如车流、水流。通常意义上讲，这些词汇中的“流”都有流动的含义，即某一物质从一个地方流向另一个地方。

C++中的“流”也有流动的含义，这里的“流”是一种抽象的形态，是指计算机里的数据从一个对象流向另一个对象。这里数据流入和流出的对象通常是指计算机中的屏幕、内存、文件等一些输入/输出设备。数据的流动就是由I/O流类来实现的。

前面章节中用到的流对象cin和cout，它们同样也是基于I/O流类实现的数据输入/输出功能，其中cout的数据是从内存（程序中的变量）流向显示器，而cin的数据是从键盘流向内存（程序中的变量），如图15-1所示。

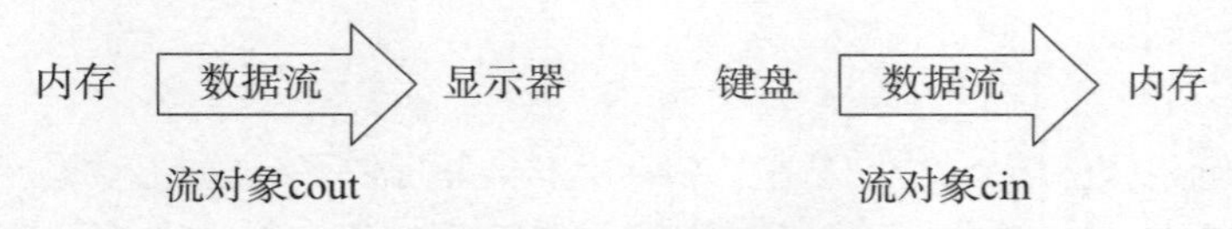

图 15-1　cin 与 cout 的数据流向

使用I/O流类机制的任务是稳定可靠地在设备和内存之间传送数据。这里的设备可以是标准输入/输出设备，如键盘、显示器，也可以是打印机、磁盘及各种通信端口等扩充设备。程序中建立一个流对象，并指定这个流对象与某个设备建立连接，通过操作流对象的成员函数能够使程序中的变量和具体设备之间发生数据的交换，进而完成数据的输入/输出功能。也就是说，在实际的应用程序中，流对象与某个设备建立连接之后，就可以被当作该设备的化身，只要程序操作了流对象就相当于直接对相关设备进行操作。而操作流对象的方法，即流对象的操作接口已被预先定义在I/O流类中，只需了解这些统一的操作接口就可以很方便地对各种物理设备进行输入/输出操作了。

可以说，C++中的I/O流负责建立程序与设备对象之间的连接，它像一个桥梁，沟通了数据的产生者和消费者，使它们之间产生数据的流动，并且通过I/O流本身的相关操作能够简便而可靠地完成数据的输入/输出过程。

15.1.2 流类库的结构

流类库是一个由多继承关系形成的类层次结构，流类基本以两种类为基类派生出来，分别是继承自streambuf类的流缓冲区类和继承自ios类的I/O流类。iostream文件包含了一些常用的流类，部分类的功能如下：

（1）streambuf类：为缓冲区提供内存，并提供填充缓冲区、访问缓冲区、刷新缓冲区的方法。

（2）ios_base类：表示流类的一般特征。

（3）ios类：继承于ios_base类，其中包含一个指向streambuf对象的指针成员。

（4）ostream类：是从ios类继承的，提供了输出的方法。

（5）istream类：是从ios类继承的，提供了输入的方法。

（6）iostream类：是从istream类和ostream类继承的，既可以输入，也可以输出。

在程序中包含iostream头文件，将自动创建8个流对象，如cout（标准输出流对象，关联标准输出设备，通常对应显示器）、cin（标准输入流对象，关联标准输入设备，通常对应键盘）、cerr（标准错误流对象，也关联标准输出设备，无缓冲区）、clog（也对应标准错误流，使用缓冲区）。

老版本的C++没有ios_base类，C++98将ios类中的一些独立于类型的信息放到了ios_base类中，并增加了一些新的信息。

与文件处理相关的类有ifstream、ofstream和fstream，它们包含了文件处理操作中非常重要的功能，使用它们进行文件处理时，需加入头文件fstream。有关文件I/O流的内容，将在本章的后面几节中详细阐述。文件I/O流类的层次结构如图15-2所示。

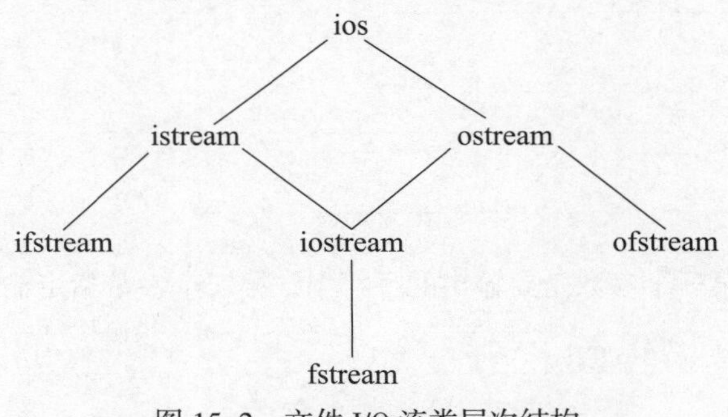

图 15-2　文件 I/O 流类层次结构

15.2　使用 cout 输出

15.2.1　插入运算

在I/O流类库中，操作符“<<”和“>>”被重载用于进行标准数据类型及字符串数据类型的输入和输出操作。

操作符“<<”为插入运算符，用于将数据插入一个输出流对象中，流对象再进一步将数据输出到它所关联的设备中。

cout就是在iostream头文件中定义的ostream对象，ostream类重载了运算符“<<”，使之能够识别C++的所有基本类型，以cout对象为例的语句如下：

```
cout << "Hello World!";
```

表示将字符串插入输出流对象cout中，即输出到cout关联的设备显示器上。

插入运算符“<<”适用于任何输出流对象，如输出文件流ofstream的对象等。“<<”右侧可以是任何标准数据类型的变量及常量，也可以是字符串变量及常量。

插入运算符重载的形式如下：

```
ostream & operator <<(type);                    //type是要显示的数据类型
```

返回的是ostream的引用，即返回值是调用运算符的对象（如cout），因此可以实现连续插入输出，例如：

```
cout << "Hello" << " World!" << endl;
```

15.2.2 put与write方法

除了使用插入运算符（<<）输出数据，还提供了put与write方法实现字符或字符串的输出，put用于输出字符，write用于输出字符串。

put方法的原型如下：

```
ostream &put(char);
```

例如：

```
cout.put('A').put('B').put('\n');
```

将输出如下结果：

```
AB
```

write有两个参数，第一个参数是要输出的字符串，第二个参数指定输出字符的个数，例如：

```
cout.write("ABCDEFG",4).put('\n');
```

将输出如下结果：

```
ABCD
```

【例15-1】使用put和write方法输出

```
 1  //文件:ex15_1.cpp
 2  #include <iostream>
 3  using namespace std;
 4  int main()
 5  {
 6      char c[]="C++Programming";
 7      cout.put('A').put('B').put('\n');
 8      for(int i=1; i<=10; i++)
 9      {
10          cout.write(c,i);
11          cout<<endl;
12      }
13      return 0;
14  }
```

程序运行结果如下：

```
AB
C
C+
C++
C++P
C++Pr
C++Pro
C++Prog
C++Progr
C++Progra
C++Program
```

分析：使用put方法连续输出字符A、B和换行，完成运行结果中第1行的输出，在循环中，使用write方法输出字符串“C++Programming”，第1次输出1个字符、第2次输出2个字符……第10次输出10个字符。

15.3　格式化输入 / 输出

C++中的I/O流可以完成输入/输出的格式化操作，如设置域宽、精度及整数进制等。I/O流类库提供了两种方法实现输入/输出的格式化，一种通过流控制符，只需把流控制符插入(提取)输出流(输入流)中即可对输出流(输入流)进行格式化，如setiosflags、setw、setfill、setprecision、hex、oct等，使用流控制符时需要在程序中包含头文件iomanip；另一种通过流的成员函数，即由流对象直接调用完成格式化，如setf、unsetf、width、fill、precision等。使用流成员函数的优点就是在设置格式的同时，可以返回以前的设置，便于恢复原来的设置。本节在说明输入/输出格式控制的所有例题中都以流对象cout为例，以下所述各种格式控制方法除cout之外也适用于其他流对象。例如，可以将cout替换成一个输出文件流对象，则输出到文件中的数据将产生同样的格式化效果。

15.3.1　输出宽度控制 setw 和 width

使用流控制符setw和成员函数width可以控制当前域宽(即输入/输出的字符数)，宽度的设置仅适用于下一个插入或读取的数据。

在输出流中控制域宽，如果输出数据的宽度比设置的域宽小，将以默认右对齐方式输出数据，左边空位会用填充字符来填充(填充字符默认是空格)；如果输出数据的宽度比设置的宽度大，数据不会被截断，将输出所有位数。

控制符是在头文件iomanip中定义的，使用这些控制符，要将这个头文件包含进来。

【例15-2】使用setw控制符控制域宽

```
1  //文件:ex15_2.cpp
2  #include <iostream>
3  #include <iomanip>
4  using namespace std;
5  int main()
```

```
 6  {
 7      cout << "1234567890" << endl;
 8      cout << setw(5) << 4.5 << 6.7 << endl;
 9      cout << setw(5) << 4.5 << setw(5) << 6.7 << endl;
10      return 0;
11  }
```

程序运行结果如下：

```
1234567890
  4.5  6.7
  4.5  6.7
```

分析：第8行代码使用setw控制符将4.5的输出宽度设置为5，由于4.5占3位，因此前面有两个空格，setw控制符只对其后面的一个输出有效，对6.7没有作用，因此6.7直接跟在前面输出数据的后面；而在第9行代码中，两次使用setw控制符将两个数的输出宽度都设置为5，使4.5和6.7前面都有两个空格。

【例15-3】使用width成员函数控制域宽

```
 1  //文件:ex15_3.cpp
 2  #include <iostream>
 3  using namespace std;
 4  int main()              //主函数，每个C++程序必须有且只有一个主函数
 5  {
 6      char * str[3] = {"abc", "abcde", "abcdefgh"};
 7      cout << "1234567890" << endl;
 8      for (int i = 0; i < 3; i ++ )
 9      {
10          cout.width(6);
11          cout <<str[i] <<endl;
12      }
13      return 0;
14  }
```

扫一扫，看视频讲解

程序运行结果如下：

```
1234567890
   abc
 abcde
abcdefgh
```

分析：在循环中使用函数width将输出宽度设置为6，第一次循环输出3个字符，前面有3个空格；第二次循环输出5个字符，前面有1个空格；第三次循环输出8个字符，超出设置的宽度，按实际位数输出。

15.3.2 填充字符控制 setfill 和 fill

在默认情况下，如果域宽大于数据宽度时，填充多余空间的字符是空格。如果要改变填充字符，可以使用流控制符setfill或成员函数fill。设置了填充字符后，将对程序后面的输出代码产生永久影响，直到下一次再改变填充字符为止。

【例 15-4】使用setfill控制填充字符

```
 1  //文件:ex15_4.cpp
 2  #include <iostream>
 3  #include <iomanip>
 4  using namespace std;
 5  int main()
 6  {
 7      double values[] = {1.23, 15.16, 653.7, 4358.24};
 8      cout << "1234567890" << endl;
 9      cout << setfill('*');
10      for ( int i = 0 ; i < 4 ; i ++ )
11          cout << setw(10) << values[i] << endl;
12      return 0;
13  }
```

程序运行结果如下：

```
1234567890
******1.23
*****15.16
*****653.7
***4358.24
```

分析：在循环之前通过控制符setfill将填充字符设置为“*”，在循环中将输出宽度设置为10，位数不足10的数字，在前面用“*”填充。

【例 15-5】使用fill函数控制填充字符

```
 1  //文件:ex15_5.cpp
 2  #include <iostream>
 3  #include <iomanip>
 4  using namespace std;
 5  int main()
 6  {
 7      double values[] = {1.23, 15.16, 653.7, 4358.24};
 8      cout << "1234567890" << endl;
 9      char oldFill = cout.fill('*') ;
10      for ( int i = 0 ; i < 4 ; i ++ )
11          cout << setw(10) << values[i] << endl;
12      cout.fill(oldFill);
13      for ( int i = 0 ; i < 4 ; i ++ )
14          cout << setw(10) << values[i] << endl;
15      return 0;
16  }
```

程序运行结果如下：

```
1234567890
******1.23
*****15.16
*****653.7
***4358.24
      1.23
      5.16
     653.7
   4358.24
```

分析：第9行代码调用fill函数将填充字符设置为“*”，并将原来的填充字符保存到变量oldFill中，接下来的四行输出使用“*”填充。

第12行又将填充字符设置为原来的填充字符，接下来的四行输出使用空格填充。这也验证了默认的填充字符是空格。

15.3.3 输出精度控制 setprecision 和 precision

使用流控制符setprecision和成员函数precision可以控制浮点数输出的精度，精度一旦设置，就可以用于以后所有输出的数据，直到下次精度发生改变。使用precision可以返回设置前的精度。

【例15-6】控制浮点数精度

```
 1  //文件:ex15_6.cpp
 2  #include <iostream>
 3  #include <iomanip>
 4  using namespace std;
 5  int main()
 6  {
 7      double pi = 3.141592653;
 8      double e  = 2.718281828;
 9      int oldPrecision = cout.precision(4);
10      cout << pi << endl;
11      cout << e << endl;
12      cout << setprecision(8) << pi << endl;
13      cout << setprecision(oldPrecision) << pi << endl;
14      return 0;
15  }
```

程序运行结果如下：

```
3.142
2.718
3.1415927
3.14159
```

分析：第9行将输出精度设置为4，将原来的输出精度保存在变量oldPrecision中；第10、11行输出的数据精度是4位有效数字；第12行将精度设置为8，输出的有效数字是8位；第13行将输出精度数值设置为之前的精度值，输出6位有效数字，说明默认的精度就是6。

在程序没有设置计数法情况下，精度值表示浮点数的有效数字的位数。若程序设置了计数法（ios::fixed或ios::scientific），则表示小数点之后数字的位数。ios::fixed表示以定点法输出浮点数（不带指数），ios::scientific表示以科学计数法输出浮点数。

【例15-7】使用科学计数法

```
1  //文件:ex15_7.cpp
2  #include <iostream>
3  #include <iomanip>
4  using namespace std;
5  int main()
6  {
```

```
 7      double pi = 3141.592653;
 8      double e  = 27182.81828;
 9      cout.precision(6);
10      cout << pi << endl;
11      cout << e << endl;
12      cout << setiosflags(ios::fixed);                    //设置定点法输出
13      cout << pi << endl;
14      cout << e << endl;
15      cout << resetiosflags(ios::fixed );                 //取消定点法输出
16      cout << setiosflags(ios::scientific );              //设置科学计数法
17      cout << pi << endl;
18      cout << e << endl;
19      return 0;
20  }
```

程序运行结果如下：

```
3141.59
27182.8
3141.592653
27182.818280
3.141593e+03
2.718282e+04
```

分析：第9行代码将输出精度设置为6，第10、11行代码输出的有效数字是6位；第12行将输出设置为定点法输出，第13、14行代码输出的数字有6位小数；第15行代码取消ios::fixed设置，第16行设置以科学计数法输出数据，小数点后有6位小数。

15.3.4　设置显示的数制系统

使用控制符dec、hex和oct将显示的数值系统分别设置为十进制、十六进制和八进制。

【例15-8】设置显示的数值系统

```
 1  //文件:ex15_8.cpp
 2  #include <iostream>
 3  using namespace std;
 4  int main()
 5  {
 6      int n = 100;
 7      cout  << "十进制:  " << n << endl;
 8      cout << hex << "十六进制:" << n << endl;
 9      cout << oct << "八进制:  " << n << endl;
10      cout << dec << "十进制:  " << n << endl;
11      return 0;
12  }
```

微信扫码

扫一扫，看视频讲解

程序运行结果如下：

```
十进制:  100
十六进制:64
八进制:  144
十进制:  100
```

15

分析：第7行代码以默认的设置输出整数n，显示的是十进制数；第8行代码使用十六进制输出，第9行代码使用八进制输出，第10行代码使用十进制输出。设置某种进制后，将永久生效，直到再设置新的进制。

15.3.5 其他格式状态

除了前面介绍的输出格式，下面再介绍一些其他的格式。这些格式可使用setf方法和unsetf方法设置。

setf方法有两种使用方式，一种方式是使用一个参数，另一种方式是使用两个参数。如果设置的格式为“是”和“否”两个状态，则使用一个参数，要取消这个设置则使用unsetf方法，参数是要设置的格式状态。如整数前是否加“+”号，十六进制前是否加前缀“0x”等，部分流格式状态标志及说明如表15–1所示。

表15–1 部分流格式状态标志及说明

流格式状态标志	说 明
ios_base::boolalpha	bool 型数据，输出 true 或 false
ios_base::showbase	在数值前输出进制（0 表示八进制，0x 或 0X 表示十六进制）
ios_base::showpoint	输出浮点数时显示小数点和尾部的 0
ios_base::uppercase	输出十六进制数时显示大写字母 A~F，科学计数法显示大写 E
ios_base::showpos	输出正数时前面加正号（+）

如果设置的格式有多个状态，则使用两个参数的setf方法，第一个参数指定状态的值，第二个参数指定要设置的是哪种状态。部分格式状态及状态值标志如表15–2所示。

表15–2 部分格式状态及状态值标志

状 态	状态值标志	说 明
ios_base::adjustfield	ios_base:: left	在输出域中左对齐输出，必要时，在右边填充字符
	ios_base:: right	在输出域中右对齐输出，必要时，在左边填充字符（默认）
	ios_base:: internal	在输出域中左对齐数值的符号及进制符号，右对齐数字值
ios_base:: basefield	ios_base:: dec	以十进制形式格式化指定整数（默认）
	ios_base:: oct	以八进制形式格式化指定整数
	ios_base:: hex	以十六进制形式格式化指定整数
ios_base:: floatfield	ios_base:: scientific	以科学计数法显示浮点数
	ios_base:: fixed	以定点表示法显示浮点数

【例15–9】使用setf控制流格式

```
1  //文件:ex15_9.cpp
2  #include <iostream>
```

```
3  #include <iomanip>
4  using namespace std;
5  int main()
6  {
7      int  x = 200;
8      bool b = true;
9      cout.setf(ios_base::boolalpha);
10     cout << setw(10) << b << endl;
11     cout.setf(ios_base::internal,ios_base::adjustfield);
12     cout.setf(ios_base::showpos);
13     cout << setw(10) << x << endl;
14     cout.unsetf(ios_base::showpos);
15     cout << setw(10) << x << endl;
16     cout.setf(ios_base::showbase);
17     cout.setf(ios_base::hex,ios_base::basefield);
18     cout << setw(10) << x << endl;
19     cout.setf(ios_base::uppercase);
20     cout << setw(10) << x << endl;
21     cout.setf(ios_base::oct,ios_base::basefield);
22     cout << setw(10) << x << endl;
23     cout.unsetf(ios_base::showbase);
24     cout << setw(10) << x << endl;
25     return 0;
26 }
```

程序运行结果如下：

```
      true
+      200
       200
0x      c8
0X      C8
      0310
       310
```

分析：第9行代码设置bool型数据输出显示true或false，第10行代码输出的是true（默认输出是1）；第11行代码将对齐方式设置为ios_base::internal，第12行代码设置输出正数时前面加正号（+），第13行代码输出的正数200，前面显示出+号；第14行代码取消输出正数时前面加正号（+），第15行代码输出的正数200，前面没有+号；第16行代码设置在数值前输出进制标志，第17行代码设置以十六进制显示，第18行代码输出的是十六进制，并且前面显示进制标志0x；第19行将字母设置为大写，因此第20行代码的输出的进制标志是大写字母0X；第21行代码设置以八进制显示，第22行代码输出的是八进制；第23行代码取消显示数值，第24行代码输出的八进制没有显示数制。

除了使用setf和unsetf方法设置格式状态，还可以使用一些标准控制符设置格式状态，如hex、oct、dec、left、right、showbase、noshowbase等，使用格式如下：

```
cout << showbase << left << hex << 100 << endl;
```

这样比使用setf和unsetf方法更方便一些。

15

15.4 使用 cin 输入

15.4.1 提取运算符

操作符“>>”为提取运算符，通常用于从输入流对象中提取数据。以cin对象为例介绍提取运算符的使用，如下列语句：

```
int i;
cin >> i;                       //表示从输入流对象cin中提取一个整型数据存放到变量i中
char buf[100];
cin >> buf;                     //表示从输入流对象cin中提取一个字符串存放到字符数组buf中
```

重载运算符“>>”的函数原型如下面的形式：

```
istream & operator >>(int &);
```

返回的是istream的引用，即返回值是调用运算符的对象（cin），因此可以实现连续提取数据，例如：

```
cin >> a >> b;
```

输入的数据以空格分隔，如果遇到非法数据则提取操作结束。

可以将hex、oct和dec控制符与cin一起使用，指定输入的是十六进制、八进制或十进制。例如：

```
cin >> hex >> a >> b;
```

【例15-10】使用提取运算符输入

```
 1  //文件:ex15_10.cpp
 2  #include <iostream>
 3  using namespace std;
 4  int main()
 5  {
 6      int  a,b;
 7      char c;
 8      char d[10];
 9      cin >> a >> b >> c >> d;
10      cout << a << "  " << b << "  "  << c << "  " << d << endl;
11      cin >> hex >> a  >> b;                  //输入的数据被解释为十六进制
12      cout << a << "  " << b << endl;
13      return 0;
14  }
```

扫一扫，看视频讲解

程序运行结果如下：

```
200  100  A  asdfgh
200  100  A  asdfgh
da ff
218  255
```

分析：运行结果的第1行和第3行是程序运行时从键盘输入的数据，第3行的输入被理解为十六进制，第4行输出对应的十进制数。

提取运算符“>>”适用于任何输入流对象，如输入文件流ifstream的对象等。“>>”右侧可以是任意标准数据类型的变量，也可以是字符串变量(字符数组或字符指针)。使用提取运算符“>>”提取数据时，以空白符(如空格、Enter、Tab)作为数据的分隔符，因此提取字符串数据时，不能提取空白字符，在某些情况下使用很不方便。

15.4.2 使用 istream 方法输入数据

除了使用提取运算符输入数据，还可以使用istream的方法输入数据。

1. 读取单个字符

读取单个字符可以使用get方法，get方法每次读取一个字符，并且可以读取空格、制表符和换行符等。

【例15-11】使用get输入单个字符

```
 1  //文件:ex15_11.cpp
 2  #include <iostream>
 3  using namespace std;
 4  int main()
 5  {
 6      char c;
 7      int n=0;
 8      cin.get(c);
 9      while(c!='\n')
10      {
11          n++;
12          cout << c ;
13          cin.get(c);
14      }
15      cout << endl << n << endl;
16      return 0;
17  }
```

扫一扫，看视频讲解

程序运行结果如下：

```
12345abcdefg
12345abcdefg
12
```

分析：运行结果的第1行是运行时从键盘输入的。get方法每次从输入流中提取一个字符，保存在get方法的参数中，程序通过循环读取多个字符，每读到一个字符将其输出到屏幕，并记录读取字符的个数，直到读到换行符结束，循环结束后输出读到的字符个数。

2. 读取字符串

get方法也可以读取字符串，其参数应该是字符指针或字符数组；而getline方法是专门用于读取字符串的。getline方法的使用格式有如下两种方式：

```
istream & getline(char *, int);
istream & getline(char *, int, char);
```

第一个参数是存放字符串的首地址，第二个参数是要读取的最大字符数加1（最后1个用于存放字符串结束标志），第三个参数是指定分界符(默认的分界符是换行符)。

【例15-12】使用getline方法读取字符串

```
1  //文件:ex15_12.cpp
2  #include <iostream>
3  //#include <iomanip>
4  using namespace std;
5  int main()
6  {
7      char str1[20],str2[20],str3[20];
8      cin.getline(str1,11);
9      cin.getline(str2,11);
10     cin.getline(str3,11);
11     cout << "str1:" << str1 << endl;
12     cout << "str2:" << str2 << endl;
13     cout << "str3:" << str3 << endl;
14     return 0;
15 }
```

扫一扫，看视频讲解

程序运行结果如下：

```
1234567890
abcdefgh
abcd123
str1:1234567890
str2:abcdefgh
str3:abcd123
```

分析：运行结果的前三行是运行时从键盘输入的。三次调用getline方法，读取三个字符串，分别存放到str1、str2和str3中，然后将三个字符串输出。

15.5 文件的输入/输出

程序执行时，各种数据都是暂时保存在内存中供程序使用。程序执行完毕后，运行过程中的数据就不再存在。有些情况下，若想将程序运行中的某些数据保存下来，必须将数据以文件的形式保存在磁盘中，下一次程序执行需要使用数据时再从文件中读取出来。将数据保存在文件中以及从文件中读取数据的过程是通过程序对文件的输入/输出流的操作来实现的。

处理文件输入/输出的流类定义在fstream中，主要有ofstream、ifstream和fstream三个类。向文件输出数据即将数据保存到文件中时，要使用ofstream类；从文件中读取数据即从文件中输入数据时，要使用ifstream类；而使用fstream类可以同时进行输入及输出操作。

在进行文件输入/输出时，首先应根据需要选择合适的流类并创建该类的对象，然后使用流对象的成员函数打开文件，在打开文件之后，这个文件就自动地与流对象联系起来了，可以通过流对象对文件进行输入/输出。当文件使用完毕后，还要关闭它。因此，文件输入/输出的一般步骤为：创建流对象并打开文件→读写文件→关闭文件。

15.5.1　打开文件

在进行输入/输出操作前，必须首先定义流对象，并通过流对象打开一个文件。定义流对象并打开文件的方法有两种。

（1）使用默认构造函数然后调用open函数。用法如下：

```
文件I/O流类名  流对象名;                    //声明一个流对象
流对象名.open(文件名,打开方式);             //调用open函数打开文件
```

例如：

```
ofstream  my_file;
my_file.open("boot.ini", ios::out);
```

在上面的语句中，定义一个输出流对象，取名为my_file，通过对象my_file调用它的open成员函数，打开磁盘文件boot.ini，打开后流对象就与文件联系起来了，进而可以向文件输出数据。

在该用法中，文件I/O流类需要根据不同情况选择合适的一种，如前所述，如果要输入数据，应使用ifstream流类定义输入文件流对象；如果要输出数据，应使用ofstream流类定义输出文件流对象；如果打开的文件既可用于输入也可用于输出，则用fstream类。

open函数中的第一个形参用于指定打开文件的文件名，可以用字符串常量形式直接指出，如"boot.ini"；也可以将文件名保存在字符串变量中，作为实参传递。如果文件名不带有路径，则表示该文件在当前路径下，即与当前应用程序在同一文件夹下，如上例中的文件"boot.ini"；如果文件带有路径，则路径中的反斜杠字符（\）应用双斜杠（\\）表示，因为在字符串中反斜杠字符（\）被当作转义字符使用，如文件D:\\hello.dat。

open函数中的第二个形参用于指定文件的打开方式，它的取值如表15-3所示。也可以用按位或运算符（|）组合表中的值。

表15-3　文件打开方式选项

打开方式	说　明
ios_base :: in	打开一个输入文件，是 ifstream 对象的默认方式
ios_base:: out	打开一个输出文件，是 ofstream 对象的默认方式。若打开一个已有文件，则删除原有内容；若打开的文件不存在，则将创建该文件
ios_base:: app	打开一个输出文件，用于在文件末尾添加数据，不删除文件原有内容
ios_base:: ate	打开一个现有文件（用于输入或输出），并定位到文件结尾
ios_base:: trunc	打开一个输出文件，如果它存在则删除文件原有内容
ios_base:: binary	以二进制模式打开一个文件（默认是文本模式）

（2）在构造函数中直接指定文件名及打开方式。用法如下：

```
文件I/O流类名 流对象名(文件名,打开方式);
```

其中各个部分的含义与第一种方式相同。例如：

```
ifstream  infile("D:\\hello.dat", ios::binary);
```

如果使用上述两种方式打开文件操作不成功（如文件路径不正确），文件流对象将为0，因此习惯上可用如下方式判断打开操作是否失败：

```
if(!my_file){    …    }                //如果打开文件的操作不成功
```

15.5.2 写入文件

将数据写入文件之前，应首先在程序中定义ofstream类的对象，并通过流对象打开要写入的文件，同时指定正确的文件打开方式，如果是在文件尾追加数据，还是要覆盖原文件的内容等，之后才能进行写的操作。在写入数据时，如果写入的是标准数据类型的数据或字符串，可以直接通过插入运算符（<<），将数据插入输出文件流对象中，语句如下：

```
ofstream  my_file ( "D:\\data.txt" , ios::out );
my_file << "Hello!" << ' '<< 234 << endl;
```

将字符串"Hello!"及整数234插入流对象my_file中，流对象将自动把插入的数据写入文件data.txt中。这里在字符串与整数之间插入了一个空格，是为了在文件中将数据分隔开，以便在读出时能正确区分数据。

使用插入运算符在写入数据时仅局限于标准数据类型及字符串，因此对于自定义类型的数据并不能直接插入。除了这种写入数据的方式外，也可以使用流对象的put或write成员函数将数据写入文件中。

1. put 函数

使用put函数可以将单个字符写入流对象，进而写入流对象所关联的文件中。使用put函数每次只能写一个字符。它的用法见下面的语句：

```
my_file.put('A');                     //输出字符A
char  ch = 'A';
my_file.put(ch);                      //同样输出字符A，但此时A是以变量形式存放
```

使用put函数输出数据不受格式影响，即设置的域宽和填充字符对put函数不起作用。

2. write 函数

使用write函数能把内存中的一块内容写入输出流对象中。使用write函数时，函数的第一个形参用于指定输出数据的内存起始地址，该地址为字符型（char *），因此传递的实参应为字符型的指针；第二个形参用于指定所写入的字节数，即从该起始地址开始写入多少个字节的数据，该形参类型为整型。使用write函数除用于输出如数组等具有连续内存的数据，还可以用于整体输出自定义类型的数据。

【例15–13】使用write函数输出Rect类的对象

将例10–1中的Rect类复制过来，编写主函数，创建一个矩形对象，并将其写入文件D:\\a.txt中。

```
1  //文件:ex15_13.cpp
2  #include <iostream>
```

```
3   #include <fstream>
4   using namespace std;
5   class Rect                                         //定义类Rect
6   {
7   private:                                           // 2个私有属性
8       int length;
9       int width;
10  public:                                            // 4个公有方法
11      void setLength(int l);                         //这里给出函数原型
12      void setWidth(int w);
13      int getArea();
14      int getPerimeter();
15  };
16  void Rect::setLength(int l)                        //函数的定义
17  {
18      length = l;                                    //这里是小写字母l，不是数字1
19  }
20  void Rect::setWidth(int w)
21  {
22      width = w;
23  }
24  int Rect::getArea()
25  {
26      return length*width;
27  }
28  int Rect::getPerimeter()
29  {
30      return 2*(length+width);
31  }
32  int main()
33  {
34      Rect r;
35      r.setLength(200);
36      r.setWidth(100);
37      ofstream outfile("D:\\a.txt", ios_base::out);  //定义输出文件流对象并打开文件
38      outfile.write( (char *) &r , sizeof(r));       //将r地址强制转换为char *
39      r.setLength(500);                              //修改长宽，再写一次
40      r.setWidth(200);
41      outfile.write( (char *) &r , sizeof(r));
42      outfile.close();                               //调用close函数关闭文件
43      return 0;
44  }
```

分析：第37行代码使用构造函数指定输出流对象outfile关联的文件（D:\\a.txt）以及打开方式（ios_base::out）；第38行代码将矩形r输出到outfile关联的文件中；第39~41行代码修改矩形的长和宽，再写一次，因此文件a.txt中有两个矩形数据。

程序运行后，屏幕上没有输出信息，在D盘的根目录下创建了一个文件a.txt，并保存了矩形信息，后面的例题中会将这个文件中的矩形数据读出来。

注意：

使用write函数时，由于它的第一个形参是字符型的指针，因此在将r的首地址（&r）取出之后，必须将该地址强制类型转换为字符型的指针。

【例15-14】使用write函数输出数组

```
 1  //文件:ex15_14.cpp
 2  #include <iostream>
 3  #include <fstream>
 4  using namespace std;
 5  int main()
 6  {
 7      int  array[ ] = {35, 42, 57, 88, 69, 75};
 8      ofstream  outfile("D:\\b.txt", ios_base::app);          //在文件尾添加数据
 9      outfile.write( (char *) array , sizeof(array) );
10      outfile.close();
11      return 0;
12  }
```

微信扫码

扫一扫，看视频讲解

分析：第8行代码使用构造函数指定输出流对象outfile关联的文件（D:\\b.txt）以及打开方式（ios_base::app）；第9行代码将数组array输出到outfile关联的文件中。由于文件的打开方式是追加方式，如果运行两次，在文件D:\\b.txt中会看到文件的内容是两次输出的结果。

数组名array也是数组首地址，是一个整型指针，因此在使用write函数输出该数组时，也必须强制类型转换为字符型指针。

若将例15-14中的array数组改为“char array[ ] = "hello world!";”，则write语句将变为“outfile.write(array, sizeof (array)); ”。

15.5.3 读取文件

在读取文件之前，应首先在程序中定义ifstream类的对象，并通过流对象打开要读取的文件，同时指定正确的文件打开方式，之后才能进行读的操作。在读取数据时，如果读取的是标准数据类型的数据或字符串，可以直接通过提取运算符（>>）将数据从输入文件流对象提取到程序的变量中。使用提取运算符提取数据时，将以空白字符（如空格、Tab、Enter）作为数据之间的分隔符，因此这些空白字符不能作为数据提取出来。如下语句：

```
char  s[10];
int  i;
ifstream  in_file ( "D:\\data.txt", ios::in );
in_file >> s >> i;
```

将文件data.txt中的数据提取到字符串变量s及整型变量i中，由上节写入文件data.txt的语句（15.5.2小节中最开始的两行代码）可知，提取到s中的数据为字符串"Hello!"，提取到i中的数据为234。

由于使用提取运算符时不能提取空白字符，有些情况并不能完全满足需要，因此除了这种读取数据的方式外，也可以使用流对象的get、getline或read成员函数来读取需要的数据。

1. get 函数

使用get函数可以从流对象中提取一个字符，这与put函数写入字符的过程恰好相反。get函数弥补了提取运算符不能提取空白字符的缺点，它能把任意字符包括空白字符提取出来。

使用get函数提取一个字符时，有带形参和不带形参两种形式，语句用法如下：

```
char ch;
ch=cin.get();
```

上面语句中使用不带形参的get函数，通过预定义的流对象cin调用，返回值为读取的字符，并将该字符保存在字符变量中。若遇到键盘输入的空白字符，同样可以提取到变量中。

下面是将如上语句改为带形参的get函数，能够实现相同的功能。

```
cin.get(ch);
```

如果以上语句中调用get函数的是一个输入文件流对象，则将从该流对象所关联的文件中提取出单个字符。

2. getline 函数

getline函数用于从流对象中提取多个字符，通常用于提取一行字符。getline函数有三个形参，第一个形参为字符型指针(char *)，用于存放读出的多个字符，通常传递的实参为字符数组；第二个形参为整型，用于指定本次读取的最大字符个数；第三个形参为字符型，默认值为换行符('\n')，用于指定分隔字符，作为一次读取结束的标志。

【例15-15】读取文件D:\c.txt中的内容并输出到屏幕上

首先在D盘根目录创建一个文件c.txt，并使用记事本在文件中输入几行字符，然后运行实例程序。

```
1  //文件:ex15_15.cpp
2  #include <iostream>
3  #include <fstream>
4  using namespace std;
5  int main()
6  {
7      char  array[100];
8      ifstream  ifs( "D:\\c.txt", ios_base::in);
9      if(!ifs){
10         cout << "打开文件失败" << endl;
11         return -1;                    // 如果文件不存在，打开不成功，则结束程序
12     }
13     while(!ifs.eof())                 // eof函数用于判断是否到文件尾，到文件尾返回True
14     {
15         ifs.getline(array, 100);      // 100表示每次读取字符的个数最多为99个
16         cout << array << endl;
17     }
18     ifs.close();                      //调用close函数关闭文件
19     return 0;
20 }
```


使用getline函数按行读取文件中的数据，每次读取一行，遇回车符或达到最大字符个数则结束，并将读出数据保存于数组array中。while循环中，判断是否到文件尾，若未达到，则继续循环，读取文件下一行内容；若到文件尾则结束循环。

3. read 函数

read函数主要用于从流中提取整块数据到变量中，常用于提取自定义类型数据及数组。使用read函数提取的数据，一般情况下是通过write函数写入文件中的。read函数形参的类型及用法与write函数完全一致，第一个形参用于保存读出的数据，第二个形参用于指出读取多少个字节。

【例 15-16】读取文件D:\a.txt中的矩形数据

读取例 15-13 程序运行时输出到文件D:\a.txt中的内容，并将矩形面积和周长显示到屏幕上。矩形类的代码与例 15-13 相同，请参考例 15-13 或资源文件ex15_16.cpp，这里只给出主函数。

```
 1  //文件:ex15_16.cpp
 2  #include <iostream>
 3  #include <fstream>
 4  using namespace std;
    ......
32  int main()
33  {
34      Rect  r;
35      ifstream  ifile ("D:\\a.txt");
36      ifile.read( (char *) &r , sizeof(r) );          //将读出的数据保存到矩形对象r中
37      ifile.close();
38      cout << "矩形面积:" << r.getArea() << endl;
39      cout << "矩形周长:" << r.getPerimeter() << endl;
40      ifile.read( (char *) &r , sizeof(r) );  //再读一次
41      cout << "矩形面积:" << r.getArea() << endl;
42      cout << "矩形周长:" << r.getPerimeter() << endl;
43      return 0;
44  }
```

微信扫码

扫一扫，看视频讲解

程序运行结果如下：

```
矩形面积:20000
矩形周长:600
矩形面积:100000
矩形周长:1400
```

分析：本例中使用read函数读取矩形数据到r中，需要将r的地址进行强制类型转换后作为第一个实参传递，第二个实参指定要在文件中读取的字节数，由此例可以看到，read函数的用法与write函数大致相同。

使用read函数除可以读取自定义数据之外，还可以读取数组，具体用法与write函数大致相同，形参的类型也与write函数完全一致。

15.5.4 文件读写位置指针

在文件中读取数据时，通常都是按照数据在文件中的顺序依次读取，不会重复读取同一位置的数据；写数据的操作也是同样的，总是依次向后写入数据。实际上，文件中读或写的位置是由位置指针来决定的。在流对象中，有一个数据成员称为位置指针，专门用于保存在文件中进行读或写的位置。通过对位置指针的操作，适当地调整读或写的位置，可以实现对磁盘文件的随机访问。

与ofstream流对应的是写位置指针，指定下一次写数据的位置。与写位置指针相关的成员函数有seekp及tellp，seekp函数用来移动指针到指定的位置，tellp函数用来返回指针当前的位置。

与ifstream流对应的是读位置指针，指定下一次读数据的位置。与读位置指针相关的成员函数有seekg及tellg，seekg函数用来移动指针到指定的位置，tellg函数用来返回指针当前的位置。

seekp及tellp函数与seekg及tellg函数在使用上大体相同，因此仅以seekg及tellg函数为例说明。

seekg函数通常采用以下几种形式：

```
seekg(n)                    // n>0 表示移动到文件的第n个字节后，n=0 表示移动到文件起始位置
seekg(n, ios::beg)          //从文件起始位置向后移动n个字节，n为大于或等于0的数
seekg(n, ios::end)          //从文件结尾位置向前移动n个字节，n为小于或等于0的数
seekg(n, ios::cur)          //从文件当前位置向前或向后移动n个字节
```

在后三种形式中，n=0 表示在指定位置处，n>0 表示从指定位置向后移动，n<0 表示从指定位置向前移动。注意移动指针时，必须确切知道它所在的位置，否则可能导致读取的数据错位或不正确。在移动指针时，注意不要超过文件范围。

tellg函数的用法如下：

```
streampos n = 流对象.tellg();
```

streampos可看作整型数据，n用于保存tellg的返回值，即指针当前所在位置。

15

【例15-17】读取文件中指定的数据

已知文件a.txt中存有2个Rect对象的数据，现要求读取最后一个对象，输出读出矩形的面积和周长(类Rect的定义见例15-13，此处代码略)。

```
 1  //文件:ex15_17.cpp
 2  #include <iostream>
 3  #include <fstream>
 4  using namespace std;
      ……
32  int main()
33  {
34      Rect  r;
35      ifstream  ifs( "D:\\a.txt" );
36      ifs.seekg( sizeof(Rect), ios_base::beg);        //指针移动到第2条记录起始位置
37      ifs.read( (char *)&r , sizeof(Rect) );
38      cout << "读出的矩形面积:" << r.getArea() << endl;
39      cout << "读出的矩形周长:" << r.getPerimeter() << endl;
40      ifs.close();
41      return 0;
42  }
```

微信扫码

扫一扫,看视频讲解

程序运行结果如下：

```
读出的矩形面积:100000
读出的矩形周长:1400
```

分析：第36行代码将文件位置指针从文件开始位置向后移动一个Rect的大小，也就是移动到第2个矩形记录的位置；第37行代码读出的就是第2个矩形的数据。比较例15-16的运行结果，可验证读出的确实是第2个矩形的信息。

15.5.5 错误处理函数

错误处理函数的主要作用是得到流对象的当前状态，如是否可以进行读写、是否已到文件末尾等，以便在程序中对出现的错误进行正确处理。与流状态对应的4个错误处理函数具体如下：

（1）eof()：如果输入流结束，到文件尾，则返回True。

（2）bad()：如果出现一个严重的、不可恢复的错误，如由于非法操作导致数据丢失、对象状态不可用等，则返回True，通常这种错误不可修复，此时不要对流再进行I/O操作。

（3）fail()：如果某种操作失败，如打开操作不成功、不能读出数据、读出数据的类型不符等，则返回True。

（4）good()：如果以上三种错误均未发生，表示流对象状态正常，则返回True。

这些函数均无形参，因此直接由流对象调用即可，例如：

```
if(!inf.eof())                    // inf为流对象名，if条件表示如果没有读取到文件末尾
```

流对象发生错误后，一般不能继续进行读写操作。要想纠正错误，使程序能够正确适当地运行，必须首先清除错误状态，可以使用流对象的clear函数来清除，例如：

```
inf.clear();                      //清除所有错误状态
```

15.5.6 关闭文件

文件使用完毕后必须将其关闭，才能断开流和对象之间的联系，使用流对象的close函数可以完成关闭文件的操作。文件关闭后，还可以再次与流对象关联、打开进行输入或输出操作。

close函数无形参，调用形式为：

```
流对象.close();
```

15.6 输入/输出文件流 fstream

前面对文件进行的输入/输出操作，是分别由两个流类完成的，输入操作由ifstream类完成，而输出操作由ofstream类完成，在程序中对同一文件输入和输出的过程要分别进行。但在有些情况下，可能需要对同一文件同时进行读和写的操作，这时就要使用fstream类来打开文件，并对文件同时进行读写。

从流类层次图上可以看到，fstream类是iostream类的子类，而iostream类又是多继承自istream和ostream类，因此fstream类也继承了istream和ostream类的成员，能够将输入和输出流的功能集于一身。

使用fstream类定义对象并打开文件的方法与使用ifstream或ofstream类相同，但在打开方式上，使用fstream类没有默认值，因此必须在打开文件的同时指出打开方式。打开方式可以为表15-3中的任意值，也可以是以按位或运算符(|)组合的两个值，如可以按如下方式打开文件：

```
fstream  iofile("myfile.dat", ios_base::in | ios_base::out);
```

表示打开文件myfile.dat，并可以对文件进行读写。

若打开方式为ios_base::in | ios_base::app，也可以对文件进行读取，但在输出数据时，将在原文件的结尾添加数据。

注意：

在使用fstream的对象读写文件时，由于读写可能会交错进行，因此需随时记录指针位置，并配合使用seekg和seekp函数对指针进行定位，调整正确的读写位置，否则位置指针可能会发生混乱，产生不可预料的后果。使用fstream对文件同时进行读写，处理上比较麻烦，容易发生错误，必须谨慎使用。

【例15-18】使用fstream读写文件

首先在D盘根目录创建一个文件d.txt，并使用记事本在文件中输入一行字符"abcdefg123345678"，然后运行本实例程序。

```
1  //文件:ex15_18.cpp
2  #include <iostream>
3  #include <fstream>
4  using namespace std;
5  int main()
6  {
7      fstream  iofile( "D:\\d.txt", ios::in|ios::out);
8      iofile.seekg( 0, ios_base::end );              //定位至文件尾
9      streampos  lof= iofile.tellg();                //获取文件长度
10     char *data;
11     data = new char[lof];                          //动态分配内存用于保存文件内容
12     iofile.seekg( 0, ios::beg );                   //定位至文件头
13     iofile.read( data, lof );                      //将文件内容读到data指向的内存中
14     cout << "原文件内容为:" << endl;
15     for( int i =0; i<lof; i++ )
16         cout << data[i];                           //逐个输出data指向内存中的字符
17     cout << endl;
18     iofile.seekp(0,ios_base::end);
19     iofile.write( data, lof );                     //将读出内容写入文件尾
20     delete []data;
21     iofile.seekg(0, ios_base::end );
22     lof = iofile.tellg();
23     data = new char[lof];
24     iofile.seekg(0, ios::beg );
25     iofile.read(data, lof );
26     cout << "读写操作后文件内容为:" << endl;
27     for(int i =0; i<lof; i++ )
28         cout << data[i];
29     cout << endl;
30     iofile.close();
31     delete []data;
32     return 0;
33 }
```

扫一扫，看视频讲解

程序运行结果如下：

```
原文件内容为:
abcdefg123345678
读写操作后文件内容为:
abcdefg123345678abcdefg123345678
```

分析：主函数中第7行代码以读写方式打开文件D:\d.txt，第8~17行代码将文件中的字符读出并显示到屏幕，得到运行结果的第2行输出；第18~19行代码将读出的字符又追加到源文件的结尾处，这样文件扩大一倍；第20~29行代码重新从文件读取字符并显示到屏幕，得到运行结果的第4行输出。

15.7 小结

C++没有提供专门用于输入/输出的语句，而是提供了一个面向对象的I/O流类库，使用这个流类库可以方便地进行各种输入和输出。

C++中的“流”是一种抽象的形态，是指计算机里的数据从一个对象流向另一个对象。这里数据流入和流出的对象通常是指计算机中的屏幕、内存、文件等一些输入/输出设备。

ios类是所有输入/输出流类的基类，从ios类派生出输入流类istream和输出流类ostream。ifstream类是istream类的派生类，专门用于磁盘文件的输入；ofstream类是ostream类的派生类，专门用于磁盘文件的输出。

iostream类是多继承自istream类和ostream类的，可同时进行数据输入及输出的类。fstream是从iostream类派生的，fstream类集ifstream类和ofstream类的输入和输出功能于一身，用于对磁盘文件进行输入和输出操作。

对输入/输出内容的格式化有两种方法，一种是使用操作符，如setw、setfill等；另一种是使用流的方法，如width、fill等。还可以使用setf方法设置输出的格式状态。

15.8 习题十五

15-1 什么是流？ C++用流实现文件输入/输出的基本步骤有哪些？

15-2 编写程序，以左对齐方式输出整数1、10、100、1000和10000，域宽为15，填充字符为'*'，要求每行输出一个整数字。

15-3 编写程序，测试一个数分别作为十进制、八进制、十六进制整数输入时，每一种输入格式下该数据分别对应的三种不同数制的值，并输出，测试数据为210。

15-4 编写程序，将数据1030.4735分别用科学计数法和定点表示法输出，小数点后分别保留1、2、3位小数。

15-5 使用输出流的格式设置，打印A ~ Z和a ~ z的ASCII码表，要求输出字符及其对应的ASCII码的十六进制值，数值中的字母以大写显示，格式要整齐。

15-6 使用I/O流以文本方式建立文件file.txt，并写入一段字符。读取文件中的字符，输出到屏幕上。

15-7 新建一个文件filecopy.txt，并将文件file.txt的内容全部拷贝到filecopy.txt中。

15-8 在文件中存储一组记录，每条记录的类型为Rect，并可以读取指定的记录。

第 16 章　标准模板库

主要内容

◎ vector
◎ list
◎ map
◎ 迭代器
◎ 算法

标准模板库（STL）是一些容器类模板、迭代器模板、函数对象模板和算法函数模板的集合。STL中的容器分为序列容器和关联容器，序列容器通过元素的位置顺序存储访问，如vector、list、deque等；关联容器是通过键来查找键对应的元素，如set、map等。STL提供了大量的通用算法，如排序、查找等算法，这些算法都依赖于迭代器，而不依赖于具体的容器，因此实现了泛型编程。迭代器的主要职责是从容器获取每一个对象。

本章将介绍两个序列容器vector和list，一个关联容器map。

16.1 vector

vector也称为向量，是数组的另一种类表示，它提供了自动内存管理功能，可以动态改变vector对象的长度，并随着元素的添加和删除而增大和缩小。

16.1.1 创建 vector 对象

创建vector对象有多种方法，例如：

```
vector<int> v1(10);                        //创建10个元素的vector对象，初值是0
vector<int> v2(6, 5);                      //创建6个元素的向量，初值都是5
vector<int> v3(v2);                        //创建与v2一样的向量
vector<int> v4(v2.begin()+2,v2.end()-2);   //使用v2的部分元素初始化v4
```

下面通过例16-1分析这几种创建vector对象的方法的效果。

【例16-1】vector对象的创建

```
 1  //文件:ex16_1.cpp
 2  #include <iostream>
 3  #include <vector>
 4  using namespace std;
 5  int main()
 6  {
 7      vector<int> v1(10);                        //创建10个元素的vector对象，初值是0
 8      vector<int> v2(6, 5);                      //创建6个元素的向量，初值都是5
 9      vector<int> v3(v2);                        //创建与v2一样的向量
10      vector<int> v4(v2.begin()+2,v2.end()-2);   //使用v2的部分元素初始化v4
11      for(int i=0; i<v1.size(); i++)
12          cout << v1[i] << "  ";
13      cout << endl;
14      for(int i=0; i<v2.size(); i++)
15          cout << v2[i] << "  ";
16      cout << endl;
17      for(int i=0; i<v3.size(); i++)
18          cout << v3[i] << "  ";
19      cout << endl;
20      for(int i=0; i<v4.size(); i++)
21          cout << v4[i] << "  ";
22      cout << endl;
23      return 0;
24  }
```

扫一扫，看视频讲解

程序运行结果如下：

```
0  0  0  0  0  0  0  0  0  0
5  5  5  5  5  5
5  5  5  5  5  5
5  5
```

分析：第7行代码创建一个具有10个整型元素的向量v1，每个元素的初值默认设值为0；第8

行代码创建一个具有6个整型元素的向量v2，每个元素的初值默认设置为5；第9行代码创建一个具有与v2相同的向量v3；第10行代码用到两个函数begin和end，函数begin返回指向向量第一个元素的迭代器（稍后介绍有关迭代器的知识），函数end返回指向向量最后一个元素后面的迭代器，本行代码使用向量v2创建向量v4，使用的元素是从索引2开始到倒数第2个元素（注意不包括倒数第2个元素），因此v4一共有2个元素。

可以像数组一样访问向量中的元素，其中函数size返回vector对象元素的个数。

16.1.2 迭代器

模板使算法独立于存储数据类型，迭代器使算法独立于使用容器的类型，迭代器是设计通用算法的前提。每个容器都定义了相应的迭代器，也就是说迭代器是依赖于容器类型的，而算法依赖于迭代器。使用容器类时，不需要知道迭代器是如何实现的，只要知道如何使用迭代器访问容器中的元素就可以了。

不管迭代器具体如何实现，都提供一些必要的操作，如*、++等。每个迭代器都有一个超尾标记，当迭代器超过容器最后一个元素时，将这个超尾标记赋给迭代器。每个容器都有begin和end方法，它们分别返回指向容器第一个元素的迭代器和指向超尾位置的迭代器。通过使用++运算符，让迭代器从指向第一个元素开始，逐步指向超尾位置，可以遍历容器中的每一个元素。

例如，将例16-1中的第11~13行代码改为以下形式，运行结果是一样的。

```
vector<int>::iterator it;                        //将it声明为vector<int>类的迭代器
for(it=v1.begin(); it!=v1.end(); it++)
    cout << *it << "  ";
cout << endl;
```

上面第1行代码将it声明为vector<int>类的迭代器；循环中首先将迭代器指向第一个元素，循环条件是it不等于指向超尾位置的迭代器，it++使迭代器指向下一个元素，*it是it指向元素的值。

如果要遍历list容器中的元素，只需将迭代器声明为list迭代器，其他代码不变，如例16-2中的第14~17行代码。

【例16-2】遍历容器中的每一个元素

```
1  //文件:ex16_2.cpp
2  #include <iostream>
3  #include <vector>
4  #include <list>
5  using namespace std;
6  int main()
7  {
8      vector<int> v(6, 5);
9      list<double> l(5, 8);
10     vector<int>::iterator itv;
11     for(itv=v.begin(); itv!=v.end(); itv++)
12         cout << *itv << "  ";
13     cout << endl;
14     list<double>::iterator itl;
15     for(itl=l.begin(); itl!=l.end(); itl++)
```

```
16          cout << *itl << "  ";
17      cout << endl;
18      return 0;
19  }
```

程序运行结果如下：

```
5  5  5  5  5  5
8  8  8  8  8
```

分析：第8、9行代码分别创建一个具有6个int型元素、初值都是5的向量v，及一个具有5个double型元素、初值都是8的列表l。

第10~13行代码完成对向量v的遍历，第14~17行代码完成对链表l的遍历。除了使用的迭代器不同，其他代码完全一样。

表16-1列出了vector获取迭代器的成员函数。

表16-1　vector获取迭代器的成员函数

成员函数	功　能
begin()	返回指向容器中第一个元素的正向迭代器
end()	返回指向容器最后一个元素之后一个位置的正向迭代器
rbegin()	返回指向最后一个元素的反向迭代器
rend()	返回指向第一个元素之前一个位置的反向迭代器
cbegin()	和begin()功能类似，但其返回的迭代器类型为常量正向迭代器
cend()	和end()功能相同，但其返回的迭代器类型为常量正向迭代器
crbegin()	和rbegin()功能相同，但其返回的迭代器类型为常量反向迭代器
crend()	和rend()功能相同，但其返回的迭代器类型为常量反向迭代器

表16-1所示的常量迭代器，是指使用这个迭代器时，不能修改容器中元素的值。

为了适应不同的需要，STL为每个容器都设计了多个迭代器，如输入迭代器（单向迭代器，只能递增，不能倒退）、输出迭代器（也是单向迭代器）、正向迭代器、双向迭代器（可以递增，也可以倒退）和随机迭代器（可以直接跳到容器中的任何一个元素）。

【例16-3】使用反向迭代器逆序输出向量中的元素

```
1   //文件:ex16_3.cpp
2   #include <iostream>
3   #include <vector>
4   using namespace std;
5   int main()
6   {
7       vector<int> v(5);
8       vector<int>::iterator it;                  //正向迭代器
9       int i=0;
10      for(it=v.begin(); it!=v.end(); it++)       //为5个元素赋值1、2、3、4、5
11      {
12          i++;
```

微信扫码

扫一扫，看视频讲解

16

```
13            *it = i;
14        }
15        vector<int>::reverse_iterator rit;                    //反向迭代器
16        for(rit=v.rbegin(); rit!=v.rend(); rit++)             //反向输出元素的值
17            cout << *rit << "  ";
18        cout << endl;
19        return 0;
20    }
```

程序运行结果如下：

```
5  4  3  2  1
```

分析： 向量v中的5个元素，以及begin()、end()、rbegin()、rend()函数的返回值如图16-1所示。

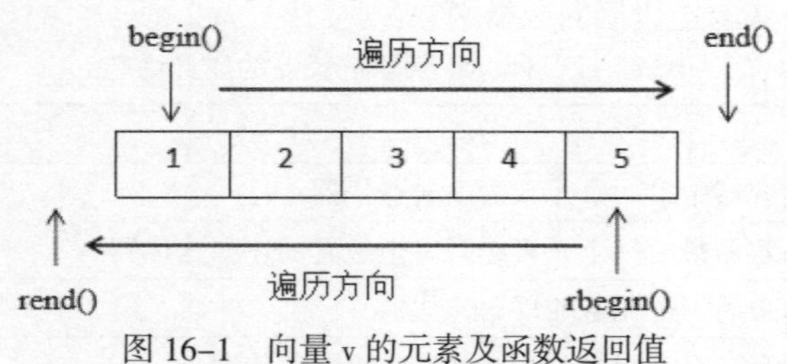

图 16-1　向量 v 的元素及函数返回值

第7~14行代码定义向量，并为向量元素赋值；第15行代码定义反向迭代器，第16~18行代码使用反向迭代器，逆序输出向量元素值。

16.1.3　vector 的常用函数

为方便应用，STL为vector设计了很多成员函数，这里不一一列出。下面通过实例介绍部分函数的使用方法。

【例16-4】在vector中插入元素

```
1   //文件:ex16_4.cpp
2   #include <iostream>
3   #include <vector>
4   #include <iomanip>
5   using namespace std;
6   int main()
7   {
8       vector<int> v1;
9       vector<int> v2;
10      for(int i=1; i<=10; i++)
11      {
12          v1.push_back(i);                                  //把参数放在向量末尾
13          v2.push_back(i*10);
14      }
15      vector<int>::iterator it;
16      for(it=v1.begin(); it!=v1.end(); it++)               //输出v1的所有元素
```

```
17            cout << setw(5) << *it;
18        cout << endl;
19        for(it=v2.begin(); it!=v2.end(); it++)            //输出v2的所有元素
20            cout << setw(5) << *it;
21        cout << endl;
22        v1.insert(v1.begin()+3,20);                       //将20插入索引为3的位置
23        //将v2中 索引为2 ~ 6前面的元素插入v1的索引5处
24        v1.insert(v1.begin()+5,v2.begin()+2,v2.begin()+6);
25        v1.insert(v1.begin()+10,4,100);           //在v1索引为10的位置插入4个值为100的元素
26        for(it=v1.begin(); it!=v1.end(); it++) //输出v1的所有元素
27            cout << setw(5) << *it;
28        cout << endl;
29        return 0;
30    }
```

程序运行结果如下：

```
    1    2    3    4    5    6    7    8    9   10
   10   20   30   40   50   60   70   80   90  100
    1    2    3   20    4   30   40   50   60    5  100  100  100  100    6    7    8    9   10
```

分析：第8~14行代码定义两个向量v1和v2，并使用push_back方法分别向v1和v2中添加10个元素。第15~21行代码通过循环，分别输出v1和v2中的所有元素。

第22行代码在v1的索引3处插入元素20。第24行代码将v2中索引2 ~ 6前面的元素（即索引2、3、4、5）插入v1的索引5处。第25行代码在v1索引10的位置插入4个元素（值都是100）。

第26~28行代码重新输出v1中的所有元素。

【例16-5】删除向量的元素

```
1   //文件:ex16_5.cpp
2   #include <iostream>
3   #include <vector>
4   #include <iomanip>
5   using namespace std;
6   int main()
7   {
8       vector<int> v1;
9       for(int i=1; i<=10; i++)
10          v1.push_back(i);                              //把参数放在向量末尾
11      vector<int>::iterator it;
12      for(it=v1.begin(); it!=v1.end(); it++)            //输出v1中的所有元素
13          cout << setw(4) << *it;
14      cout << endl;
15      v1.erase(v1.begin()+2, v1.begin()+4);             //删除索引2到索引4的前一个元素
16      v1.erase(v1.begin()+6);                           //删除索引6的元素
17      for(it=v1.begin(); it!=v1.end(); it++)            //输出v1中的所有元素
18          cout << setw(4) << *it;
19      cout << endl;
20      v1.pop_back();                                    //删除最后一个元素
21      cout << setw(4) << v1.front() << endl;            //返回第一个元素
22      cout << setw(4) << v1.back() << endl;             //返回最后一个元素
```

16

```
23      return 0;
24  }
```

程序运行结果如下：

```
1   2   3   4   5   6   7   8   9  10
1   2   5   6   7   8  10
1
8
```

分析：第8~14行代码定义向量v1，使用push_back方法向v1中添加10个元素，然后输出v1中的所有元素(也就是程序运行结果的第1行)。

第15行代码删除索引为2 ~ 4之前的元素，也就是索引2和3（值为3、4的两个元素）。第16行删除索引为6的元素(也就是值为9的元素)，第17~19行代码再次输出v1中的所有元素(也就是程序运行结果的第2行)。

第20行代码调用pop_back函数删除最后一个元素(值为10的元素)，第21行代码输出第一个元素的值(调用front函数)，第22行代码输出最后一个元素的值(调用back函数)。

删除向量元素的函数还有clear（删除向量的所有元素）。

【例16-6】交换两个向量的元素

扫一扫，看视频讲解

```
 1  //文件:ex16_6.cpp
 2  #include <iostream>
 3  #include <vector>
 4  #include <iomanip>
 5  using namespace std;
 6  int main()
 7  {
 8      vector<int> v1;
 9      vector<int> v2;
10      for(int i=1; i<=5; i++)
11      {
12          v1.push_back(i);                                    //把参数放在向量末尾
13          v1.push_back(i*5);
14          v2.push_back(i*10);
15      }
16      vector<int>::iterator it;
17      cout << "v1的容量:" << v1.capacity() << " 元素数:" << v1.size() << endl;
18      for(it=v1.begin(); it!=v1.end(); it++)              //输出v1中的所有元素
19          cout << setw(4) << *it;
20      cout << endl;
21      cout << "v2的容量:" << v2.capacity() << " 元素数:" << v2.size() << endl;
22      for(it=v2.begin(); it!=v2.end(); it++)              //输出v2中的所有元素
23          cout << setw(4) << *it;
24      cout << endl;
25      v1.swap(v2);                                        //交换v1和v2的元素
26      cout << "====================交换后===================" << endl;
27      cout << "v1的容量:" << v1.capacity() << " 元素数:" << v1.size() << endl;
28      for(it=v1.begin(); it!=v1.end(); it++)              //输出v1中的所有元素
29          cout << setw(4) << *it;
30      cout << endl;
```

```
31        cout << "v2的容量:" << v2.capacity() << " 元素数:" << v2.size() << endl;
32        for(it=v2.begin(); it!=v2.end(); it++)  //输出v2中的所有元素
33            cout << setw(4) << *it;
34        cout << endl;
35        return 0;
36    }
```

程序运行结果如下：

```
v1的容量:16 元素数:10
   1   5   2  10   3  15   4  20   5  25
v2的容量:8 元素数:5
  10  20  30  40  50
====================交换后====================
v1的容量:8 元素数:5
  10  20  30  40  50
v2的容量:16 元素数:10
   1   5   2  10   3  15   4  20   5  25
```

分析：第8~15行代码定义向量v1和v2，并使用push_back方法分别向v1和v2中添加10个元素和5个元素；第16~20行代码输出v1的容量（使用capacity方法）、元素个数（使用size方法）以及所有元素（也就是程序运行结果的第1行和第2行）；第21~24行代码输出v2的容量、元素个数以及所有元素（也就是程序运行结果的第3行和第4行）；第25行代码调用swap方法交换v1和v2的元素；第27~34行代码再次输出v1和v2的容量、元素个数以及所有元素。从结果可以看出，两个向量的元素已交换。

> **注意：**
>
> vector在中间插入和删除元素的效率较低，而使用push_back和pop_back方法在向量的末尾添加和删除元素，效率还是可以的，因此使用vector时，尽量减少在中间插入或删除元素。

16

16.2 list

list是双向链表容器，与vector相比，list可以快速地插入和删除元素。单向链表的结构如图16–2所示。

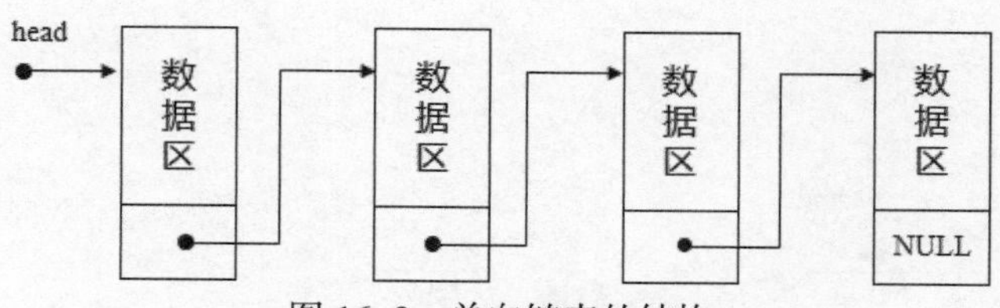

图16–2　单向链表的结构

链表中的每个元素称为节点。每个节点由两部分组成，一部分用于保存数据，另一部分保存下一个节点的地址（next指针）。链表的第一个节点称为头节点，使用一个head指针保存头节点的地址，这样通过head就可以访问链表中的其他节点。链表中最后一个节点称为尾节点，尾节点的

next指针为NULL。

在双向链表中，每个节点有两个指针，除了保存下一个节点的地址，还要保存前一个节点的地址。

16.2.1 创建 list 对象

有多种创建list对象的方法，例如：

```
list<int> ls1;
list<int> ls2(5);
list<int> ls3(5,10);
list<int> ls4(ls3);
```

【例16-7】list对象的创建

```
1  //文件:ex16_7.cpp
2  #include <iostream>
3  #include <list>
4  #include <vector>
5  #include <iomanip>
6  using namespace std;
7  void print(list<int> &ls)                          //输出ls中的所有元素
8  {
9      list<int>::iterator it;
10     for(it=ls.begin(); it!=ls.end(); it++)
11         cout << setw(4) << *it;
12     cout << endl;
13 }
14 int main()
15 {
16     vector<int> v;
17     for(int i=1; i<=10; i++)
18     {
19         v.push_back(i);
20     }
21     list<int> ls1;                                 //创建空的list对象
22     list<int> ls2(5);                              //创建5个元素的list对象，元素值都是0
23     list<int> ls3(5,10);                           //创建5个元素的list对象，元素值都是10
24     list<int> ls4(ls3);                            //创建与ls3相同的list对象
25     list<int> ls5(v.begin()+1,v.begin()+6);        //使用vector对象创建list对象
26     print(ls2);
27     print(ls3);
28     print(ls4);
29     print(ls5);
30     return 0;
31 }
```

扫一扫，看视频讲解

程序运行结果如下：

```
   0   0   0   0   0
  10  10  10  10  10
  10  10  10  10  10
   2   3   4   5   6
```

分析：由于需要多次输出list中的所有元素，第7~13行代码定义了一个print函数，用来输出参数list对象的所有元素。

第21~25行代码以不同的方式创建list对象ls1、ls2、ls3、ls4、ls5，其中第25行是利用vector对象指定范围的元素创建list对象，两个参数分别是起始迭代器和结束迭代器（包括起始迭代器指向的元素，不包括终止迭代器指向的元素）。

第26~29行代码分别调用print函数输出ls2、ls3、ls4、ls5的所有元素。

> 注意：
>
> list迭代器不支持“+”运算符（如不能使用ls1.begin()+5这样的表达式）。

16.2.2 list的常用函数

虽然list与vector的底层结构不同，但STL提供的很多函数是相同的。下面举例说明部分函数的使用方法。

【例16-8】list排序与反转

list的sort方法可以对list元素排序，reverse方法用于反转list元素的顺序。

```
1  //文件:ex16_8.cpp
2  #include <iostream>
3  #include <list>
4  #include <vector>
5  #include <iomanip>
6  using namespace std;
7  void print(list<int> &ls)
8  {
9      list<int>::iterator it;
10     for(it=ls.begin(); it!=ls.end(); it++)
11         cout << setw(4) << *it;
12     cout << endl;
13 }
14 int main()
15 {
16     list<int> ls1;
17     ls1.push_back(4);                    //在链表尾添加元素
18     ls1.push_back(5);
19     ls1.push_back(6);
20     ls1.push_front(10);                  //在链表头添加元素
21     ls1.push_front(11);
22     ls1.push_front(12);
23     print(ls1);
24     ls1.sort();                          //对链表元素排序
25     print(ls1);
26     ls1. reverse();                      //反转链表元素
27     print(ls1);
28     return 0;
29 }
```

程序运行结果如下：

```
12  11  10   4    5    6
 4   5   6  10   11   12
12  11  10   6    5    4
```

分析：第17~19行代码使用push_back方法在链表尾添加元素，第20~22行代码使用push_front方法在链表头添加元素，第23行代码调用print函数输出链表中的所有元素(程序运行结果的第1行)。根据输出结果，理解两个函数的作用。

第24行代码使用sort方法对ls1的元素排序，第25行代码再次调用print函数输出链表中的所有元素(程序运行结果的第2行)。从结果可以看到，元素已经排好了顺序。

第26行代码使用reverse方法反转ls1中元素的顺序，第27行代码调用print函数输出链表中的所有元素(程序运行结果的第3行)。

【例16-9】 list插入、删除元素

可以使用insert方法向链表中插入元素，使用erase方法删除迭代器指定的元素，使用remove方法删除指定元素值的元素。

```
 1  //文件:ex16_9.cpp
 2  #include <iostream>
 3  #include <list>
 4  #include <vector>
 5  #include <iomanip>
 6  using namespace std;
 7  void print(list<int> &ls)
 8  {
 9      list<int>::iterator it;
10      for(it=ls.begin(); it!=ls.end(); it++)
11          cout << setw(4) << *it;
12      cout << endl;
13  }
14  int main()
15  {
16      list<int> ls1;
17      ls1.push_back(4);           //在链表尾添加元素
18      ls1.push_back(5);
19      ls1.push_back(6);
20      list<int>::iterator it = ls1.begin();
21      it++;                       //迭代器指向第2个元素
22      ls1.insert(it, 20);         //将20插入第2个元素的位置，迭代器指向下一个元素
23      print(ls1);
24      ls1.insert(it, 3,100);      //将3个100插入第3个元素开始的位置
25      print(ls1);
26      ls1.insert(it, 21);         //将21插入第6个元素的位置，迭代器指向第7个元素
27      print(ls1);
28      it = ls1.erase(it);         //删除第7个元素，返回当前的迭代器
29      print(ls1);
30      ls1.insert(it, 99);         //将99插入第7个元素的位置
31      print(ls1);
32      ls1.remove(100);            //删除值为100的元素
33      print(ls1);
34      return 0;
35  }
```

微信扫码

扫一扫，看视频讲解

程序运行结果如下：

```
4  20   5   6
4  20 100 100 100   5   6
4  20 100 100 100  21   5   6
4  20 100 100 100  21   6
4  20 100 100 100  21  99   6
4  20  21  99   6
```

分析：第16~19行代码创建链表，并使用push_back方法为链表添加3个元素。第20行代码定义迭代器，并指向第一个元素；第21行代码是迭代器指向下一个元素，也就是第2个元素；第22行代码在迭代器的位置插入元素20。第23行代码调用print函数输出链表的所有元素（程序运行结果的第1行）。

第24行代码在迭代器的位置插入3个值为100的元素。第25行代码调用print函数输出链表的所有元素（程序运行结果的第2行）。

第26行代码在迭代器的位置插入元素21。第27行代码调用print函数输出链表的所有元素（程序运行结果的第3行）。

根据运行结果的第2行和第3行可以发现，使用insert方法插入元素后，迭代器的位置发生了变化。此时的迭代器应该指向第7个元素（也就是值为5的元素）。

第28行代码调用erase方法删除迭代器指向的元素，第29行代码调用print函数输出链表的所有元素（程序运行结果的第4行）。使用erase方法删除后，该迭代器消失。为了能继续使用迭代器，erase方法返回一个指向该位置的迭代器。

第30行代码在迭代器的位置插入元素99。第31行代码调用print函数输出链表的所有元素（程序运行结果的第5行）。

第32行代码调用remove方法删除值为100的所有元素。第33行代码调用print函数输出链表的所有元素（程序运行结果的第6行）。

注意：

（1）使用insert方法插入元素后，迭代器指向插入元素后面的元素。

（2）使用erase方法删除元素，迭代器将消失，如果还要继续使用这个迭代器，必须保存erase方法返回的迭代器。

16.3　map

STL的关联容器有map、multimap、set和multiset，本节以map为例介绍其用法。map容器存储的都是键值对，也就是说map中的一个元素就是一个键值对，一般的应用是通过键查找值。例如，可以将学号作为键，保存学生信息的对象作为值，可以通过学号查询学生的信息。

由于map中的元素不属于普通的类型，而是一个键值对，而C++提供的pair类模板正是处理键值对的。

16.3.1 pair

pair类模板定义在utility头文件中，pair中有两个数据成员first和second，这两个数据成员可以是不同的数据类型。pair的定义如下面的形式：

```
template <class T1, class T2> struct pair
```

1. 创建 pair 对象

可以使用以下方式创建pair对象：

```
pair<int,double> p1;
pair<string,double> p2("zhangsan",90);
pair<string,double> p3(p2);
pair<string,string> p4 = make_pair("中国","北京");
```

make_pair()函数的功能是生成一个pair对象，返回值就是创建的对象。

【例16-10】创建pair对象

使用多种方式创建pair对象，然后输出pair对象中的一对值。

```
1  //文件:ex16_10.cpp
2  #include <iostream>
3  #include <utility>
4  using namespace std;
5  int main()
6  {
7      pair<int,double> p1;                          //创建pair对象，使用默认值0, 0
8      pair<string,double> p2("zhangsan",90);        //使用一对值创建pair对象
9      pair<string,double> p3(p2);                   //创建与p2相同的pair对象
10     pair<string,string> p4 = make_pair("中国","北京");
11     cout << "(" << p1.first << "," << p1.second << ")\n";
12     cout << "(" << p2.first << "," << p2.second << ")\n";
13     cout << "(" << p3.first << "," << p3.second << ")\n";
14     cout << "(" << p4.first << "," << p4.second << ")\n";
15     return 0;
16 }
```

扫一扫，看视频讲解

程序运行结果如下：

```
(0,0)
(zhangsan,90)
(zhangsan,90)
(中国,北京)
```

分析：第7行代码定义pair对象p1，没有提供实参，将它的一对值都设置为默认的0；第8行代码定义pair对象p2，提供两个参数，将它的一对值设置为"zhangsan"和90；第9行代码定义pair对象p3，将p2作为参数，创建和p2一样的pair对象；第10行代码定义pair对象p4，使用make_pair函数创建pair对象。第11~14行代码直接访问first和second，分别输出各个pair对象的一对值。

在例16-10中用到了字符串类string，string是为了方便字符串的操作而设计的类。下面通过例16-11介绍string的基本用法。

【例16-11】string的基本操作

```
1  //文件:ex16_11.cpp
2  #include <iostream>
3  using namespace std;
4  int main()
5  {
6      string s1;                                    //空字符串对象
7      string s2("Hello, string!");                  //用"Hello, string!"初始化字符串对象s2
8      string s3(s2,2);                              //用s2从索引2开始到最后的子串初始化s3
9      string s4(s2,2,6);                            //用s2从索引2开始的6个字符初始化s4
10     string s5(10,'A');                            //用10个字符A初始化s5
11     cout << "s1: " << s1 << endl;
12     cout << "s2: " << s2 << endl;
13     cout << "s3: " << s3 << endl;
14     cout << "s4: " << s4 << endl;
15     cout << "s5: " << s5 << endl;
16     cout << "s2>s4: " << (s2>s4) << endl;         // string重载了关系运算符
17     s1 = s2 + s5;                                 //用重载运算符"+"连接两个字符串
18     cout << "s1: " << s1 << endl;
19     s2.insert(6,"you are a");                     //插入字符串
20     cout << "s2: " << s2 << endl;
21     s2.replace(6,7,"i am");                       //替换子串
22     cout << "s2: " << s2 << endl;
23     s2.erase(6,6);                                //删除子串
24     cout << "s2: " << s2 << endl;
25     return 0;
26 }
```

程序运行结果如下：

```
s1:
s2: Hello, string!
s3: llo, string!
s4: llo, s
s5: AAAAAAAAAA
s2>s4: 0
s1: Hello, string!AAAAAAAAAA
s2: Hello,you are a string!
s2: Hello,i am a string!
s2: Hello, string!
```

分析：第6~10行代码分别用不同的方式创建string对象，第11~15行代码分别输出这些string对象，根据代码中的注释和输出结果的前5行，很容易理解。

第16行代码使用重载的关系运算符比较s2与s4的大小，因为s2不大于s4，因此输出0。string重载了关系运算符==、!=、<、<=、>和>=。

第17行代码使用重载的运算符"+"，将s2与s5连接起来赋给s1。还可以使用append方法在字符串尾部添加子串。

第19行代码调用insert方法在字符串中插入子串，第一个参数是插入的起始位置，第二个参数是要插入的字符串。

第21行代码调用replace方法替换字符串中的部分子串，第一个参数是要替换的起始位置，第二个参数是要替换几个字符，第三个参数是要替换的字符串。

第23行代码调用erase方法删除字符串中的部分子串，第一个参数是要删除的起始位置，第二个参数表示要删除几个字符。

2. pair 的基本操作

pair重载了关系运算符<、<=、>、>=、==和!=，实现两个pair对象的大小关系运算，其运算规则是先比较两个pair对象中first的大小，如果first相等，则继续比较second的大小。

【例16-12】pair的基本操作

```
 1  //文件:ex16_12.cpp
 2  #include <iostream>
 3  #include <utility>
 4  using namespace std;
 5  int main()
 6  {
 7      pair<string,double> p1("zhangsan",90);
 8      pair<string,double> p2("lisi",90);
 9      pair<string,double> p3("lisi",95);
10      pair<string,double> p4("lisi",95);
11      cout.setf(ios_base::boolalpha);
12      cout << (p1>p2) << endl;
13      cout << (p2<p3) << endl;
14      cout << (p2==p3) << endl;
15      cout << (p4==p3) << endl;
16      return 0;
17  }
```

程序运行结果如下：

```
true
true
false
true
```

分析：两个pair对象首先比较两个pair的first，如果分不出大小，再比较second。对于字符串大小的比较，是从第一个字符开始逐一比较，直到分出大小，或者最终两个字符串相等为止。

16.3.2 map 的基本操作

map的操作包括创建map对象，为map对象插入元素、删除元素、查找元素等。

【例16-13】创建map对象并添加元素

```
1  //文件:ex16_13.cpp
2  #include <iostream>
3  #include <utility>
4  #include <map>
5  using namespace std;
6  int main()
```

```
 7  {
 8      map<string, string> map1;
 9      map1["中国"] = "北京";
10      map1["日本"] = "大阪";
11      map1["日本"] = "东京";                    //插入重复的键，将覆盖原来的“大阪”
12      map1["朝鲜"] = "平壤";
13      map1["韩国"] = "首尔";
14      map1.insert(pair<string,string> ("泰国","曼谷") );
15      map1.insert(pair<string,string> ("韩国","曼谷") );        //不起作用
16      map<string,string>::iterator it = map1.begin();
17      while(it!=map1.end())
18      {
19          cout << (*it).first<< " " << (*it).second << endl;
20          //cout << it->first<< " " << it->second << endl;
21          it++;
22      }
23      return 0;
24  }
```

程序运行结果如下：

```
朝鲜 平壤
韩国 首尔
日本 东京
泰国 曼谷
中国 北京
```

分析：可以使用下标的方式或insert方法插入新的元素，insert方法的参数是一个pair对象。使用下标法插入元素时，如果键与map中的键重复，则会覆盖原来键对应的值；使用insert方法插入元素时，如果键与map中的键重复，则忽略本次插入操作。

遍历map的方法与前面介绍的遍历vector的方法一样，只需要使用map的迭代器即可。由于map迭代器指向的是一个pair对象，因此可以使用两种方法访问map元素的first和second，如第19、20行代码所示。

从输出结果还可以看到，保存在map中的元素已经按键进行了排序。

【例16-14】在map中查找指定的键及删除元素

```
 1  //文件:ex16_14.cpp
 2  #include <iostream>
 3  #include <utility>
 4  #include <map>
 5  using namespace std;
 6  int main()
 7  {
 8      map<string, string> map1;
 9      map1["中国"] = "北京";
10      map1["日本"] = "东京";
11      map1["朝鲜"] = "平壤";
12      map1["韩国"] = "首尔";
13      map<string, string>::iterator it = map1.begin();
14      while(it!=map1.end())
15      {
```

微信扫码

扫一扫，看视频讲解

```
16          cout << it->first<< " " << it->second << endl;
17          it++;
18      }
19      it = map1.find("韩国");
20      if(it!=map1.end())
21      {
22          cout << it->first<< "的首都是:" << it->second << endl;
23          map1.erase(it);
24      }
25      else
26          cout << "未找到! " << endl;
27      map1.erase("日本");
28      it = map1.begin();
29      while(it!=map1.end())
30      {
31          cout << it->first<< " " << it->second << endl;
32          it++;
33      }
34      return 0;
35  }
```

程序运行结果如下：

```
朝鲜 平壤
韩国 首尔
日本 东京
中国 北京
韩国的首都是:首尔
朝鲜 平壤
中国 北京
```

分析：第19行代码调用find方法查找键为“韩国”的元素，如果找到返回这个元素的迭代器，否则返回值与end方法的返回值相同。第20行代码判断迭代器是否与end方法的返回值相同，如果不相同则找到该元素，然后显示该元素并将其删除。第27行代码将键为“日本”的元素删除。erase方法的参数可以是键，也可以是迭代器。删除两个元素后，map中只有键为“中国”和“朝鲜”的两个元素了。

16.3.3 map的应用

【例16–15】统计一个字符串中各字符出现的次数

在前面的实例中，用过如下语句在map中插入一个元素：

```
map<char, int> map1;
map1[ 'A' ] = 1;
map1[ 'B' ] = 2;
```

上面的代码创建一个map对象map1，并向map1中插入两个元素（A，1）和（B，2）。可以使用如下语句改变指定键的值：

```
map1[ 'A' ] = map1[ 'A' ] + 10;                    // 1+10 = 11
```

将键为A的元素的值改为11。因为map1['A']就是一个整型数据，可以使用针对整型数据的任何运算符，如map1['A']++，表示将键为A的元素的值增加1。如果map中原来没有键为A的元素，则插入这个元素，并将值初始化为0，然后增加1。利用这个特点可以使用以下程序方便地统计各字符出现的次数。

```
1  //文件:ex16_15.cpp
2  #include <iostream>
3  #include <utility>
4  #include <map>
5  using namespace std;
6  int main()
7  {
8      map<char, int> map1;
9      string str("Hello, You are a string. a long string!");
10     for(int i=0; str[i]!='\0'; i++)
11     {
12         map1[str[i]]++;
13     }
14     map<char,int>::iterator it;
15     for(it=map1.begin(); it!=map1.end(); it++)
16         cout << it->first<< " ";
17     cout << endl;
18     for(it=map1.begin(); it!=map1.end(); it++)
19         cout << it->second << " ";
20     cout << endl;
21     return 0;
22 }
```

程序运行结果如下：

```
  ! , . H Y a e g i l n o r s t u
7 1 1 1 1 1 3 2 3 2 3 3 3 3 2 2 1
```

分析：第10~13行代码对字符串str从头到尾循环，在循环中，如果当前字符已经在map中，则将以该字符为键的元素的值加1；如果当前字符不在map的键中，则插入以这个字符为键的元素，并将对应的值设置为1。

第15~17行代码输出map元素的first，也就是键；第18~20行代码输出map元素的second，也就是值。

从运行结果可以看出，map中一共插入了17个元素，其中空格出现得最多，出现了7次。

16.4　算法

STL除了为每种容器提供各种操作的方法外，还提供了一些通用的方法，这些方法依赖于迭代器，而不依赖具体的容器，也就是说这些通用的算法针对迭代器提供的数据进行操作，而与具体容器的数据交换由迭代器完成。

STL将算法分成4组，非修改序列操作、修改序列操作、排序和相关操作、通用数字运算。前三组在头文件algorithm中描述，第四组在头文件numeric中描述。

非修改序列操作只能读取容器中的内容，而不修改容器中的内容，如查找指定的元素find函数；修改序列操作可以修改容器中的值，也可以修改容器中元素的顺序，如实现复制功能的copy函数；排序和相关操作包含多个排序函数，如sort函数；通用数字运算包括元素的累加、相邻元素的差额等。

16.4.1 排序算法

排序算法是对容器内的元素进行不同方式的排序，STL提供了很多排序算法。下面的例16-16中介绍sort函数的用法。

【例16-16】使用sort函数排序

```
1  //文件:ex16_16.cpp
2  #include <iostream>
3  #include <vector>
4  #include <iomanip>
5  #include <algorithm>
6  using namespace std;
7  void print(vector<int> &v)
8  {
9      vector<int>::iterator it;
10     for(it=v.begin(); it!=v.end(); it++)
11     cout << setw(4) << *it;
12     cout << endl;
13 }
14 int main()
15 {
16     vector<int> vect;
17     vect.push_back(15);
18     vect.push_back(12);
19     vect.push_back(23);
20     vect.push_back(46);
21     vect.push_back(37);
22     vect.push_back(26);
23     vect.push_back(54);
24     vect.push_back(18);
25     print(vect);
26     sort(vect.begin()+1, vect.begin() + 5);    //对第2 ~ 5个元素进行排序，默认为升序
27     print(vect);
28     sort(vect.begin(), vect.end());            //对所有元素排序
29     print(vect);
30     sort(vect.begin(), vect.end(), greater<int>());        //降序
31     print(vect);
32     sort(vect.begin(), vect.end(), less<int>());           //升序
33     print(vect);
34     return 0;
35 }
```

微信扫码

扫一扫，看视频讲解

程序运行结果如下：

```
15  12  23  46  37  26  54  18
15  12  23  37  46  26  54  18
12  15  18  23  26  37  46  54
54  46  37  26  23  18  15  12
12  15  18  23  26  37  46  54
```

分析：第25行代码按原始顺序输出向量中的元素（运行结果的第1行）。

第26行代码调用sort函数将向量中的第2~5个元素排序（默认为升序排序），其他元素保持不变，sort函数的两个参数是用迭代器指定的排序的范围，第一个参数是排序的起始位置，第二个参数是排序结束元素的下一个位置。第27行代码输出排序后向量中的元素（运行结果的第2行）。

第28行代码对向量中的所有元素排序，第29行代码再次输出排序后向量中的元素（运行结果的第3行）。

第30行代码对sort函数的调用多了一个参数greater<int>()，这个参数指定排序使用的比较器，使用greater比较器，排序为降序。第31行代码输出排序后向量中的元素（运行结果的第4行）。

第32行代码使用less比较器调用sort函数对向量进行排序，与默认情况一样，是升序排序。第33行代码输出排序后向量中的元素（运行结果的第5行）。

16.4.2 复制算法

STL提供了多个复制函数，以完成不同的复制任务，如copy、copy_if、copy_backward等函数。下面的例16-17介绍copy函数的用法。

16

【例16-17】使用copy函数复制

```
 1  //文件:ex16_17.cpp
 2  #include <iostream>
 3  #include <vector>
 4  #include <list>
 5  #include <iomanip>
 6  #include <algorithm>
 7  using namespace std;
 8  void print(string msg, vector<int> &v)
 9  {
10      vector<int>::iterator it;
11      cout << msg;
12      for(it=v.begin(); it!=v.end(); it++)
13          cout << setw(4) << *it;
14      cout << endl;
15  }
16  void print(string msg, list<int> &li)
17  {
18      list<int>::iterator it;
19      cout << msg;
20      for(it=li.begin(); it!=li.end(); it++)
21          cout << setw(4) << *it;
22      cout << endl;
23  }
```

```
24  int main() {
25      int arr1[]= {0, 1, 2, 3, 4, 5, 6, 7, 8, 9, 10,11};
26      vector<int> vect1(arr1, arr1 + 8);                //使用数组初始化vector
27      vector<int> vect2(arr1+6, arr1 + 12);             //使用数组初始化vector
28      list<int> li(arr1+2, arr1 + 10);                  //使用数组初始化list
29      print("vect1:", vect1);
30      print("vect2:", vect2);
31      print("li:   ", li);
32      copy (arr1, arr1 + 3, vect2.begin());             //复制数组部分元素到vect2
33      print("vect2:", vect2);
34      copy (li.begin(), li.end(), vect1.begin()+3);     //复制list元素到vect1
35      print("vect1:", vect1);
36      vector<int>::iterator it = vect1.begin();
37      copy (it, it+5, li.begin());                      //复制vect 1部分元素到list
38      print("li:   ", li);
39      return 0;
40  }
```

程序运行结果如下：

```
vect1:  0   1   2   3   4   5   6   7
vect2:  6   7   8   9   10  11
li:     2   3   4   5   6   7   8   9
vect2:  0   1   2   9   10  11
vect1:  0   1   2   2   3   4   5   6
li:     0   1   2   2   3   7   8   9
```

分析：第8~23行代码定义了两个函数，分别输出vector和list的所有元素。主函数第25~31行代码分别用数组中的部分元素初始化向量vect1、vect2和链表li，然后输出三个容器中的所有元素（运行结果的前3行）。

第32行代码将数组arr1的前三个元素复制到vect2的开始处，第33行再输出vect2，看到vect2的前三个元素被修改（运行结果的第4行）。

第34行代码将链表li的所有元素复制到vect1的第4个元素位置，第35行再输出vect1，看到vect1后面的元素被修改（运行结果的第5行）。从运行结果可以看出，将li中所有的元素复制到vect1第4个元素开始的位置，仍有部分元素没有复制过来，copy函数不会增加复制后vect1的大小。

第36~37行代码将链表vect1的前5个元素复制到li的开始处，第38行再输出li，看到li的前5个元素被修改（运行结果的第6行）。

16.5 小结

STL容器分为序列容器和关联容器，序列容器通过元素的位置顺序存储访问，关联容器是通过键来查找键对应的元素。

每种容器都设计了自己的迭代器，迭代器为使用容器提供了相同的接口，这样通过迭代器访问容器中的元素就不依赖于容器的具体类型，为泛型编程提供了条件。

STL为解决各种问题，设计了大量的算法函数，这些算法函数通过迭代器访问容器中的数据，并不关心容器内部的具体实现，对不同的容器可以使用相同的调用方法调用这些算法函数，为程序设计提供了极大的方便。

本章只是介绍了部分容器和少量的算法函数。有关完整的STL介绍请查阅STL的相关文献。

16.6 习题十六

16–1　编程输入若干成绩，对成绩升序排序后，输出成绩表以及平均成绩，要求使用vector保存成绩。

16–2　编程输入数字0~6，输出对应的星期几，如输入0，输出“星期日”；如输入1，输出“星期一”等。要求使用map存储数字与中文字符串数据。

第 17 章　扫雷游戏的设计与实现

主要内容

◎ 创建对话框程序
◎ 介绍CDC的有关操作
◎ 处理鼠标消息
◎ 扫雷游戏的设计
◎ 扫雷游戏的实现

在前面章节的程序中，都是在输出窗口中输出的文本信息。本章以扫雷游戏为例介绍使用Visual Studio 2019开发图形界面的程序。本章程序涉及部分MFC（微软基础类库）的内容，在学习时，请将重点放在程序的开发步骤以及程序中的逻辑关系上，不用过于关注MFC中个别函数的使用。

17.1　扫雷程序的功能

本章介绍的扫雷游戏与Windows自带的扫雷游戏基本相同，只是功能缩减一些。扫雷游戏界面如图17–1所示。

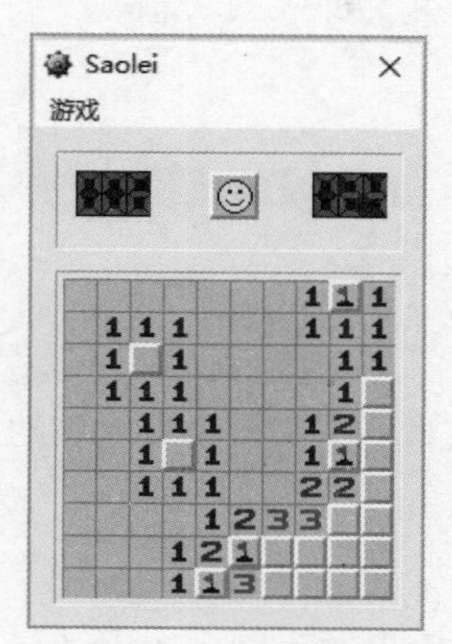

图17–1　扫雷游戏界面

17.1.1　主要功能

1. 选择游戏难度

通过菜单选择游戏难度，游戏的难度级别为初级、中级、高级和自定义4种。初级难度为10×10的雷区，布雷10个；中级难度为16×16的雷区，布雷40个；高级难度为16×30的雷区，布雷99个；选择自定义菜单，出现图17–2所示的“自定义雷区”对话框，在对话框中可以输入雷区的行列数、雷数。

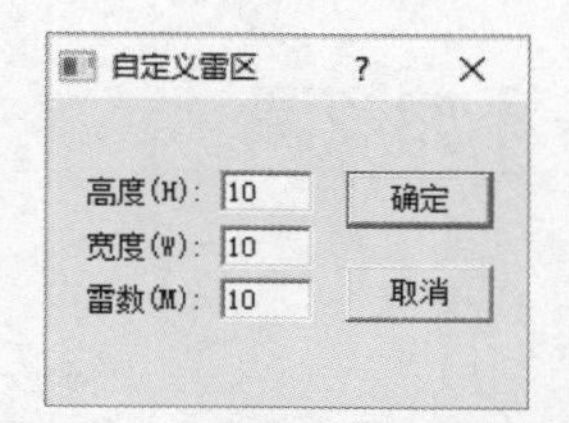

图17–2　“自定义雷区”对话框

2. 随机布雷

游戏开始前，将雷随机分布在雷区中，以保证每次游戏时雷的位置不相同。

3. 翻开雷区的小方块

单击翻开小方块，如果不是雷，翻开后，显示该小方块周围的雷数；如果是雷，则游戏失败，显示雷爆炸的图标。翻开所有不是雷的小方块，则扫雷成功。

4. 标记小方块的类型

在游戏过程中，如果能确定某个小方块是雷，可以在该小方块上右击，在该小方块上标记小红旗，如果怀疑某个小方块是雷，可在标记为小红旗的方块上再右击一次，该小方块标记为问号，在标记问号的小方块上再右击一次，则恢复为原来的状态。

5. 记录游戏用时和剩余雷数

游戏开始后启动计时功能，在雷区的右上角显示已经使用的时间。将剩余的雷数显示在雷区的左上角，剩余的雷数是指总雷数减标记出的雷数。

6. 游戏中的声音效果

开始游戏后，每秒一次的读秒声音，扫雷成功或失败都有对应的声音。

17.1.2 类的设计

整个扫雷程序主要有两个类，一个是描述小方块的类CBlock，另一个是扫雷界面对话框类CSaoleiDlg。在VC中，类名前习惯加大写字母C，在扫雷程序中也遵循这一习惯。

1. CBlock 类

CBlock类描述雷区中的小方块的属性及方法，主要有小方块的大小、在雷区中的坐标、小方块的类型和状态。主要有在雷区显示小方块的方法draw，翻开小方块的方法open。

2. CSaoleiDlg 类

扫雷游戏的大部分功能都在CSaoleiDlg类中实现，包括界面的显示、扫雷数据的初始化、游戏过程的控制、响应鼠标消息、处理菜单消息等。

17.2 创建对话框程序并添加资源

17.2.1 安装支持 MFC 的内容

本章的程序需要使用MFC，如果在安装Visual Studio 2019时没有安装这部分，应该增加这部分的安装。安装方法如下：在Windows的“开始”菜单选择Visual Studio Installer，打开Visual Studio Installer对话框，单击“修改”按钮，在左侧的窗口选中“使用C++的桌面开发”（与第1章安装时的选择是一样的），如图17-3所示。

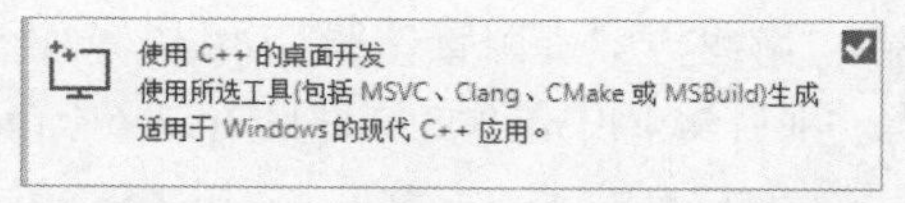

图 17-3　选中“使用 C++ 的桌面开发”

如果右侧窗口的“适用于最新v142生成工具的C++ MFC…”一项已经被勾选，说明以前已经安装过，可以退出安装程序；如果没有勾选，则还没有安装此项，将其选中，如图17-4所示。单击对话框右下角的“修改”按钮，安装程序自动下载安装。

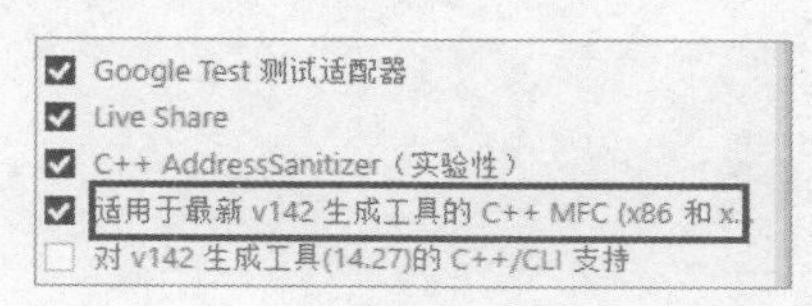

图 17-4　选中要增加安装的内容

安装成功后，重新启动Visual Studio 2019，就可以使用MFC部分的功能了。

17.2.2　创建基于对话框的程序

启动Visual Studio 2019（后面也称为VS2019）后，在启动界面单击“创建新项目”按钮，或者进入Visual Studio 2019主界面后选择“文件”→“新建”→“项目”菜单项，出现“创建新项目”对话框。

在“创建新项目”对话框中，选中“MFC用于”，单击“下一步”按钮，出现“配置新项目”对话框。

在“配置新项目”对话框中，输入项目的名字Saolei，再选择项目存放的位置，单击“创建”按钮，出现“应用程序类型选择”对话框。

在“应用程序类型选择”对话框中，选择应用程序类型为“基于对话框”，其他选择默认值。单击“完成”按钮，Saolei项目创建完毕。

这时在Visual Studio 2019的“解决方案资源管理器”窗口底部有三个标签，分别是“解决方案资源管理器”“团队资源管理器”“资源视图”，如图17-5所示。

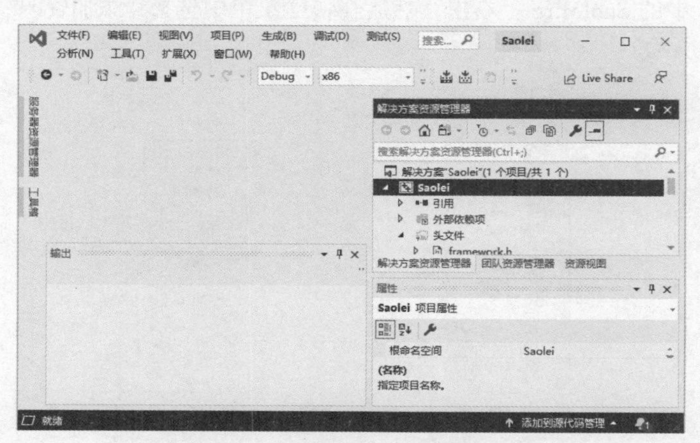

图 17-5　创建项目后 VS2019 界面

在后面的程序中，主要用到“解决方案资源管理器”和“资源视图”，前者管理项目中的各种文件，后者管理项目中的各种资源。项目Saolei中包含的文件见图17–6（a），包含的资源见图17–6（b）。

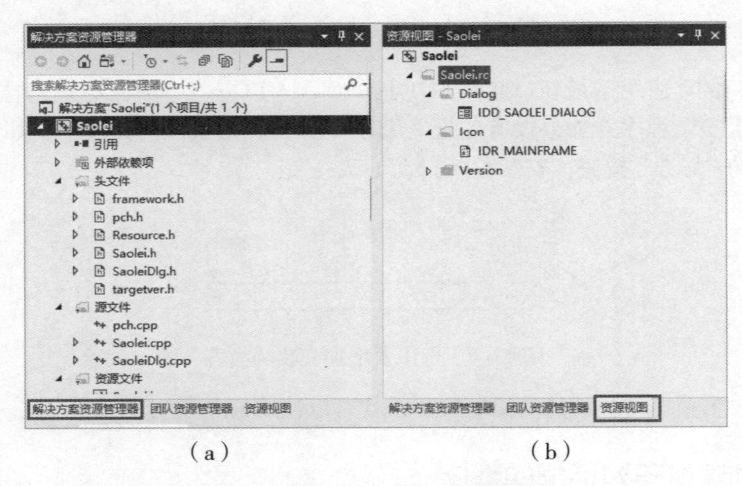

（a）　　　　　　　　　　（b）

图 17–6　项目 Saolei 包含的文件与资源

双击“解决方案资源管理器”中的文件名，可以打开该文件进行编辑；双击“资源视图”中的某个资源的ID，也可以打开该资源进行编辑。

由于Visual Studio C++对程序的主函数进行了封装，在项目中已找不到主函数main。

17.2.3　编辑资源

1. 添加菜单资源

在图17–6的“资源视图”中列出了项目中的所有资源，资源按类型分类排列，在该项目中有对话框、图标、版本信息等资源，其中对话框中的IDD_SAOLEI_DIALOG就是对话框资源的ID，双击这个ID就可以打开对话框资源进行编辑；ID为IDR_MAINFRAME的图标就是对话框左上角显示的图标。

在“资源视图”中的 Saolei.rc 上右击，然后在快捷菜单中选择“添加资源”，出现“添加资源”对话框，如图 17–7 所示。

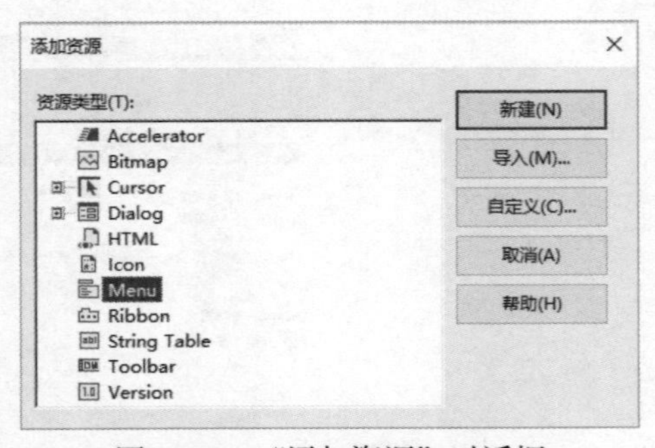

图 17–7　“添加资源”对话框

在对话框中选择Menu，单击“新建”按钮，出现一个资源分类Menu，并在Menu下方出现一个ID为IDR_MENU1的菜单资源，同时在左侧窗口显示出对应的菜单，如图17–8所示。

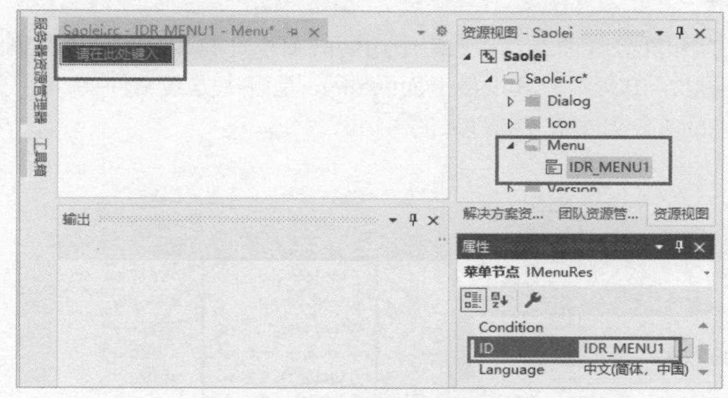

图 17–8　创建的菜单资源

选中“资源视图”中Menu下方的IDR_MENU1，右下方的属性窗口显示菜单的属性，在属性窗口中将ID改为IDR_MENU。在图17–8的左上角显示的就是菜单资源，在“请在此处键入”处输入菜单的标题“游戏”。这时在“游戏”菜单的下方又出现“请在此处键入”，输入“初级”，在属性窗口将其ID改为ID_BASIC。

按同样的步骤将程序中需要的菜单项全部添加到“游戏”菜单中，最终的菜单项一共有如下几项：

```
ID_BASIC                                初级
ID_INTERMEDIATE                         中级
ID_ENHANCED                             高级
ID_CUSTOMIZE                            自定义
ID_EXIT                                 退出
```


最终完成的菜单如图17–9所示。

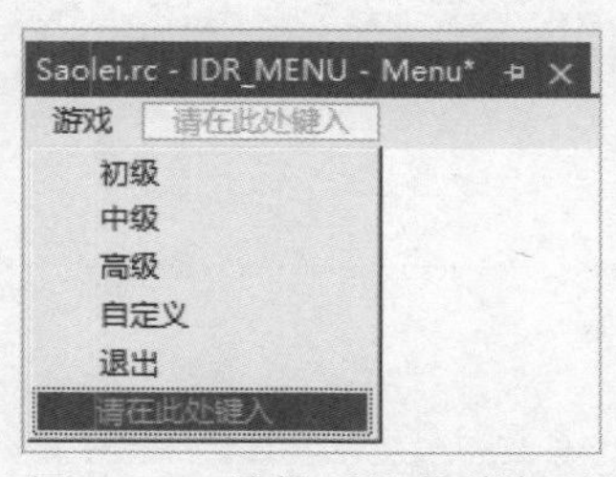

图 17–9　编辑后的菜单资源

2. 编辑对话框资源

在“资源视图”中，双击对话框资源IDD_SAOLEI_DIALOG，打开对话框。将对话框中的两个按钮和一个标签删除(选中控件，按Delete键即可删除)。在“属性”窗口找到Menu项，选择前面编辑的ID号为IDR_MENU的菜单。此时，重新编译、运行后菜单就出现在对话框中。然后再找到Caption项设置对话框的标题，将其设置为Saolei。

3. 添加位图资源

（1）复制资源。打开资源管理器，将扫雷中用到的图片资源和音频文件复制到项目文件夹下的子文件夹res中，如图17-10所示。其中最上面的Saolei是解决方案文件夹，第二个Saolei是项目文件夹。右侧被框起来的7个文件是复制过来的。

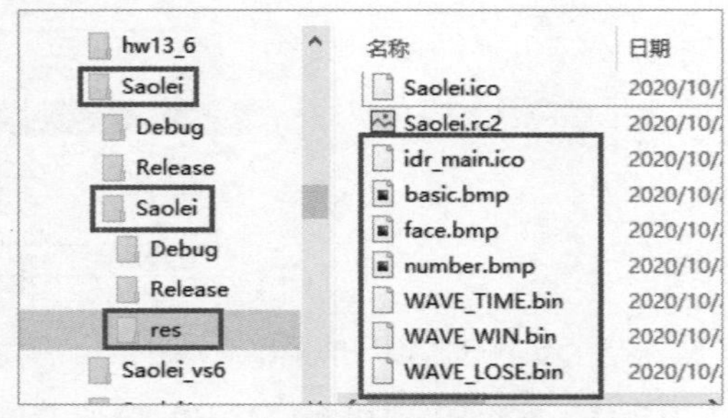

图 17-10　复制图片资源到 res 文件夹

（2）导入图标资源。复制完资源后，回到“资源视图”中，在Icon上右击，在快捷菜单中选择“添加资源”，打开“添加资源”对话框，选择资源类型为Icon，单击“导入”按钮，打开“导入”对话框，选中刚才复制的图标资源idr_main.ico，单击“打开”按钮，在Icon下面多了一个图标资源IDI_ICON1。然后将图标Icon中的资源IDR_MAINFRAME删除（选中后，按Delete键），将IDI_ICON1改为IDR_MAINFRAME（选中DI_ICON1，在属性窗口修改ID值）。这时再编译、运行程序，发现对话框左上角的图标已经被替换为雷形图标。

（3）导入位图资源。在“资源视图”中的Saolei.rc上右击，然后在快捷菜单中选择“添加资源”，出现“添加资源”对话框。在对话框中选择Bitmap，单击“导入”按钮，选择前面复制的三个位图文件basic.bmp、face.bmp和number.bmp，单击“打开”按钮，将三个位图资源导入项目中。然后将包含雷形、问号等图标的位图ID改为IDB_BASIC，将包含红色数字图标的位图ID改为IDB_NUMBER，将包含表情图标的位图ID改为IDB_FACE。

17.3　设计 CBlock 类

17.3.1　添加 CBlock 类

选择“项目”菜单的“添加类”菜单项，出现“添加类”对话框，在“类名”下输入CBlock，在“.h文件”下输入Block.h，在“.cpp文件”下输入Block.cpp，如图17-11所示。单击“确定”按钮，为项目添加CBlock类。

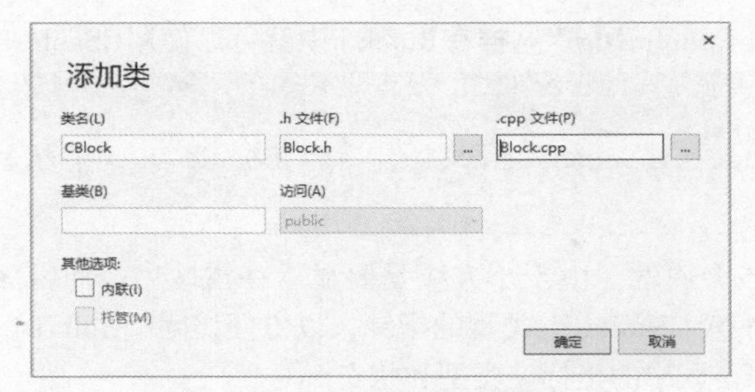

图 17-11　“添加类”对话框

17.3.2　为 CBlock 类添加属性和方法

在“解决方案资源管理器”中双击文件名Block.h，在左侧编辑窗口打开头文件Block.h，在类中添加属性和方法。添加后的代码如下：

```
 1  #pragma once
 2  const int blockWidth = 16;                              // 小方块的宽度
 3  const int blockHeight = 16;                             // 小方块的高度
 4  //枚举BlockType为小方块的类型，也就是小方块周围的雷数；BlockState是方块的状态
 5  enum BlockType {zero,one,two,three,four,five,six,seven,eight,ismine = 10};
 6  enum BlockState { original,opened,mineflag,questionflag,explod,mistakeflag};
 7  class CSaoleiDlg;                                       //要用到CSaoleiDlg，加入声明
 8  class CBlock
 9  {
10  private:
11      CSaoleiDlg* pSaoleiDlg;                             //指定小方块是在哪个对话框中
12      int row;                                            //在雷区的行号
13      int col;                                            //在雷区的列号
14      BlockType type;                                     //小方块的类型，取值在枚举BlockType中
15      BlockState state;                                   //小方块的状态，取值在枚举BlockState中
16  public:
17      CBlock(CSaoleiDlg* pSaoleiDlg, int row, int col);
18      ~CBlock();
19      BlockType getType() { return type; }
20      void setType(BlockType type) { this->type = type; }
21      BlockState getState() { return state; }
22      void setState(BlockState state) { this->state = state; }
23      boolean open();                                     //翻开小方块
24      void draw();                                        //显示小方块
25  };
```

分析：第1行代码是创建类时自动添加的，这是一个编译预处理指令，出现在文件的第1行，作用是保证本文件被编译一次。

第2~3行代码定义两个常量，表示小方块的宽度和高度。第5~6行代码定义两个枚举，BlockType是小方块的类型（代表周围的雷数，或者是雷）；BlockState是小方块的状态，如原始状态、翻开状态、标记为小旗、标记为问号、爆炸和标记错误（把不是雷的小方块，标记为雷）状态等。

第7行代码声明了类CSaoleiDlg，这样在Block.h中就可以使用CSaoleiDlg类了。

注意:

这里不能使用include包含SaoleiDlg.h文件，因为在SaoleiDlg.h中包含了Block.h，程序中的文件不能相互包含。

CBlock类中定义了5个属性，由于小方块是要显示在雷区中，而雷区是在CSaoleiDlg中处理的，因此CBlock类包含一个CSaoleiDlg类型的指针，以方便访问CSaoleiDlg类中的公有方法。其他4个属性分别是小方块在雷区中的坐标、类型和状态。

除了构造方法和析构方法，还定义了显示小方块的方法draw、翻开小方块的方法open，以及小方块类型和状态的get和set方法。由于get和set方法非常简单，定义直接写在了类中。

注意:

在填写代码时，一定按要求在指定位置填写，不要改动自动生成的代码。

17.3.3 定义 CBlock 类的方法

在“解决方案资源管理器”中双击文件名Block.cpp，在左侧编辑窗口打开文件Block.cpp，添加CBlock类的方法定义。代码如下：

```
1  #include "pch.h"
2  #include "Block.h"
3  #include "SaoleiDlg.h"
4  CBlock::CBlock(CSaoleiDlg* pSaoleiDlg, int row, int col)
5  {
6      this->pSaoleiDlg = pSaoleiDlg;
7      this->row = row;
8      this->col = col;
9      this->type = zero;                          //将周围雷数都初始化为0
10     this->state = original;                     //刚创建的小方块都是原始状态
11 }
12 CBlock::~CBlock()
13 {
14 }
15 //翻开小方块，成功返回true，失败返回false
16 boolean CBlock::open()
17 {
18     if (type != ismine) {                       //如果不是雷
19         state = opened;                         //就翻开小方块，将状态设置为opened
20         draw();                                 //重新显示
21         return true;
22     }
23     else {                                      //如果是雷
24         state = explod;                         //将状态设置为爆炸状态explod
25         draw();                                 //重新显示
26         return false;
27     }
28 }
```

```
29 //显示小方块，根据小方块的类型和状态显示不同的图标
30 void CBlock::draw()
31 {
32     int x = pSaoleiDlg->getMineLeft() + col * blockWidth;     //获取方块的左上角坐标
33     int y = pSaoleiDlg->getMineTop() + row * blockHeight;
34     int index;
35     CDC* pBackDC = pSaoleiDlg->getMemBackDC();
36     CDC* pMemDC = pSaoleiDlg->getMemDC();
37     CClientDC* pClientDC = pSaoleiDlg->getClientDC();
38     pMemDC->SelectObject(pSaoleiDlg->getBmpBasic());
39     switch (state) {
40     case original:
41         index = 15;
42         break;
43     case opened:
44         index = type;
45         break;
46     case mineflag:
47         index = 14;
48         break;
49     case questionflag:
50         index = 13;
51         break;
52     case explod:
53         index = 12;
54         break;
55     case mistakeflag:
56         index = 11;
57         break;
58     }
59     pBackDC->BitBlt(x, y, 16, 16, pMemDC, 0, (15 - index) * 16, SRCCOPY);
60     pClientDC->BitBlt(x, y, 16, 16, pMemDC, 0, (15 - index) * 16, SRCCOPY);
61 }
```

分析：第4 ~ 11行代码定义构造方法，三个属性使用参数值初始化，后两个属性根据实际问题初始化为指定的值，在布雷之前每个小方块的类型都是zero，在游戏之前每个方块的状态都是original。

第16 ~ 28行代码是翻开小方块的方法open，当用户单击小方块时，调用此方法。如果小方块不是雷，就翻开它，返回true；如果是雷，则游戏失败，返回false。

第30 ~ 61行代码是显示小方块的方法draw。这个方法中用到了用于输出文本或图形的设备环境类CDC和CClientDC，下面简单介绍这两个类的使用。这里不一定能够完全理解，先将代码输入，后面再慢慢理解。

可以将CDC简单地理解为一个绘画室，有画纸、画笔和画刷等，可以使用画笔和画刷等工具在画纸上作画。

在对话框类CSaoleiDlg中定义了如下两个对象和一个指针：

```
CDC m_memDC;
CDC m_memBackDC;
CClientDC *clientDC;
```

这两个对象或指针的作用是:clientDC的输出就是输出到显示器上，而m_memDC和m_memBackDC是将输出数据保存到内存。

在程序中，在对话框中显示的各种元素都要在内存保存一份，以便在对话框需要重新显示时，可以立即显示出来，因此显示小方块时，既要使用clientDC输出到对话框，也要使用m_memBackDC在内存中保存一份。

第32~33行代码计算小方块的左上角像素坐标，在CSaoleiDlg类中定义了雷区的左上角坐标，可以通过pSaoleiDlg->getMineLeft()和pSaoleiDlg->getMineTop()获得。

第35~37行代码分别获取对话框类的m_memBackDC、m_memDC的指针和clientDC。第38行代码将ID为IDB_BASIC的位图选入m_memDC，相当于m_memDC里面的画纸就是ID为IDB_BASIC的位图，如图17-12（a）所示。

变量index是小方块图标在IDB_BASIC中的位置索引(从下到上的顺序)。小方块的类型正好与图标的索引一致。例如，类型为2的小方块，其图标的索引也是2，小红旗图标的索引是14，原始小方块图标的索引是15。当某个小方块的状态改变时，要调用draw方法将图17-12（a）中的某个图标复制到图17-12（b）中的某个小方块处。

如果是原始状态，将index赋值为15；如果是打开状态，index就是type；如果标记为小旗，index是14；如果是问号标记，则index是13；如果是爆炸状态，index是12；如果是标记错误，index是11。

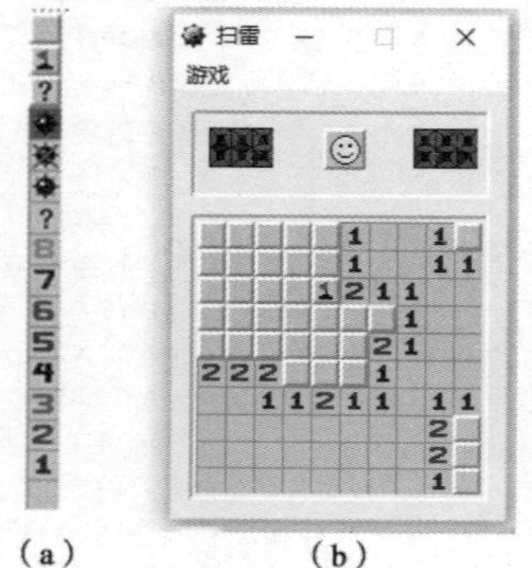

（a）　　（b）

图 17-12　位图与雷区的图标

最后使用BitBlt方法将pMemDC中的指定图标复制到pBackDC和pClientDC中。分析以下语句：

```
pBackDC->BitBlt(x, y,16,16, pMemDC,0,(15-index)*16,SRCCOPY);
```

该语句将pMemDC中的部分图像复制到pBackDC中。BitBlt方法有8个参数，前两个参数指定要复制到pBackDC的什么位置，由x和y指定；第3、4个参数指定复制部分的尺寸(位图中每个图标的大小是16像素×16像素，雷区小方块的大小也是16像素×16像素)；第5个参数指定从pMemDC中复制；第6、7个参数指定从pMemDC的什么位置复制，列坐标是0，行坐标是(15-index)*16，由于图标的索引是从下向上的，而计算机的坐标是从上到下的，所以用了15-index。例如，小红旗的索引index是14，则15-index等于1，第7个参数就是16，坐标(0,16)正好是小红旗图标的左上角坐标。最后一个参数指定复制操作的方式，SRCCOPY表示直接复制。

17.4　完成扫雷对话框的初始化

CSaoleiDlg类是应用向导自动创建的，为了完成扫雷功能，还需要加入更多的属性和方法。本节只涉及游戏的初始化部分，不涉及游戏过程的处理，游戏过程的处理在下一节中介绍。本节程序完成后，就可以显示游戏界面了。

17.4.1 为CSaoleiDlg添加属性和方法

在“解决方案资源管理器”中双击SaoleiDlg.h，打开头文件SaoleiDlg.h，首先添加Block.h的文件包含，并定义4个常量，这段代码放在“#pragma once”的后面。

```
#pragma once
#include "Block.h"
const int menuHeight = 45;                    //菜单与标题栏的高度
const int messageHeight = 50;                 //显示剩余雷数和游戏用时区域的高度
const int frameWidth = 10;                    //界面边框的宽度
const int mineBorder = 4;                     //雷区与边框的间隙
```

在CSaoleiDlg类中添加属性和方法，注意不要改动应用向导自动生成的代码。添加的属性和方法如下：

```
 1  class CSaoleiDlg : public CDialogEx
 2  {
 3  private:
 4      //在选择游戏级别后，以下属性要重新赋值
 5      int m_nRows;                         //雷区的行数
 6      int m_nCols;                         //雷区的列数
 7      int m_nMines;                        //雷数
 8      int m_nLevel;                        //0:初级，1:中级，2:高级，3:自定义
 9      int m_nWinWid;                       //窗口宽度，通过计算得到
10      int m_nWinHigh;                      //窗口高度，通过计算得到
11      int m_nMinesLeft;                    //雷区左上角像素坐标，通过计算得到
12      int m_nMinesTop;                     //雷区左上角像素坐标，通过计算得到
13      //在重新开始时，以下属性要重新赋值
14      int m_nMineRemained;                 //还未找到的雷数，以下三个是扫雷过程参数
15      int m_nFinished;                     //已经翻开的格数
16      int m_nTimeUsed;                     //已用时间
17      CBlock* blocks[50][50];              //小方块指针数组，方块最多50*50
18      //以下属性与图形的显示有关
19      CBitmap m_bmpBasic;                  //包含基本图标的位图
20      CBitmap m_bmpFace;                   //包含表情图标的位图
21      CBitmap m_bmpNumber;                 //包含数字图标的位图
22      CDC m_memDC;                         //用于保存BASIC、NUMBER或FACE位图，用于复制到其他DC中
23      CDC m_memBackDC;                     //显示的图像在内存保留一份，以备界面失效时重新刷新
24      CClientDC* clientDC;                 //用于在界面显示
25      bool m_bGameStart;                   //以下是两个状态属性，false:未开始，true:开始
26      bool m_bGameStoped;                  // false:未结束，true:结束(成功或失败均结束)
27  // 构造
28  public:
29      CSaoleiDlg(CWnd* pParent = nullptr);                   // 标准构造函数
30      CBitmap * getBmpBasic() { return &m_bmpBasic; }
31      CDC * getMemDC() { return &m_memDC; }
32      CDC * getMemBackDC() { return &m_memBackDC; }
33      CClientDC * getClientDC() { return clientDC; }
34      int getMineLeft() { return m_nMinesLeft; }
35      int getMineTop() { return m_nMinesTop; }
36      void initData1(int mines, int rows, int cols, int level); //初始化基本参数
```

```
37      void initData2();                          //初始化游戏过程属性
38      void init3();                              //与设置对话框大小、显示有关的操作
39      void DrawMineField();                      //画出雷区
40      void DrawMessage();                        //画出剩余雷数、用时区
41      void DrawFace(int Type);                   //显示表情图标
42      void DrawMineRemained(); /                 /显示剩余雷数
43      void DrawTimeUsed();                       //显示用时
44      //这里省略若干行代码
45  }
```

分析：第5~26行代码是添加的属性，其中，第5~12行代码定义的属性是扫雷游戏的基本参数，如雷区的行数、列数、雷数等；第14~17行代码定义的属性是扫雷过程变化数据，如游戏用时、剩余的雷数等；第19~24行代码定义的是与图形绘制相关的属性；第25~26行代码定义两个状态属性。

第27~29行代码是应用向导自动生成的。第30~43行代码是为CSaoleiDlg类添加的方法，其中第30~35行代码的方法比较简单，直接给出了定义，这几个方法主要是在CBlock中使用，以获取CSaoleiDlg中的私有属性；第36~38行代码是三个初始化数据的方法；第39~43行代码是与界面绘制相关的方法。

17.4.2 定义 CSaoleiDlg 的方法

首先在SaoleiDlg.cpp文件中加入CSaoleiDlg类尚未实现方法的定义，然后在适当的位置调用这些方法。

1. 添加函数定义

打开SaoleiDlg.cpp文件，为了管理方便，可以将方法的定义放在文件的最后，不与应用向导自动生成的代码混在一起。定位到文件末尾，添加以下方法定义。

方法initData1初始化基本参数，如雷区的行数、列数、雷数等，代码如下：

```
1  void CSaoleiDlg::initData1(int mines, int rows, int cols,int level)
2  {
3      m_nMines = mines;
4      m_nRows = rows;
5      m_nCols = cols;
6      m_nLevel = level;
7      m_nMinesTop = 2*frameWidth + messageHeight + mineBorder;
8      m_nMinesLeft = frameWidth + mineBorder;
9      m_nWinHigh=menuHeight+messageHeight+m_nRows*blockHeight
                          +3*frameWidth+2*mineBorder+14;
10     m_nWinWid= m_nCols* blockWidth+2* frameWidth +2* mineBorder+14;
11 }
```

分析：第3~6行代码用参数初始化类中的属性，第7~10行代码计算雷区的左上角坐标和对话框的大小。雷区左上角坐标，也就是第一个小方块的左上角坐标，界面各部分的尺寸如图17-13所示，从图中不难看出其计算公式。

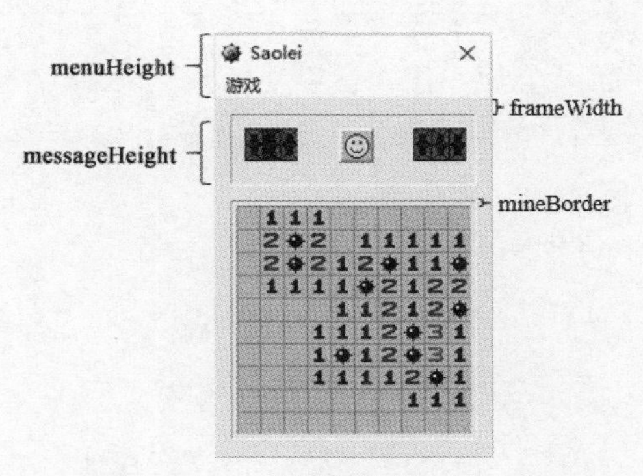

图 17-13　对话框各部分的大小

对于对话框大小的计算公式，从图17-13中比较容易看出，最后多加了14个像素，是对话框的阴影部分(右侧和下方)占用的。

注意:

本章给出的代码行号，并不是程序中代码的实际行号，这里的行号只是为了讲解方便而添加的。

使用方法initData2初始化扫雷过程中变化的一些参数，并完成布雷工作。下面给出initData2方法的代码。

```
 1 //重新开始需要改变的属性，如m_nTimeUsed，创建方块，布雷
 2 void CSaoleiDlg::initData2()
 3 {
 4     int i,j,k,l;
 5     for(i=0; i<m_nRows; i++)                          //创建所有的block
 6         for(int j=0; j<m_nCols; j++)
 7             blocks[i][j] = new CBlock(this, i, j);
 8     m_nFinished =0;
 9     m_nTimeUsed =0;
10     m_nMineRemained = m_nMines;
11     m_bGameStart =false;
12     m_bGameStoped = false;
13     srand(time(NULL));                                //利用时间产生随机数种子
14     int number = 0;                                   //已布雷数
15     while(number < m_nMines)                          //布雷
16     {
17         i=rand()%m_nRows;                             //获取随机行坐标
18         j=rand()%m_nCols;                             //获取随机列坐标
19         if(blocks[i][j]->getType() != ismine)         //如果该位置不是雷
20         {
21             blocks[i][j]->setType(ismine);            //将该小方块设置为雷
22             number++;                                 //已布雷数加1
23         }
24     }
25     //求每个单元周围的雷数
26     for(i=0; i<m_nRows; i++)
```

```
27      {
28          for(j=0; j<m_nCols; j++)
29          {
30              if(blocks[i][j]->getType() != ismine)              //不是雷的单元格才计算
31              {
32                  number = 0;
33                  for(k=i-1; k<=i+1; k++)                         //在相邻的方块循环
34                  {
35                      if( (k>=0) && (k<m_nRows) )                  //判断是否越界
36                      {
37                          for(l=j-1; l<=j+1; l++)
38                          {
39                              if((l>=0)&&(l<m_nCols))              //判断是否越界
40                              {
41                                  if(blocks[k][l]->getType() == ismine)        //是雷
42                                      number++;
43                              }
44                          }
45                      }
46                  }
47                  blocks[i][j]->setType((BlockType)(number));
48              }
49          }
50      }
51  }
```

分析：第5~12行代码初始化属性，并创建所有的小方块。第13~24行代码完成布雷任务，其中第13行利用系统时间产生随机数种子，以便后面随机数的产生。循环中随机产生行号和列号，如果该小方块目前不是雷，则将它的类型设置为雷，已布雷数加1，当布雷的数量达到雷区设置的雷数时，循环结束。

第26~50行代码计算每个小方块周围的雷数，如果该小方块本身就是雷，则不需计算，在周围搜索雷时，注意不要超出雷区的边界，每找到一个雷，将number加1，周边都搜索之后，将number设置为小方块的类型type。

调用方法init3设置界面的大小，并显示界面。代码如下：

```
1  void CSaoleiDlg::init3()
2  {
3      this->SetWindowPos(0, 0, 0, m_nWinWid, m_nWinHigh, SWP_NOMOVE | SWP_NOZORDER);
4      Invalidate(false);
5      CDC* pDC = GetDC();
6      CBitmap m_bmpMem;
7      m_bmpMem.CreateCompatibleBitmap(pDC, m_nWinWid, m_nWinHigh);
8      m_memBackDC.SelectObject(&m_bmpMem);
9      m_memBackDC.SetBkColor(GetSysColor(COLOR_3DFACE));
10     CBrush brush;
11     brush.CreateSolidBrush(GetSysColor(COLOR_3DFACE));
12     m_memBackDC.SelectObject(&brush);
13     m_memBackDC.PatBlt(0, 0, m_nWinWid, m_nWinHigh, PATCOPY);
14     DrawMessage();
15     DrawMineField();
16 }
```

分析：第3行代码调用SetWindowPos方法指定对话框的位置和大小；第4行代码调用Invalidate方法，使窗口无效，重画。

第5~13行代码的功能是使m_memBackDC中的图形与显示的对话框相同，设置其背景颜色与对话框的表面颜色相同，并用对话框的表面颜色填充m_memBackDC中的整个图像。这段代码稍微复杂一些，可以暂时不用深究。

第14、15行代码显示信息区和雷区。对话框的标题和菜单是系统负责显示的，而信息区和雷区都是由程序员自己管理的。

DrawMineField方法是将雷区显示出来，包括一个三维矩形，以及雷区中的所有小方块。代码如下：

```
1  void CSaoleiDlg::DrawMineField()
2  {
3      int i,j;
4      int left = frameWidth;
5      int top = 2*frameWidth+messageHeight;
6      int width = 2*mineBorder+m_nCols*blockWidth;
7      int height = 2*mineBorder +m_nRows*blockHeight;
8      clientDC->Draw3dRect(left,top,width,height,
                            RGB(160,160,160),RGB(255,255,255));
9      m_memBackDC.Draw3dRect(left,top,width,height,
                            RGB(160,160,160),RGB(255,255,255));
10     for(i=0; i<m_nRows; i++)
11     {
12         for(j=0; j<m_nCols; j++)
13             blocks[i][j]->draw();          //调用CBlock类的draw方法显示小方块
14     }
15 }
```

分析：第4~7行代码计算矩形的左上角坐标、宽和高，参考图17-13，对照程序代码，理解计算公式。第8行代码在clientDC中画出三维矩形，也就是显示在屏幕上；同时，第9行代码在内存m_memBackDC中也画出通用的矩形。在以后的程序中，在对话框中显示图形时，在m_memBackDC中也同样画一份，保持二者是一模一样的。画三维矩形时除了提供矩形的参数，还要提供两个颜色参数。

第10~14行将所有小方块显示出来。

调用DrawMessage方法显示信息区，包括三维矩形、剩余雷数、重新开始按钮和游戏用时。调用DrawMessage方法只画矩形，其他三个信息通过调用另外三个方法实现，代码如下：

```
1  void CSaoleiDlg::DrawMessage()
2  {
3      int width = 2*mineBorder+m_nCols*blockWidth;     //信息区的宽度与雷区的宽度一致
4      clientDC->Draw3dRect(frameWidth, frameWidth, width,messageHeight,
                       RGB(160,160,160),RGB(255,255,255));
5      m_memBackDC.Draw3dRect(frameWidth, frameWidth, width,messageHeight,
                       RGB(160,160,160),RGB(255,255,255));
6      DrawFace(4);                                     //索引为4的图标是☺
7      DrawMineRemained();
8      DrawTimeUsed();
9  }
```

17

DrawFace方法将位图IDB_FACE的某个图标（由参数指定序号）显示到信息区的中间，位图IDB_FACE共有5个表情图标（序号从0到4），大小是24像素×24像素。代码如下：

```
1  void CSaoleiDlg::DrawFace(int type)
2  {
3      m_memDC.SelectObject(&m_bmpFace);
4      m_memBackDC.BitBlt(m_nWinWid/2-12,frameWidth+10,24,24,
                                    &m_memDC,0,type*24,SRCCOPY);
5      clientDC->BitBlt(m_nWinWid/2-12, frameWidth+10,24,24,
                                    &m_memDC,0,type*24,SRCCOPY);
6  }
```

分析：第3行代码将表情位图选入m_memDC，第4、5行代码分别将序号为type的图标复制到m_memBackDC和clientDC中。

DrawMineRemained方法将未标记的雷数显示在信息区的左侧，如果标记的雷数太多，超过了布雷的雷数，剩余雷数将为负值，因此要处理负数的情况。代码如下：

```
1  void CSaoleiDlg::DrawMineRemained()
2  {
3      m_memDC.SelectObject(&m_bmpNumber);
4      int n1,n2,n3;
5      if(m_nMineRemained >=0)           //如果标记的雷数太多，剩余雷数可能是负值
6      {
7          n1 = m_nMineRemained/100;
8          n2 = m_nMineRemained/10 - 10*n1;
9          n3 = m_nMineRemained%10;
10     }
11     else if(m_nMineRemained >-100)   //超过-99则不再处理
12     {
13         n1 = 11;
14         n2 = -m_nMineRemained/10;
15         n3 = -m_nMineRemained%10;
16     }
17     else
18         return;
19     m_memBackDC.BitBlt(frameWidth+10,frameWidth+10,12,23,
                              &m_memDC,0,(11-n1)*23,SRCCOPY);
20     m_memBackDC.BitBlt(frameWidth+10+12,frameWidth+10,12,23,
                              &m_memDC,0,(11-n2)*23,SRCCOPY);
21     m_memBackDC.BitBlt(frameWidth+10+24,frameWidth+10,12,23,
                              &m_memDC,0,(11-n3)*23,SRCCOPY);
22     clientDC->BitBlt(frameWidth+10,    frameWidth+10,12,23,
                              &m_memDC,0,(11-n1)*23,SRCCOPY);
23     clientDC->BitBlt(frameWidth+10+12,frameWidth+10,12,23,
                              &m_memDC,0,(11-n2)*23,SRCCOPY);
24     clientDC->BitBlt(frameWidth+10+24,frameWidth+10,12,23,
                              &m_memDC,0,(11-n3)*23,SRCCOPY);
25 }
```

分析：剩余雷数用3位数表示，变量n1、n2、n3分别是雷数百位数、十位数和个位数。这些数字用位图IDB_NUMBER中的数字图标表示，IDB_NUMBER中的数字图标大小是12像素×23像素，按从上到下的顺序编号（可以在ResourceView中双击资源的ID打开位图来观察位图）。其中符

号“-”的序号是0，空白的序号是1，“9”的序号是2，……，“1”的序号是10，“0”的序号是11。

DrawTimeUsed方法显示扫雷已用时间，与DrawMineRemained方法类似，这里不需要处理负数。

```
1  void CSaoleiDlg::DrawTimeUsed()
2  {
3       m_memDC.SelectObject(&m_bmpNumber);
4       int n1,n2,n3;
5       n1 = m_nTimeUsed/100;
6       n2 = m_nTimeUsed/10 - 10*n1;
7       n3 = m_nTimeUsed%10;
8       m_memBackDC.BitBlt(m_nWinWid-frameWidth-60, frameWidth+10,12,23,
                                            &m_memDC,0,(11-n1)*23,SRCCOPY);
9       m_memBackDC.BitBlt(m_nWinWid-frameWidth-48, frameWidth+10,12,23,
                                            &m_memDC,0,(11-n2)*23,SRCCOPY);
10      m_memBackDC.BitBlt(m_nWinWid-frameWidth-36, frameWidth+10,12,23,
                                            &m_memDC,0,(11-n3)*23,SRCCOPY);
11      clientDC->BitBlt(m_nWinWid-frameWidth-60, frameWidth+10,12,23,
                                            &m_memDC,0,(11-n1)*23,SRCCOPY);
12      clientDC->BitBlt(m_nWinWid-frameWidth-48, frameWidth+10,12,23,
                                            &m_memDC,0,(11-n2)*23,SRCCOPY);
13      clientDC->BitBlt(m_nWinWid-frameWidth-36, frameWidth+10,12,23,
                                            &m_memDC,0,(11-n3)*23,SRCCOPY);
14 }
```

2. 在 OnInitDialog 方法中添加代码

应用向导已为对话框类CSaoleiDlg添加了OnInitDialog方法，该方法在对话框创建之后被自动调用，可以利用这个方法初始化部分属性。

在“解决方案资源管理器”中双击SaoleiDlg.cpp，打开该文件，找到OnInitDialog方法的“// TODO: Add extra initialization here”代码行，在其下方添加如下代码：

```
// TODO: Add extra initialization here
m_bmpBasic.LoadBitmap(IDB_BASIC);
m_bmpFace.LoadBitmap(IDB_FACE);
m_bmpNumber.LoadBitmap(IDB_NUMBER);
CDC *pDC = GetDC();
m_memDC.CreateCompatibleDC(pDC);
m_memBackDC.CreateCompatibleDC(pDC);
clientDC=new CClientDC(this);
initData1(10,10,10,0);
initData2();
return TRUE;  // return TRUE  unless you set the focus to a control
```

前三行代码分别加载位图资源IDB_BASIC、IDB_FACE和IDB_NUMBER，然后创建m_memDC、m_memBackDC和clientDC，最后调用方法initData1和initData2，初始化扫雷参数。

3. 在 OnPaint 方法中添加代码

OnPaint也是应用向导自动添加的方法，每当窗口失效（如被其他窗口挡住，再重新显示），需要重新显示时就会自动调用这个方法。

定位到OnPaint方法，修改后的代码如下：

```
 1 void CSaoleiDlg::OnPaint()
 2 {
 3     static int f=0;
 4     if(IsIconic())
 5     {
 6         ……//这里是自动生成的代码
 7     }
 8     else
 9     {
10         if(f==0)
11         {
12             init3();
13             f=1;
14         }
15         else
16         {
17             clientDC->BitBlt(0,0,m_nWinWid, m_nWinHigh, &m_memBackDC,0,0,SRCCOPY);
18         }
19         CDialog::OnPaint();
20     }
21 }
```

分析：如果是第一次显示，需要设置对话框的外观参数，并将整个对话框显示出来；如果不是第一次调用，只要将m_memBackDC中的图像直接复制到clientDC中即可，调用init3方法即可完成此任务。

定义的静态变量f，用于判断是不是第一次调用OnPaint方法。

以上操作完成后，扫雷的数据初始化和界面已经完成，再编译、运行程序。运行结果如图17–14（a）所示。

为了验证前面的布雷结果是否正确，可以在CBlock类的构造函数中，将最后一行的“this->state = original;”改为“this->state = opened;”，重新编译、运行。运行结果如图17–14（b）所示。

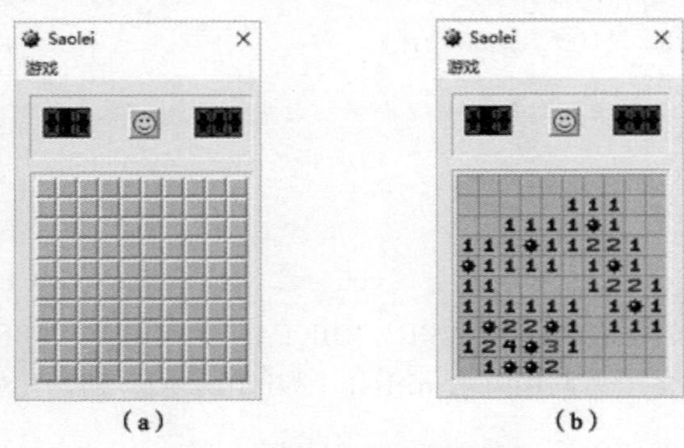

（a）　　（b）

图17–14　程序运行结果

在图17–14（b）中检查雷数以及每个小方块周围的雷数是否正确，如果不正确，表明参数初始化及布雷存在问题，检查相应的代码，直到正确为止；最后将CBlock类构造函数的最后一行改回 “this->state = original;” 。

17.5 实现扫雷功能

扫雷过程是使用鼠标操作的，因此要添加鼠标消息响应函数。规定：在雷区按下鼠标左键，再松开时表示要翻开鼠标所在的小方块；鼠标右键按下未翻开的小方块表示对小方块进行标记(雷、问号等)。因此要添加鼠标消息的响应函数，消息响应函数是通过类向导添加的，当发生某个事件时，就会发送相应的消息，然后自动调用消息响应函数。

17.5.1 添加松开鼠标的消息响应函数

选择“项目”菜单中的“类向导”菜单项，打开“类向导”对话框，如图17-15所示。

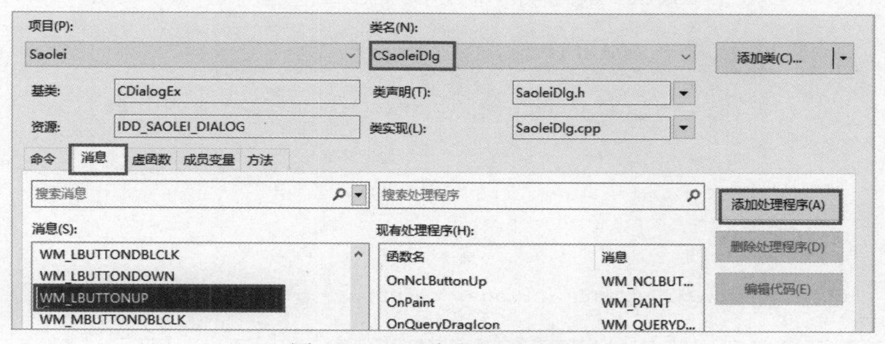

图 17-15　“类向导”对话框

在类名下拉框中选择CSaoleiDlg，再选择“消息”标签，在消息列表中选择WM_LBUTTONUP，单击“添加处理程序”按钮，完成松开鼠标左键的消息响应函数OnLButtonUp的添加；然后单击“编辑代码”按钮，定位到OnLButtonUp函数，添加以下代码：

```
1   void CSaoleiDlg::OnLButtonUp(UINT nFlags, CPoint point)
2   {
3       // TODO: Add your message handler code here and/or call default
4       int i,j;
5       //鼠标位于重新开始的表情图标上
6       if( (point.x>m_nWinWid/2-12) && (point.x<m_nWinWid/2-12+24)
7           &&(point.y>frameWidth+10) && (point.y<frameWidth+10+24))
8       {
9          initData2();
10         DrawMineField();
11         DrawMessage();
12      }
13      if(  (point.x > m_nMinesLeft)   && (point.x < m_nMinesLeft+16*m_nCols)
14           &&(point.y > m_nMinesTop ) && (point.y < m_nMinesTop+16*m_nRows)
```

```
15         && (!m_bGameStoped))                                  //在雷区，且扫雷还没结束
16     {
17         if(!m_bGameStart)
18         {
19             m_bGameStart =true;
20         }
21         i = (point.y - m_nMinesTop) / 16;
22         j = (point.x - m_nMinesLeft) / 16;
23         if(blocks[i][j]->getState() == original)
24         {
25             if(blocks[i][j]->getType()== ismine)       //失败，结束
26             {
27                 Lose(i,j);
28             }
29             else
30             {
31                 blocks[i][j]->setState(opened);
32                 blocks[i][j]->draw();
33                 m_nFinished++;
34                 if(blocks[i][j]->getType()==zero)     //如果周围无雷，翻开周围的格
35                 {
36                     Search(i,j);
37                 }
38                 if(m_nFinished == m_nRows * m_nCols - m_nMines)
39                 {
40                     Win();
41                 }
42             }
43         }
44     }
45     CDialogEx::OnLButtonUp(nFlags, point);
46 }
```

分析： 当松开鼠标左键时，系统发送WM_LBUTTONUP消息，扫雷程序收到这个消息会自动调用消息响应函数OnLButtonUp。

第6~12行代码的if条件是松开鼠标左键时，鼠标是否位于重新开始的表情图标上，如果是，只需要调用initData2方法重新初始化属性，然后调用DrawMineField和DrawMessage方法重新显示雷区和信息区。

第13~15行代码的if条件是松开鼠标左键时，鼠标是否位于雷区，如果在雷区，则进行下面的处理。

第17~20行代码的作用是，如果扫雷还未开始，则开始游戏，将m_bGameStart设置为true。

第21、22行代码计算鼠标所在位置的小方块的行列坐标。

第23行代码的if条件是该小方块是否是原始状态，如果是则要翻开该小方块。第25行代码的if条件进行判断，如果该小方块是雷，则扫雷失败，调用Lose方法处理（Lose方法稍后给出代码）。如果不是雷，进入第31~41行代码，设置小方块的状态为opened，重新显示小方块，翻开小方块的数量加1；如果小方块相邻的雷数是0，则调用Search方法将周围的小方块也翻开；如果翻开的方块数等于总的方块数减雷数，则所有方块都已翻开，调用Win方法处理扫雷成功。

下一小节给出OnLButtonUp中调用的三个方法Win、Lose和Search的定义。

17.5.2　添加 Win、Lose、Search 方法

打开Saolei.h文件，在类中再添加Win、Lose和Search三个方法的原型(放在“void DrawTimeUsed();”之后)。代码如下：

```
void Win();
void Lose(int row, int col);
void Search(int row, int col);
```

打开Saolei.cpp文件，给出Win、Lose和Search三个方法的定义。Win方法的代码如下：

```
1  void CSaoleiDlg::Win()
2  {
3      DrawFace(1);                                        //胜利的表情
4      m_bGameStoped = true;
5      m_bGameStart = false;
6  }
```

分析：Win方法处理扫雷成功，显示另外一个表情图标😊表示扫雷成功，将m_bGameStoped置为true，将m_bGameStart置为false。

Lose方法处理扫雷失败，失败后要将没有标出的雷显示出来，将标记错的小方块也显示出来，显示表情☹表示扫雷失败，将m_bGameStoped置为true，将m_bGameStart置为false。代码如下：

```
1  void CSaoleiDlg::Lose(int row, int col)
2  {
3      int i,j;
4      for(i=0; i<m_nRows; i++)
5          for(j=0; j<m_nCols; j++)
6          {
7              if( (blocks[i][j]->getType()==ismine)     //把所有是雷，但未标记的显示出来
8                    &&(blocks[i][j]->getState()!=mineflag) )
9              {
10                 blocks[i][j]->setState(opened);
11                 blocks[i][j]->draw();
12             }
13             if( (blocks[i][j]->getType()!=ismine)     //把不是雷，标记错的显示出来
14                    && (blocks[i][j]->getState()==mineflag) )
15             {
16                 blocks[i][j]->setState(mistakeflag);
17                 blocks[i][j]->draw();
18             }
19         }
20     blocks[row][col]->setState(explod);
21     blocks[row][col]->draw();
22     DrawFace(2);                                        //失败的表情
23     m_bGameStoped = true;
24     m_bGameStart = false;
25 }
```

分析：第4~19行代码通过两层循环对所有小方块处理，其中，第7~12行代码将所有是雷但未标记的翻开；第13~18行代码将所有不是雷但标记为雷的小方块设置为标记错误状态并显示。第20、21行代码将踩中的雷设置为爆炸状态并显示。第22行代码显示表情☹。最后两行将m_bGameStoped置为true，将m_bGameStart置为false。

Search方法将周围相邻小方块翻开，如果周围有type为0的小方块，要继续对周边搜索翻开，因此Search是一个递归方法。代码如下：

```
1  void CSaoleiDlg::Search(int row, int col)
2  {
3      int i,j;
4      CClientDC dc(this);
5      for(i=row-1; i<=row+1; i++)                              //在前后三行内
6      {
7          if( (i>=0)&&(i<m_nRows) )                            //行没有超出雷区的范围
8          {
9              for(j=col-1; j<=col+1; j++)                      //在前后三列内
10             {
11                 if( (j>=0)&&(j<m_nCols) )                    //列没有超出雷区的范围
12                 {
13                     if(blocks[i][j]->getState()==original)
14                     {
15                         blocks[i][j]->setState(opened);      //翻开
16                         blocks[i][j]->draw();
17                         m_nFinished++;                       //翻开雷数加1
18                         if(blocks[i][j]->getType()==zero)    //周围无雷，继续搜索
19                             Search(i,j);
20                     }
21                 }
22             }
23         }
24     }
25 }
```

分析：将参数坐标(row, col)指定小方块的相邻小方块翻开，在循环中要注意不要超出雷区范围（第7行和第11行代码进行的处理）。如果这个小方块是原始状态，则将其翻开。翻开后，如果这个小方块相邻的雷数是0，则要继续调用Search方法翻开其周围的小方块。

17.5.3 添加鼠标右键响应函数

到目前为止，扫雷功能已经实现，但还没有为小方块加标记的功能。下面添加鼠标右键的消息响应函数，完成对小方块的标记，以及加快扫雷进程。

参照17.5.1小节的步骤，打开类向导对话框，添加鼠标右键按下消息（WM_RBUTTONDOWN）的响应函数，然后添加如下的代码：

```
1  void CSaoleiDlg::OnRButtonDown(UINT nFlags, CPoint point)
2  {
3      // TODO: Add your message handler code here and/or call default
4      int i,j,k,l;
```

```
5       int tagnumber;
6       if( (point.x < m_nMinesLeft) || (point.x > m_nMinesLeft+16*m_nCols)
7          ||(point.y < m_nMinesTop ) || (point.y > m_nMinesTop+16*m_nRows)
8                                     || (m_bGameStoped))         //不在雷区,或扫雷已结束
9          return;
10      i = (point.y - m_nMinesTop) / 16;
11      j = (point.x - m_nMinesLeft) / 16;
12      switch(blocks[i][j]->getState() )                      //根据不同的状态做不同的处理
13      {
14      case original:                                         //原始状态
15          blocks[i][j]->setState(mineflag);                  //标记为雷
16          blocks[i][j]->draw();
17          m_nMineRemained--;
18          DrawMineRemained();
19          break;
20      case mineflag:                                         //标记为雷的状态
21          blocks[i][j]->setState(questionflag);              //标记为问号
22          blocks[i][j]->draw();
23          m_nMineRemained++;
24          DrawMineRemained();
25          break;
26      case questionflag:                                     //标记为问号状态
27          blocks[i][j]->setState(original);                  //取消标记
28          blocks[i][j]->draw();
29         break;
30      case opened:                                           //翻开状态
31          tagnumber=0;
32          for(k=i-1; k<=i+1; k++)
33          {
34              for(l=j-1; l<=j+1; l++)
35              {
36                  if( (k>=0) && (k<m_nRows) && (l>=0) && (l<m_nCols)
37                          && (blocks[k][l]->getState() == mineflag) )
38                      tagnumber++;
39              }
40          }
41          if(tagnumber<blocks[i][j]->getType())              //如果周围雷数都已经标记出来
42              return;
43          for(k=i-1; k<=i+1; k++)                            //将与其邻接的小方块翻开
44          {
45              for(l=j-1; l<=j+1; l++)
46              {
47                  if( (k>=0) && (k<m_nRows) && (l>=0) && (l<m_nCols)
48                          && (blocks[k][l]->getState() == original) )
49                  {
50                      if(blocks[k][l]->getType()!=ismine)    // 如果不是雷，翻开
51                      {
52                          blocks[k][l]->setState(opened);
53                          blocks[k][l]->draw();
54                          m_nFinished++;
55                          if(m_nFinished == m_nRows * m_nCols - m_nMines)        //胜利
56                          {
57                              Win();
```

```
58                              }
59                              else if(blocks[k][l]->getType()==zero)    //翻开周边
60                              {
61                                  Search(k,l);
62                              }
63                          }
64                          else                                          //以前标记错了，失败
65                          {
66                              Lose(k,l);
67                          }
68                      }
69                  }
70              }
71              break;
72          }
73          CDialogEx::OnRButtonDown(nFlags, point);
74      }
```

分析：按下鼠标右键有两项功能，如果在未翻开的小方块上按下右键，则为小方块添加标记或取消标记；如果在已经翻开的小方块上按下右键，若该小方块周围的雷数都已标记出来，则将该小方块周围尚未翻开且未标记为雷的小方块全翻开，在翻开的过程中如果遇到雷，说明前面的标记有误，扫雷失败。

第6~9行代码的功能是，如果鼠标不在雷区，则直接返回，不再处理。第12行的switch语句根据小方块的状态做不同的处理。

第14~29行代码根据小方块的当前状态，完成对小方块添加对应的标记或取消标记。

第30行之后的代码处理小方块已翻开的状态。其中第30~40行代码计算该小方块周围已经标记为雷的方块数，如果标记的雷数小于小方块周围实际的雷数，则不进行任何处理，直接返回；否则进入第43~70行代码块，将其周围的尚未翻开且未标记为雷的小方块翻开。

在翻开小方块时，首先判断该小方块是否是雷（第50行代码），如果不是雷，则将其翻开（第52~54行代码），每翻开一个都要判断是否扫雷已成功；如果要翻开的小方块是雷，则扫雷失败。

完成本节的程序后，扫雷的主体功能就已经完成了，下一节继续完成一些辅助功能，如实现计时功能、选择扫雷难度以及加入声音等。

17.6 其他功能

17.6.1 计时功能

计时功能需要一个定时器，然后在恰当的时间启动定时器和关闭定时器。

1. 添加定时器

使用SetTimer函数可以创建并启动一个定时器，通过SetTimer的参数指定每

隔多长时间调用一次指定的函数。例如下面的一行代码：

```
SetTimer(0,1000,NULL);
```

创建并启动一个计时器，第一个参数是计时器的ID，因为一个程序可能需要多个计时器，可以将第一个参数设置为0、1、2等；第二个参数是时间间隔，单位是毫秒；第三个参数指定每隔1000毫秒要执行的任务，如果为NULL，则默认调用OnTimer函数。

找到OnLButtonUp函数，在函数中找到下面的代码，在“m_bGameStart =true;”的后面添加一行代码“SetTimer(0,1000,NULL)”。添加后的代码如下所示：

```
1  void CSaoleiDlg::OnLButtonUp(UINT nFlags, CPoint point)
2  {
3      ……
4          if(!m_bGameStart)
5          {
6              m_bGameStart =true;
7              SetTimer(0,1000,NULL);
8          }
9      ……
10 }
```

当翻开第一个小方块时，扫雷游戏开始，启动一个计时器。这个定时器的时间间隔为1秒。

2. 添加 OnTimer 函数

上面需要的OnTimer函数不能自己添加，必须使用类向导创建。

打开“类向导”对话框，在“类名”下拉框中选择CSaoleiDlg，然后选择“消息”标签，在消息列表中选择WM_TIMER，单击“添加处理程序”按钮，完成消息响应函数OnTimer的添加。单击“编辑代码”按钮，定位到OnTimer函数的位置，添加以下代码：

```
1  void CSaoleiDlg::OnTimer(UINT nIDEvent)
2  {
3      // TODO: Add your message handler code here and/or call default
4      if(m_nTimeUsed <999)
5      {
6          m_nTimeUsed++;
7          DrawTimeUsed();
8      }
9      CDialogEx::OnTimer(nIDEvent);
10 }
```

分析：添加OnTimer函数后，程序每隔1秒执行一次OnTimer函数。由于时间最多显示3位，因此当用时超过999秒时，不再改变时间；如果不超过999秒，就将扫雷用时加1，然后显示在对话框的计时位置。

17

3. 关闭定时器

在扫雷结束时，要关闭定时器。如扫雷失败、扫雷成功、在扫雷中间单击“重新开始”也要关闭定时器。

函数KillTimer可以关闭定时器，其参数就是要关闭定时器的ID。分别找到Win方法和Lose方法，在方法的最后加入一行代码“KillTimer(0);”，加入后，Win方法的代码如下：

```
1 void CSaoleiDlg::Win()
2 {
3     DrawFace(1);                                    //胜利的表情
4     m_bGameStoped = true;
5     m_bGameStart = false;
6     KillTimer(0);
7 }
```

加入新的代码后，Lose方法的代码如下：

```
1 void CSaoleiDlg::Lose(int row, int col)
2 {
3     ……
4     m_bGameStoped = true;
5     m_bGameStart = false;
6     KillTimer(0);
7 }
```

在initData2方法中找到下面的位置，加入关闭定时器的代码。

```
1 void CSaoleiDlg::initData2()
2 {
3     ……
4     m_nMineRemained = m_nMines;
5     if(m_bGameStart)
6         KillTimer(0);
7 }
```

如果已经开始游戏，再单击“重新开始”按钮，则要关闭定时器；如果还没开始游戏，则没有启动定时器，不能关闭。

至此，计时功能已经实现。

17.6.2 选择游戏难度

选择游戏难度是通过菜单来完成的，首先要添加菜单消息响应函数，在响应函数中改变扫雷的基本参数，再重新显示对话框就可以了。

打开“类向导”对话框，按照图17-16所示的步骤选择，最后单击“添加处理程序”按钮，添加菜单ID_BASIC的消息响应函数OnBasic。

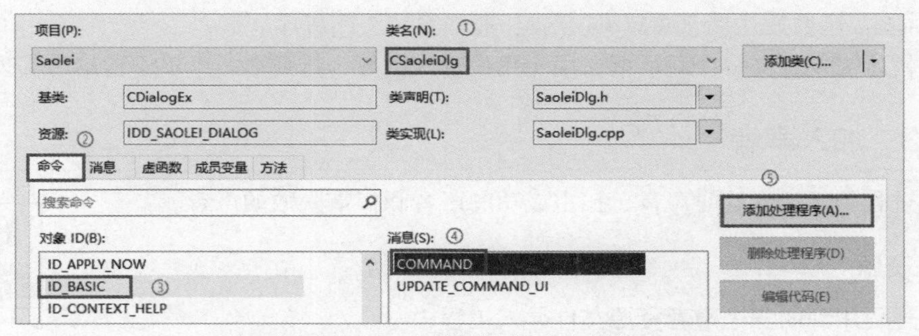

图 17-16　“类向导”对话框

单击“编辑代码”按钮，定位到OnBasic函数的位置，添加以下代码：

```
1  void CSaoleiDlg::OnBasic()
2  {
3      // TODO: Add your command handler code here
4      initData1(10, 10, 10, 0);
5      initData2();
6      init3();
7  }
```

分析：在扫雷时，当用户选择“游戏”菜单中的“初级”菜单项时，就会发送COMMAND消息，消息响应函数OnBasic被调用，在函数中将扫雷参数设置为新的数据，并重新显示扫雷对话框。

重复以上添加消息响应函数OnBasic的步骤，为菜单项ID_INTERMEDIATE、ID_ENHANCED、ID_CUSTOMIZE和ID_EXIT添加COMMAND消息响应函数，代码如下：

```
1  void CSaoleiDlg::OnIntermediate()
2  {
3      // TODO: Add your command handler code here
4      initData1(40, 16, 16, 1);
5      initData2();
6      init3();
7  }
```

```
1  void CSaoleiDlg::OnEnhanced()
2  {
3      // TODO: Add your command handler code here
4      initData1(99, 16, 30, 2);
5      initData2();
6      init3();
7  }
```

```
1  void CSaoleiDlg::OnExit()
2  {
3      // TODO: Add your command handler code here
4      SendMessage(WM_CLOSE);
5  }
```

SendMessage函数发送消息WM_CLOSE，通知系统关闭程序。

自定义雷区需要定义一个对话框，用于用户输入雷数、行列数，这里不再给出实现过程。

17.6.3 加入声音

在扫雷过程中，加入计时声音、扫雷成功的声音和扫雷失败的声音。

1. 导入资源

将扫雷过程用到的三个声音资源文件导入工程中。

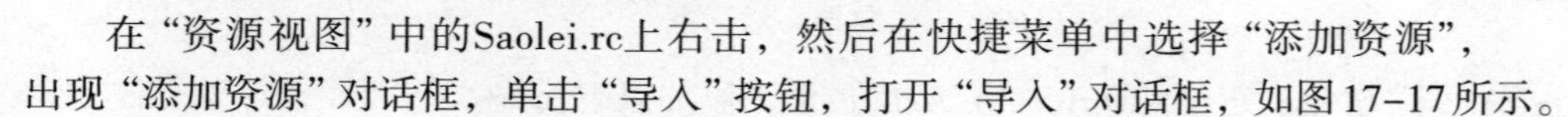

在“资源视图”中的Saolei.rc上右击，然后在快捷菜单中选择“添加资源”，出现“添加资源”对话框，单击“导入”按钮，打开“导入”对话框，如图17-17所示。

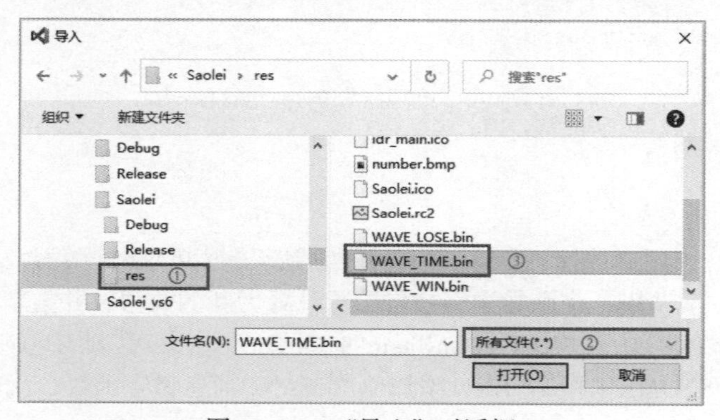

图 17-17 “导入”对话框

在“导入”对话框中，找到项目资源文件夹，文件类型选择“所有文件”，再选中文件WAVE_TIME.bin，单击“打开”按钮，将WAVE_TIME.bin导入项目中，将其ID改为ID_WAVE_TIME。

按同样的办法导入WAVE_WIN.bin和WAVE_LOSE.bin，并将ID分别改为ID_WAVE_WIN和ID_WAVE_LOSE。

2. 设置附加依赖项

这里使用系统提供的函数PlaySound播放资源中的音频资源，这个函数的原型在mmSystem.h中，因此要包含头文件。代码如下：

```
#include <mmSystem.h>
```

注意：

添加的所有文件包含不能放在“#include "pch.h"”之前。

由于PlaySound函数需要访问winmm.lib库，因此还要做以下处理。

在“解决方案资源管理器”中，右击Saolei，在快捷菜单中选择“属性”，出现“Saolei属性页”对话框，在左侧窗口选择“链接器”下面的“输入”，如图17-18所示。

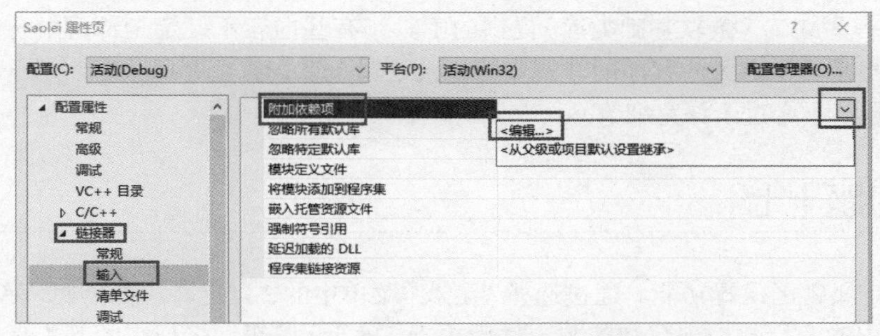

图 17-18　“Saolei 属性页”对话框

然后在右侧的“附加依赖项”后面选择“编辑”，在弹出的对话框中输入winmm.lib，单击“确定”按钮，回到“Saolei属性页”对话框，再单击“确定”按钮。

3. 实现声音的播放

在CSaoleiDlg类的成员函数OnTimer、Win和Lose中分别加入播放声音。代码如下：

```
1  void CSaoleiDlg::OnTimer(UINT nIDEvent)
2  {
3       ......
4       PlaySound(MAKEINTRESOURCE(ID_WAVE_TIME), AfxGetResourceHandle(),
                                     SND_ASYNC | SND_RESOURCE);
5       CDialog::OnTimer(nIDEvent);
6  }
```

```
1  void CSaoleiDlg::Win()
2  {
3       ......;
4        PlaySound(MAKEINTRESOURCE(ID_WAVE_WIN), AfxGetResourceHandle(),
                                     SND_ASYNC | SND_RESOURCE);
5  }
```

```
1  void CSaoleiDlg::Lose(int row, int col)
2  {
3       ......
4         PlaySound(MAKEINTRESOURCE(ID_WAVE_LOSE), AfxGetResourceHandle(),
                                     SND_ASYNC | SND_RESOURCE);
5  }
```

重新编译、运行程序，扫雷中的声音已处理完毕。

17.7　小结

本章通过一个扫雷游戏的设计开发，介绍了使用Visual Studio 2019开发C++程序的过程。在程序中用到了一些MFC（微软基础类库）提供的工具，有些内容不一定全部理解透彻，只要按照步骤将程序做出来，重点关注程序的开发步骤以及逻辑关系，就会有所收获。对于部分难以理解的函数或代码段，不必过于深究细节。

17.8 习题十七

17-1 完成自定义雷区设置功能。通过选择“游戏”菜单中的“自定义”菜单项，弹出对话框，在对话框中输入行数、列数和雷数，然后单击“确定”按钮，将扫雷的基本参数设置为在对话框中输入的值。